바닷속
침묵의 포식자

잠수함 발전사
및 전투

바닷속
침묵의 포식자

A Silent Predator
Under The Sea

윤수진 지음

이 세상에는 오로지
두 종류의 군함만이 존재한다.
잠수함과 목표물.

바른북스

차례

A Silent Predator
Under The Sea

1.

소개:
수중무기로서의
잠수함

과거 북한 잠수함의 해안침투 사건과 근래 수중발사 탄도 또 순항 미사일 발사 시험은 지면과 미디어를 통해 잠수함에 대해서 일반인들의 관심과 경각심을 일으키기에 충분했다. 어떻게 재래식 잠수함이 대잠경계망에 탐지 또는 발견되지 않고 연안까지 접안/접근하거나, 은밀하게 장거리 미사일 수중발사 시험을 할 수 있었는지 면밀히 따져볼 필요가 있다. 이는 본래부터 공격능력 외에도 침투능력 및 은밀성 또한 잠수함 설계 시 고려된 주요 특징 중 일부이기 때문이다. 따라서 잠수함의 어떠한 기능과 특성이 이러한 임무를 가능케 했는지 우리는 알아볼 필요가 있다. 일반인들에게 현대전을 대표하는 최첨단 군사기술에 관해 뇌리를 스쳐 가는 용어를 고른다면 그것은 아마 원격조정 드론, 스마트 무기, 스텔스 또는 은밀성이라는 단어일 것이다. 또 한편 이 새로운 군사기술과 함께 연상되는 무기체계로는 지난 1991년 걸프전에서 고도의 정밀 항법장치와 전자장비를 탑재하고, 그 성능을 유감없이 발휘한

F-117 전투기전투기라고 하나 실제는 전략/전술 목표 정밀타격에 적합한 폭격기와 현재 실전에 투입된 B-2 전략폭격기와 F-35 전투기 등을 들 수 있다.

하지만 잠수함 개발과 발전역사 속에서 바로 이 은밀성이라는 것은 전혀 생소한 용어가 아니며, 바로 이 요소가 수중무기체계로서의 잠수함을 개발하는 데 중심사상이 되었다. 그 대표적인 예로서 미국 독립전쟁 시 부슈널Bushnell은 최초로 군사적 이용목적으로 터틀Turtle이라는 잠수정을 설계/제작하였다. 이 터틀이라는 잠수정은 전적으로 인력에 의존하여 아주 원시적으로 작동하며, 2개의 프로펠러를 사용해 추진 및 심도를 조절한다. 제한적인 산소량에도 불구하고 항만에 정박해 해안봉쇄 임무를 수행하고 있던 함포 64문의 3급 전열함Ship of line 3rd rate 영국 범선 HMS 이글Eagle 선저에 시한폭탄을 장착하고 공격하는 데 사용되었다. 하지만 일설에 따르면 선저 부식방지용 구리판을 드릴로 뚫지 못하고 폭약을 장착하려는 시도는 실패로 돌아갔다고 한다. 당시 과학적 지식으로는 밀폐된 공간에 제한된 산소공급으로는 시간이 경과함에 따라 승무원의 피로감이 크게 올라 제대로 임무수행을 할 수 없다는 사실을 인지하지 못했다. 또한 1인 혼자서 한 손으로 방향을 잡고, 다른 한 손으로는 심도를 조정하며, 두 발로 맹렬히 페달을 밟아 항진하기에는 조작이 너무 버거워 터틀이란 잠수정은 승무원에게 주는 체력적 부담이 너무 컸다. 이후 2차례 더 시도했으나, 성공했다는 기록은 찾아볼 수 없다. 최초로 혁신적인 발상임에도 불구하고 쌍방은 큰 손실 없이 첫 잠수함의 군사적 데뷔는 시시하게 끝났다. 터틀의 실패 이후 부슈널은 수중기뢰 개발에 열중했으나 이 또한 성공했다는 기록은 없다. 그 후에도 얼마 동안 별다른 관심을 끌지 못하다가, 1813년 미국의 2차 혁명전쟁 중 유사한 잠수정을 제작해 74 함포의 HMS 라밀리스Ramillies를 공격했다고 한다.

그다음으로는 미국 남북전쟁1861~1865년 당시 재래식 해군전력이 빈약한 남군은 북군의 아나콘다 작전명으로 실시된 해안봉쇄망을 돌파하기 위해 마찬가지로 인력으로 작동하는 CSSConfederate State Ship 헌리Hunley를 제작해, 공격에 투입했다. 앞의 터틀과는 달리 함수에 달린 긴 장대 끝에 폭약을 장착해 당시 "스파 토피도Spar Torpedo"라고 불린 장치를 상대방 선체에 부착시키는 방법을 채택했으며, 이를 이용해 1863년에 성공적으로 찰스턴 항구에 정박해 있던 북군 증기선 1척 호사토닉Housatonic을 격침할 수 있었다. 하지만 토피도 길이가 짧아 그 폭발 충격의 여파로 헌리도 함께 침몰하여 전원이 전사하는 불행이 최초 성공적인 잠수함 운용 배경에 숨겨져 있다. 게임 체인저로서의 잠수함이 갈 길은 아직까지 요원했으나, 신무기체계로서 관심을 끌기에는 충분했다. 앞에서 언급된 토피도라는 용어는 자가 항진 하는 오늘날 현대식 어뢰와는 달리, 실제로는 기뢰와 가까운 긴 장대 끝에 접촉 기폭 폭약 장치를 지칭하는 데 주로 사용되었으며, 본 폭발물 장치는 1898년 미국-스페인 전쟁 시까지도 동일한 의미로 사용되었다. 또한 긴 막대 내부에 폭약으로 채운 폭발장치도 토피도라고 불렸으며, 경우에 따라서는 여러 개의 폭약이 내장된 막대를 연결해 폭발범위 및 위력을 조절할 수 있었다. 이와 같은 폭파장치는 주로 지상 장애물 제거에 주로 사용된다.

| 초기 Spar Torpedo의 모습

잠수함의 스텔스 또는 은밀성은 지구표면의 70%를 차지하는 해면 밑으로 잠항함으로써 얻어진다. 해양의 수중현상은 특히 수심에 따른 수온약층 혹은 변온층Thermocline, 염도/염분, 조류 및 해양생물 등에 의해 아주 복잡하고 다양하다. 잠수함은 이런 자연 현상들을 최대한 이용해, 각종 대잠탐지에 대해 자신의 존재 여부 및 위치정보를 노출시키지 않도록 노력한다. 또한 연안이나 대륙붕에서의 복잡한 해저지형과 조류로 인해 발생하는 다양한 소음도 아주 효과적인 안식처를 제공하는 데 유용하다. 따라서 은밀성은 잠수함에 있어 공격과 생존의 절대 불가결한 필요조건으로 간주되는 것이 마땅하다. 2차 대전 시 북대서양전을 겪은 어느 호송선단의 호위함 함장의 회고에 따르면, 적 잠수함의 존재 여부를 확실히 알게 되는 순간은 선박들이 폭음 후 물거품과 함께 사라지는 것을 목격하게 되는 순간밖에 없다고 증언한 바와 같이, 그만큼 은밀성은 최대의 전술적 이점이라고 말할 수 있다.

현대 최신예 잠수함들은 일부를 제외하고 대부분의 초계기간 동안 탐지를 피해 잠항한 채로 작전하는 것이 일반적이다. 반면 수상 전투함정의 상부 구조물, 함포나 미사일 등과 같은 무장계통이나 레이다 등이 주는 화려한 외형과는 달리 잠수함의 이러한 외부 구조물의 부재는, 잠수함이 일반인들에게 무기로서 강렬한 인상을 주기에는 부족한 면이 있는 것이 사실이다. 하지만 잠수함에 설치된 추진기관, 무장계통, 탐지장치, 통신장비와 발생 소음 감소를 위해 선체 내외에 적용되고 있는 최신기술들은 상상을 초월해 최첨단을 걷고 있으며, 여타 다른 무기체계의 최신기술에 필적할 만하다. 또한 잠수함 공격수단은 과거부터 끊임없는 발전을 거듭하여 현재는 어뢰, 기뢰, 수상/수중발사 전술 및 전략 탄도 미사일 등에 의해서 제공되며, 그 파괴력과 정밀성에 대한 지속적인 개량으로 잠수함은 현대전에서 가장 치명적인 무기로서 총애받기에 충분하다. 특히 현대전에서 공격용 잠수함에도 순항 미사일의 채용으로 전술 및 전략적 공격의 융통성을 동시에 갖추는 단계까지 이르렀다.

한편, 2차 대전의 잠수함 작전에 가장 큰 영향력을 미친 독일 해군 잠수함 전대 사령관후에 해군 총사령관을 거쳐 항복 직전 총통 대행 되니츠Karl Dönitz 제독은 2차 대전 중후반까지의 독일 유보트들은 단순히 일정 시간 동안만 잠수상태를 유지할 수 있는 배, 즉 'Submersible'로 정의했으며, 이는 당시의 잠수함의 제한적인 잠항시간 및 부족한 잠항속도의 한계에서 비롯되었다고 볼 수 있다. 반면 최초로 잠항상태에서 수상항해 중인 적 잠수함을 공격할 수 있는 잠항속도가 비교적 높은 영국 해군의 R급 등을 본격적인 잠수함으로 분류할 수 있다.

현재는 진정한 의미에서의 잠수함은 비교적 장시간 잠항상태에서 지속적으로 수상-수중-지상목표물에 대해 공격이 가능한, 잠항시간이 길고 수중속력이 높은 잠수함들이 여기에 포함된다고 볼 수 있다. 군사용이 아닌 경우, 비무장의 민간용으로 수심이 아주 깊은 곳에 도달해, 해저탐사 등의 연구 목적으로 높은 수압에 견딜 수 있도록 특별히 설계된 것도 있다. 그럼 여기서 잠항정Midget을 따로 구분할 필요가 있다. 잠항정이라는 것은 정박 중인 독일 해군 전함 티르피츠Tirpitz 바로 밑 해저에 폭약을 장치하여, 본 함을 항해불능 상태에 빠지게 한 영국 해군의 X-급 또는 2발의 어뢰로 무장된 일본 해군의 자살특공에 사용된 소형 콩잠콩알만큼 작다는 의미이나, 독일 제훈트급과 같이 수중 배수량 300톤 정도로 소형이며 항속거리가 짧지만, 잠수함과 유사한 기능을 할 수 있는 것들을 일컬을 때 주로 이용된다.

 특히 1차, 2차 양차 대전에서 잠수함대를 적극적으로 활용한 독일은 이 분야에 있어 비약적인 기술발전과 작전전술에 대한 적지 않은 혁신적인 개념을 도입한 국가 중의 하나이다. 1차 대전 시 독일은 유틀란트Jutland 해전 이후 전함과 순양전함으로 편성된 주력함 함대의 존재가치와 효용성에 회의를 보이는 가운데, 전적으로 잠수함에 의존한 통상파괴 작전에 주력하는 모습을 보였다. 하지만 1차 대전 종전 후 독일은 지상, 공중, 해양 무기에 대한 혹독한 제재를 받게 되며, 특히 잠수함에 대해서는 가혹할 정도였다. 하지만 시간이 지남에 따라 잠수함 분야에서는 제재 항목이 점차적으로 완화 단계를 거치게 되며, 그 과정은 다음과 같다.

- 베르사유 조약: 독일은 잠수함 보유나 건조가 허용되지 않는다.
- 워싱턴 해군조약(1921~1922년): 잠수함에 대한 특별한 조항은 없음
- 런던 해군조약(1930년): 미국-영국 150,000톤, 일본 105,500톤 까지 잠수함 보유 가능
- 독일-영국 해군조약(1935년): 독일은 영국 해군과 동일한 총 배수량의 잠수함 보유 가능

특히 영국은 1차 대전 시 상선과 군함 대규모 상실에도 불구하고, 독일 잠수함에 대해서 종국에는 대등한 보유량까지 허용하였는데, 이는 대전 말기 호송선단을 포함한 대잠작전의 효율성 증대 및 아즈딕ASDIC: Allied Submarine Detection Investigation Committee과 같은 기술적 진보에 따라, 잠수함의 위협은 거의 무시할 정도로 낮아졌다고 보는 그릇된 인식에서 비롯되었다. 또한 이 시기에 잠수함 분야에서도 여러 기술적인 면에서 개선이 있었는데, 열거하면 다음과 같다.

- 어뢰발사 시 거품 발생현상 제거
- 강판 강도의 향상으로 잠항심도 및 폭뢰 수중폭발에 대한 저항성 증가
- 디젤엔진 성능/효율 향상에 따른 항속거리 증가
- 청음장치의 성능향상으로 잠항상태에서 적 목표물 탐지능력 증대
- 통신장비(수상 및 잠망경 심도에서의 통신)의 성능향상으로 원거리에서도 적함과의 조우 기회 및 아군함대와의 협동작전 기회 증가

- 잠수함에 따라 차이가 있으나 급속잠항에 걸리는 시간 단축으로 피탐 기회 감소

　이와 아울러 대잠작전 장비 및 작전 개념 분야에서도 장족의 발전이 이루어졌다. 아즈딕과 소나Sonar 등의 청음장치 및 모든 영역 대역의 통신전파 탐지VLF: Very Low Frequency, LF: Low Frequency, HF: High Frequency 및 레이다 장비의 도입 등을 말할 수 있다. 통신전파 탐지 및 레이다 탐지기술의 발전은 수상항해 중인 잠수함에 대해 날씨와 무관하게 주야간으로 대잠작전을 가능케 했다. 특히 수상함 및 항공기 레이다의 발전으로 잠수함 조기탐지는 물론 잠수함의 기동제한 및 장시간 잠항상태를 강요해 호송선단 발견기회 감소로 대잠방어를 더욱 유리한 방향으로 전개할 수 있게 되었다. 또한 레이다를 장비한 미국 잠수함은 일본 함정들에 대한 공격에 있어 보다 우월한 위치를 차지하게 되었다. 또한 함정 투사 및 항공기 투하 폭뢰 등의 발전과 개량 등도 여기서 빠질 수 없다. 위에서 언급된 대잠 기술 및 전술의 발전으로 제한된 잠항성능만 갖춘 기존의 잠수함으로부터, 고속에서 장시간 잠항상태를 유지할 수 있는 본격적인 잠수함을 개발하게 되는 동기를 제공했다. 독일 해군의 경우, 대양용 Type 21xxI형과 연안용 Type 23xxIII형을 개발하였으며, 그보다 앞서 과산화수소수를 이용한 발터Walther 기관을 선보이기도 했다. 한때 발터식 AIPAir Independent Propulsion 개발에 심혈을 기울이기도 했으나, 종전까지 작전 가능한 상태까지는 도달하지 못해 개발노력은 결실을 맺지 못했다. 또한 잠항상태에서 디젤기

관을 가동할 수 있는 스노클Snorkel과 고속 잠항속도에 최적화된 유선형상의 잠수함을 등장시키게 되었다.

2차 대전 종전 후에는 재래식 잠수함의 경우, 각국은 독일의 Type 21형 형상을 근간으로 신규 잠수함을 설계/제작하거나, 경우에 따라서는 기존 잠수함들을 21형과 흡사한 외형으로 개조하기 이른다. 그와 동시에 추진기관의 성능개량, 축전지 용량증대 등 노력에 힘쓰게 되며 그 결과로 탱Tang급미국, 포포스Porpoise와 오베론Oberon급영국, 나르발Narval급프랑스, 위스키Whiskey급러시아 등을 탄생시킨다. 스노클을 장착한다 하더라도 재래식 잠수함은 근본적으로 항속거리, 속도와 잠항심도에 많은 제약을 받는다. 이에 거의 무제한의 항속거리 및 잠항속도에서 우월한 궁극적 AIP 기관인 핵추진을 이용한 잠수함 개발로 이어지게 된다. 이전에는 해안 가까이 있는 목표에 대한 공격능력을 가졌다 하더라도 매우 제한적이었으며, 기본적으로 잠수함은 선박을 주요 목표로 삼았다. 장거리 탄도미사일과 순항미사일이 도입된 이래로 해안에서 멀리 떨어진 지상목표에 대해서도 공격이 가능하므로 과거보다 전쟁의 흐름에 직접적인 영향을 줄 수 있는 위치로 전환되었다고 볼 수 있다.

현대 핵추진이나 재래식 잠수함이든 간에 대형화, 고가 장비들의 설치, 안전성과 관련된 면밀하고 치밀한 검사과정 등이 요구되므로 일반 선박에 비해 건조기간이 상대적으로 긴 편이다. 미국의 경우를 보면, 일단 건조계획이 승인되면 주 계약업체는 본 잠수함에 설치될 추진기관, 전자장비, 음향탐지장치 및 선체 등을 주문한다. 우선 각 섹션별로 내압선체를 제작하게 되는데 안전성과 직결되므로 매우 까다로운 검수절차를 거치며, 이때 세밀한 용접결함 검사를 위해 육안과 X-ray 장비가 사용된다. 추진기관과 같이 조립 후 설치하기 어려운 대형장비들은 각 섹션에 미리 장착되며, 내압선체 제작과정에서 장비 장착구조물, 트림 탱크와 함께 내부에 갑판도 설치된다. 이후 각 내압선체 섹션들은 용접과 조립 과정에 들어간다. 이 과정에서 취역 시 탑승할 주요 승무원들이 동참하여 잠수함 건조과정을 지켜보면서 익숙해짐과 동시에 각 분야의 특성을 파악하도록 한다. 각 섹션이 연결/조립되면 상부 구조물이 설치되고 이로써 수밀구조로 인정받으면 이어서 진수식이 거행된다. 진수를 거친 선체는 다시 드라이 독으로 자리를 옮겨 나머지 장비들이 설치되고 테스트에 들어간다. 이 과정에서는 오로지 용접부를 해체하는 방법 외에는 추가적인 대형장비 설치가 불가능하다. 위의 모든 과정을 거치면 무장계통, 추진계통, 센서 계통 및 위급대처 장비들이 제대로 작동하는지, 선체가 안전한지 등을 시험하기 위한 셰이크다운Shakedown 과정을 거쳐 드디어 함대에 편입되어 취역하게 된다. 취역 후 훈련과정에서 오작동이나 결함이 발견되면 아직 보증기간이라면 계약조건에 따라 다시 조선소로 돌아와 수리하며, 이때 필요하다면 추가적인 장비나 신규장비도 설치된다. 위의 모든 과정을 마친 후에 비로소 본격적인 작전에 투입된다.

잠수함은 20세기에 있어 중요한 전술, 전략적 무기체계로서의 그 자리가 확고하며, 이러한 지위는 특별한 이변이 없는 한 21세기에도 지속될 것으로 예상된다. 본 글에서는 잠수함의 일반적인 내용이나 현재 운용되고 있는 디젤-전기혹은 AIP 등 재래식 혹은 핵추진 잠수함이 갖추고 있는 최신기술이나 발전 동향에 대해 정리하기보다는 잠수함 발전역사를 통해 주요한 기술의 혁신적 진보가 최초로 적용된 게임 체인저로서 등장한 잠수함들이나, 그로 인해 중대한 전술적 변화에 기여한 분야들을 중심으로 간략하게 정리되었다. 물론 여기서 언급된 것들은 해당 기술이 최초로 적용된 잠수함이 아닐 수도 있다. 하지만 여기서 언급된 잠수함들에 대한 이해를 통해 잠수함 도입의 역사가 비교적 짧은 대한민국 해군이 대양해군으로 발돋움할 즈음에 독자들이 잠수함이라는 무기체계의 기능과 위력을 어느 정도 이해하는 데 도움이 되었으면 하는 바람이다.

2.

잠수함 및
전술
발전과정

과거 수백 년 동안 인류는 수면 밑으로 사람이나 물건을 이동시키고, 다시 수면으로 부상하는 난제를 풀기 위해 고심해 왔다. 잠수함의 뿌리를 정확하게 정의하기는 매우 어렵다. 적용하는 기준에 따라 그 시대를 달리하고, 또 실제로 사용되었는지 여부가 불투명하기 때문이다. 고대 그리스와 로마인들은 잠수 시도에 대한 기록을 남겼으며, 마찬가지로 과거 아랍, 중국, 르네상스 사람들도 목재, 가죽 등의 기본적인 재료를 가지고 비슷한 시도를 했지만, 실용적인 잠항선체를 제작/운용한 성공사례에 대한 기록은 거의 없다. 사실 산업혁명 이전에도 잠수상태에서 심도 및 방향 조정이 가능한 여러 형태의 선체를 제작한 바 있으나, 동력원이 인력이거나 또는 잠수상태에서의 항속거리가 매우 짧거나, 제한된 무장, 건조 배수량이 매우 한정적이라 현대적 의미에서의 잠수함과는 거리가 멀었다. 아울러 군사적인 이용가치 및 효용성이 매우 낮은 것도 사실이었다.

인간의 잠수에 대한 최초의 기록은 기원전 알렉산더 대왕의 잠수종 혹은 다이빙 벨Diving Bell을 이용한 해저관찰을 들 수 있으며, 르네상스 시대의 레오나르도 다빈치가 나무틀 뼈대에 염소가죽으로 덮은 형태의 잠수정을 설계한 바 있다. 그 외에 1500년대 영국 목수이자 화포 제조자인 윌리엄 본William Bourne이 최초로 현대 잠수함 개념의 토대가 될 수 있는 복각Double Hull구조, 밸러스트 탱크Ballast Tank 및 트림 시스템Trim을 소개하였으나, 실제 제작해서 활용되었다는 기록은 찾아보기 어렵다. 이후 네덜란드 물리학자이자 수학자인 코렐리우스 반 드레블Cornelius van Drebbel이 노를 사용해 추진하는 원시적인 잠수정을 설계하고 제작하였으며, 몇 차례 시범운행은 있었으나, 실제 군사적 실전투입 여부는 기록상 불투명하다.

| Cornelius van Drebbel의 노를 이용한 잠수함 개념 그림

잠수는 해수를 주 밸러스트에 유입시켜 음의 부력으로 만들어 물에 잠기면서, 함수와 함미에 있는 조타익으로 원하는 수심에 도달한다. 이후에는 심도유지를 위해 트림 탱크를 이용, 중성 부력을 유지하며 이때 동시에 조타익도 심도조절에 활용한다. 이 원리는 오늘날 최신 핵추진 잠수함일지라도 크게 다르지 않다. 부력 상태는 다음의 3가지로 구분된다.

- 양성 부력으로 부상 및 수상항해
- 음성 부력으로 잠수
- 중성 부력은 양성/음성 부력의 균형 상태로 잠항상태 유지 및 수중기동

위의 원리를 적용한 최초 인물은 윌리엄 본으로 현대적 개념의 밸러스트와 트림 탱크를 소개하였다. 한편 통상적으로 잠수함은 부상상태에서의 잠수준비 상태와 앞의 중량에 밸러스트 탱크 해수와 연료의 중량을 합산한 잠수상태, 2가지의 배수량Displacement으로 구분된다. 군사적인 활용 이전 다양한 잠수 장비나 장치들은 주로 바다 밑에서 물체를 채집/인양하거나 연안에서 해저구조물을 설치하기 위해 사용되었으며, 일종의 다이빙 벨의 연장선으로 볼 수 있다.

일단 수면 밑으로 잠수하면 폭풍, 포격에 거의 영향을 받지 않으므로 비록 상상력이 작용하기는 했으나, 1653년에 처음으로 이런 장비들을 군사용으로 이용하는 것을 제안하기도 했다. 하지만 적

합한 추진기관의 부재로 이를 실현하기는 어려웠으며, 현실적인 잠수함이 등장할 때까지 200년 이상을 더 기다려야 했다. 최초 기록상 잠수정의 군사적 이용은 앞서 얘기한 바와 같이 미국 독립전쟁 시, 터틀에 의해 처음 시도되었다. 19세기 초 나폴레옹도 영국 침공을 준비하는 과정에서 영-불 해협을 건너기 위한 병력수송용으로 범장을 제거한 수밀구조의 선체를 이용, 잠수를 시도한 바 있었다. 하지만 잠수시범 중 수압을 견디지 못한 선체 파열로 전 탑승원이 익사한 사고는 트라팔가르 해전에서의 대패와 더불어 영국 침공을 전면적으로 포기하게 되는 원인 중의 하나로 작용했다.

여타 산업 분야와 마찬가지로 실질적인 잠수함 개발노력은 18세기부터 철강 산업의 발전과 증기를 동력원으로 이용하는 산업혁명과 함께 발걸음을 맞췄다고 볼 수 있다. 특히 이 시대에는 잠수와 관련된 수압, 부력, 밸브 등의 물리현상, 기계장치, 공차개념과 같은 세부 제작기술 등을 포함, 근본적인 관련 과학/기술적 문제들을 이해하면서 그 발전 속도는 점차 가속화되었다. 특히 신분을 뛰어넘어 빠른 부의 축적을 갈망하는 발명가들은 이런 과학과 기술발전을 통해 보다 참신한 아이디어와 실질적 대안 및 방안들을 제시하기 시작했다. 이 당시 인력에만 의존한 잠수선 작동은 조작원이 겪는 피로감과 고갈되는 산소로 비현실적이라는 것을 비로소 인지하기 시작했다.

역시 현대적 의미에서의 잠수선 발달은 다른 공업 분야에서와 같이 신뢰성이 향상된 압연 강판 제조, 기밀체결 공정 개선, 볼 베어링, 윤활제, 특히 기밀성이 향상된 밸브 등의 등장과 조선 분야

숙련공 확산 등의 영향으로 한 걸음 더 나아가기 시작했다. 전기기술 분야의 비약적인 발전에 따라, 추진기관의 기술적 돌파구는 배터리로 불리는 2차 축전지와 전기모터의 등장이 제공했다고 해도 과언이 아니다. 한편 수상항해 분야에서는 증기기관의 고압화에 따른 효율증대로 큰 효과를 보았지만, 느린 잠수 속도, 잠수 직후 뜨거운 보일러의 남은 열 문제로 외연기관은 처음부터 현실적인 추진동력원이 될 수 없다는 사실도 깨닫게 되나, 이보다 현실적인 대안이 없던 시절에는 한동안 증기추진기관 적용을 위한 노력이 지속되었다. 이윽고 수상항해를 위한 증기기관뿐만 아니라, 유증기 때문에 다소 위험성이 높으나 좁은 공간에 설치/가동 가능한 휘발유엔진을 포함해 보다 효율적인 내연기관으로 눈길을 돌리기 시작했다. 이후 운용비용 면에서 훨씬 유리하고 인화성이 낮은 디젤엔진의 소개로 신뢰성과 안전성을 한 단계 올리면서 큰 각광을 받으며 주 동력원으로 사용하기 시작했으며, 이는 오늘날까지 이른다. 그 중간에 케로신Kerosene 엔진이 추진기관으로 적용된 사례도 있으나, 안전성은 양호하나 급속잠수 및 연기에 의한 항적 문제가 심각해 그 적용기간은 그리 길지 않았다.

위의 기술 발달을 기점으로 주요 해군국들에서 잠수함에 대한 관심이 크게 고조되었으며, 극단적으로 프랑스에서는 한동안 전함을 위시한 주력함들 건조가 보류될 정도였다고 한다. 그 이유로는 주력함 함포 포신의 강선화Rifle, 포탄의 원추화에 의한 장갑 관통력 증가로, 곧이어 장갑재 강도개선의 노력과 두께증가로 연결되었다. 하지만 곧이어 함포구경과 포구속도가 증가함에 따라 전함의 장갑강화는 한계에 도달해 그 효과가 바로 상쇄되기 일쑤였다. 따라서 오히려 잠수함이 주력함대 격파에 더 효율적이라는 사상도 일부 해군수뇌부 사이에서 깊은 관심을 받기 시작했다.

이러한 추진기관, 수밀기술, 내압기술, 부력조절 등의 기술발전에도 불구하고 초기 잠수함의 활동영역은 아직까지 연안을 벗어나지 못했다. 그 이유로는 대양의 폭풍 등 험악한 해양조건하에서 생존해야 하는데 실제로 낮은 실루엣의 잠수함은 이런 상황에서 안전성이 매우 취약했기 때문이다. 더욱이 낮은 실루엣 탓에 근처 다른 선박과의 충돌도 무시 못 할 사고원인 중의 하나였다. 그 외에도 초기 사고원인으로는 대개 불량 배터리, 밸브 누수, 배터리와의 침수해수 접촉에 의한 유독가스 발생, 불량 기계장치 또는 오작동, 불완전한 해치 개폐, 불량적재에 따른 불완전한 중량 분배, 경험부족, 관련 기술에서의 숙련공 및 정비요원들의 부족을 들 수 있다. 이 중 1가지라도 만족시키지 못하면 바로 사고와 연결되고 그런 사고는 바로 침몰과 직결되므로, 수상함보다 더욱 엄격한 설계와 정비가 요구되는 것을 차츰 깨닫기 시작했다. 위에서 언급되었듯이 거듭되는 안전사고 발생과 높은 사고 치사율에도 불구하고 왜 잠수함 개발은 멈추지 않고, 이러한 한계를 극복하려는 노력이 계속되었을까? 그것은 소설《해저 2만 리》를 통해 과학/기술 만능주의 사상을 갖고 맞이한 19~20세기에 기술적 진보를 상징하는 새로운 모험적인 것에 대한 매혹과 이를 추구하는 시대적 흐름이 있었기 때문일 것이다. 더군다나 20세기 초부터 건조와 유지비용이 날로 증가하는 고가의 주력함보다는 상대적으로 비용이 적게 드는 대안으로서 잠수함의 가능성을 고려한 것도 부정할 수 없는 요인이었다.

　19세기 말부터 1차 대전 사이에 결국 잠수함은 전반적인 해군 전략에 있어, 그 틈새를 메꿔주는 무기체계로 인정되기 시작했다. 1904년에 들어서면서 아직 세부적인 분야에서 약간씩 차이는 있으나, 충전 배터리, 디젤엔진, 어뢰 등과 같은 근본적인 문제들이 거의 극복되었다고 볼 수 있어, 이때부터 기술적 해결의 실마리가 보이기 시작했다. 차츰 시간이 경과함에 따라 각 잠수함 기술 분야에서의 발전이 거듭되면서, 그 후 50년 동안 기본적인 원리에 있어서 급격한 변화는 없었다는 것으로 보아야 한다.

　주요 열강 해군국들은 연안, 식민지 방어 혹은 대양횡단 선단 방어 등의 목적에 따라 제각기 서로 다른 전술적 개념을 갖고 잠수함이란 무기를 바라보았으며, 요구하는 잠수함 형태에도 분명 차이가 약간씩 있었다. 예로 대형전함Battleship이나 순양전함Battle-cruiser을 위시한 주력함을 보유할 만한 산업력과 재정이 부족한 덴마크는 발트해같이 좁은 해역에서의 병참선 확보를 위해 잠수함을 주요 전력으로 간주했으며, 따라서 높은 가성비의 소형 초계정 및 소형 잠수함을 확보하는 데 주력했다. 19세기 영-불 해협과 식민지에서 영국과 대립각을 세우고 있던 프랑스는 함대 재건 과정에서 재정적 압박으로 감당이 힘든 주력함 건조를 거부하고, 해상 보급로 확보를 위해 당시 진보와 기술혁신의 상징이던 잠수함을 대신 장비하기 시작했다. 특히 영국의 주력함 함대가 이미 시대에 뒤떨어지는 구시대 유물이라는 사상이 지배적이었던 프랑스 내부에서는 잠수함을 보다 선호하는 경향이 뚜렷했다. 반면 통일 이후

19~20세기에 걸쳐 혜성같이 국제무대에 등장해 급속도로 성장하는 독일 해군은 영국과 특히 프랑스에게는 심각한 위협적인 존재로 부각되기 시작했다. 독일은 처음 프랑스 잠수함이 독일 주력함대에 심각한 위협이 되지 않을 것으로 판단해, 1차 대전 이전에는 지중해에 잠수함을 집중적으로 배치하여 이태리와 오스트리아-헝가리에 대한 견제 차원에서 활용했다.

이와는 달리 영국은 잠수함 전력을 전혀 다른 시각에서 바라보았다. 초기 짧은 항속거리의 잠수함에 대해 관심이 별로 없었던 이유는 독일, 프랑스와 러시아 순양함 함대를 상대로 세계 각지에 산재한 식민지 보호를 위해 소형 잠수함에 큰 역할을 기대할 수 없었기 때문이었다. 하지만 영국도 잠수함 개발 무대에 뛰어든 것은 필요성보다는 오히려 프랑스의 기술적 혁신에 대한 경쟁심과 영국 해군 전통에 대한 자부심이 작용했다는 의견도 있다. 또한 마찬가지로 일부이긴 하지만 영국 해군수뇌부의 몇몇 진보적인 장교들은 화력 및 장갑의 증가로 비용 감당이 점점 어려워지는 주력전함보다는 잠수함이 비용 측면에서 절감효과가 탁월할 것이라는 안목도 가지고 있었다. 프랑스, 러시아, 특히 독일 해군을 동시다발적으로 상대하기 위해 마련된 원대한 해군전력 증강계획은 남아프리카 보어Boer 전쟁발발로 결국 재정적 파탄을 불러오고야 말았다. 그 결과 해군성은 재정위기 타파를 위한 일련의 조치를 마련토록 요구하는데, 이에 피셔 제독Lord Fisher은 2가지 방안을 다음과 같이 제시했다. ① 우선 주력전함에 기술적 혁신 반영과 동시에 화력은 그대로 유지하면서 장갑을 희생시키고, 항해 성능을 향상시킨 새로운 형태의 순양전함 건조, ② 그래도 부족한 주력함대 자리에 대해서는 다량의 연안방어용 어뢰정과 잠수함 배치 등과 같은 조치로 요약된다. 이후 독일 주력함대의 급격한 성장에 대응하여 신예함 노급 전함드레드노트: Dreadnought 및 순양전함의 건조 개시는 물론 지속적으로 잠수함 전력 증강에도 신경을 쓴다. 한편 독일을 포함 가상적국의 기뢰와 잠수함의 전개로 해안 근접봉쇄가 어려운 것을 감안해, 그 역할 감당은 다수의 저비용 잠수함에 대신 맡기기로 한다. 따라서 영국은 1차 대전 개전 시에는 대략 73척의 비교적 대규모 잠수함을 보유한 상태였다.

다른 주요 해군국들의 재정부족 이유 또는 최신기술혁신의 반영과 같은 현실적인 동기와 달리 독일은 독특한 전술/전략적 동기를 갖고 잠수함 전력을 확충하는 데 노력했다. 처음 티르피츠 제독은 전함을 위시한 주력함 함대 확보에 역점을 주는 것에 비해 잠수함 확보에 대해서는 미온적인 태도를 보였다. 하지만 과거 나폴레옹 전쟁 시 넬슨의 코펜하겐 공략과 나일강 전투와 같은 영국 해군의 해군기지에 대한 기습적인 선제공격과 대륙봉쇄와 같은 선례를 마냥 무시할 수는 없었으므로, 우선 해군기지 방어용으로 잠수함을 활용할 것을 착안했다. 특히 독일이 영국과의 전면전을 벌인다면, 과거에 그리 했던 것처럼 영국 해군이 해안 근접봉쇄를 할 것이라고 기대했다. 따라서 영-독 주력함대끼리의 대결전바로 그날: Der Tag에 앞서 연안에서 게릴라식 전법으로 기뢰와 어뢰 공격 전술을 활용해, 사전에 영국 주력함대를 약화시키는 데 잠수함이 아주 효과적일 것으로 판단했다. 앞에서 언급된 각 주요 해군국의 잠수함 활용 개념과 교리는 1차 대전의 개전과 함께 산산조각 난다. 유럽 각국은 유틀란트 해전까지 양측 주력함대끼리의 결전에만 온 신경을 쓰고 있었던 반면, 잠수함을 방어용으로만 간주했고 잠수함 전력에 대한 기대는 그리 크지 않았다.

20세기 초, 1차 대전 발발 전까지 잠수함은 그전에는 존재하지 않았던 전혀 새로운 개념의 무기체계로 탄생한 배경을 갖고 있다. 따라서 잠수함 승무원들은 항법, 각종 장비의 조작숙련도를 위한 훈련은 물론, 거기에 더해 특유의 복잡하고도 고유한 전술적 특성을 최대한 발휘할 수 있도록 잠항, 어뢰장전 및 재장전, 어뢰발사, 잠망경 조작 등을 중점적으로 훈련받았다. 일반적으로 내부구조는 함수로부터 어뢰실, 거주구획, 갤리Galley라 불리는 작은 조리시설, 중앙 조정/제어 구획Control Room, 주기관/전기모터 구획, 각종 기계실, 경우에 따라서는 후미 어뢰실 순서로 배열되며, 중앙하부에는 무게중심을 위해 비교적 중량이 많이 나가는 배터리 구획이 위치하며 오늘날까지도 소나설치 위치를 제외하고 큰 틀에서 변화는 거의 없다.

본격적으로 무기체계로서의 잠수함 활용은 당연히 1차 대전의 발발과 어깨를 나란히 한다고 볼 수 있다. 항공기, 탱크와 같이 새로운 무기가 처음 전쟁에 등장했을 때 운용방법에 대한 분명한 교리나 원칙이 부재한 것은 물론 운용방안에 대해 이견이 난무한 것처럼, 잠수함을 보유한 대다수의 해군국들도 사실 잠수함을 전쟁에서 어떤 식으로 효율적으로 활용할지에 대한 구체적인 아이디어가 거의 전무한 상태로 개전에 임했다. 대전 초기에 모든 교전국과 중립국들은 순진하게도 1899년 제정된 헤이그 조약을 교전국들이 모두 준수할 것으로 예상했다. 따라서 잠수함들은 수상함정들, 특히 전함, 순양함 등의 주력함들을 주공격 대상으로 삼았다. 첫 수상함과 잠수함과의 조우는 영국 순양함 HMS 버밍햄Birmingham과 U-15와의 교전으로, 순양함의 충돌공격으로 독일 잠수함은 첫 교전에서 격침당한다는 치욕적인 기록을 남긴다. 사실 이때 U-15는 장시간 초계에 의한 부품마모로 기관이 고장 나 해상에서 수리하는 도중 영국 순양함에 발각된 것이었다. 그 외에도 주력함대를 보조하기 위한 정찰임무에도 잠수함이 투입되었다. 영국은 헬리고란트만Heligoland Bight 해역에서 잠수함 초계선을 형성하고, 여기에서 입수되는 정찰보고를 기반으로 영국 순양전함 함대는 독일의 경순양함 함대를 손쉽게 포착하고 격파할 수 있었다. 한편 이 당시 우군에 의한 오인사격도 심심치 않게 발생하였으며, 이는 수상함 승무원들이 잠수함 존재에 대해서 너무 예민하게 반응해, 제대로 피아식별도 하지 않은 상태로 성급하게 교전했던 것도 원인으로 지적된다. 초기 잠수함의 격침 전과는 기대와는 달리 그리 신통치 않았다.

한편 각 교전국들이 잠수함 함대에 부여한 주요 임무에서도 서로 큰 차이가 있었다. 영국의 경우 서부 유럽으로의 병력/물자 수송선 보호를 위해 잠수함을 영불 해협에 집중했으며, 반면 프랑스와 러시아는 해군기지 방어와 병력수송선 호송에 잠수함을 주로 활용하였다. 독일 해군도 마찬가지로 대전 초기에는 영국 주력함들이 해안에 접근해 함포로 기지를 포격하지 못하도록 영국 주력함에 대한 요격과 견제 등 수세적으로 활용하였다. 하지만 대전 초 예상했던 바와 달리 주력함대와 잠수함들 간의 교전상황은 거의 발생치 않았으므로, 차츰 잠수함들은 기지나 함대방어 임무 굴레에서 벗어나, 교전국이 장악한 해역에 진출하여 전투함과 상선에 대한 공세에 투입되기 시작했다. 이와 같은 상황 전환과 병행하여 이후 독일 유보트는 주력함, 특히 영국 순양함들을 상대로 괄목한 만한 전과를 올리기 시작했다. 이에 대해 특히 영국 해군은 주력함들을 남서부 주요 해군기지로부터 스코틀랜드 북단 스캐파플로Scapa Flow로 보다 안전한 해역으로 철수시킴으로써 기지에 정박하고 있는 독일 대양함대 주력함들에 대한 대규모 공격기회를 포기하게 되는 결과를 초래하기도 했다. 아직까지는 독일을 포함한 각국은 상대방 군함만을 주공격 대상으로 삼고 있었으며 중립국, 특히 미국을 의식하여 상선에 대한 공격은 아예 상상 밖의 일이었다. 하지만 이때 독일은 단지 가능성 차원에서 영국 상선들에 대한 통상파괴 공격을 연구하고 검토하는 수준에 머물러 있었다.

영국은 전통적으로 유럽대륙 교전국특히 나폴레옹 시대 프랑스에 대해서 해안봉쇄 및 해상 병참선에 대한 공세작전을 즐겨 구사해 왔다. 우선 교전국으로 향하는 상선을 정선시킨 다음, 상선에 승선해 선적된 화물의 성격상 전쟁물자 여부를 판별하고, 만약 군수물자로 판명되면 이를 압수하거나 나포상선을 아군이 점령하고 있는 항구로 회항시키거나 견인해 가는 방법을 주로 사용했다. 어뢰와 기뢰의 등장으로 19세기와는 상황이 크게 달라진 1차 대전 시에는 독일 어뢰정과 잠수함 전대에 의한 주력함들에 대한 위협으로 해안봉쇄보다는 해안으로부터 다소 거리가 떨어진 위치에서의 원거리 해상봉쇄로 전술을 전환하게 되었다. 이와 아울러 전쟁이 격화되면서, 영국은 급기야 추축국Axis으로 수송되는 식량도 군수물자에 포함시키는 가혹한 조치를 취한다. 물론 봉쇄당한 독일과 오스트리아는 네덜란드, 덴마크와 같은 중립국으로부터 육로를 통해 일부 식량을 수입하나 그 양은 요구량에 비해 터무니없이 부족했으며, 그 결과로 독일은 대전 전반에 걸쳐 만성 식량과 물자난에 시달리게 된다.

이와 같은 연합국의 추축국에 대한 가혹한 해상봉쇄에 대응하기 위해 독일은 연합국 상선에 대한 공격으로 목표를 대대적으로 수정하게 되며, 이로써 본격적인 통상파괴 작전도 잠수함의 주된 임무로 자리 잡게 되었다. 하지만 초기 통상파괴 작전 시행 시에는 교전국으로 향하는 선박을 정선시킨 후 선적 화물을 조사하고 상선 선원들을 구명정으로 옮긴 후 갑판포나 어뢰로 격침하는 등의 전시나포규정Prize Regulation을 충실히 준수한 수준에서 실시했다. 그러나 이러한 규정은 대규모의 상선단을 보유하고 해상 병참선에 크게 의존하는 영-불 연합국에게만 유리하게 작용한다. 이렇게 되면 1회 초계기간 중 잠수함은 1척 내지 2척 정도의 상선만을 나포, 격침시킬 수 있다는 한계로 초창기 전과는 그리 높지 않았다. 또 이 국제협약에 따른다면 선적품목 조사를 위해 부상해야 했으므로, 기습과 은밀성과 같은 잠수함 특유의 이점을 잃는다는 것과 상선으로 위장한 보조 순양함Q-ship의 함포사격과 충돌공격에 자주 노출될 수밖에 없다는 점에서 잠수함에는 매우 불리하게 작용했다. 또 대전 초기 영국 해군이 선단 호위 임무를 등한시한 이유로는 설사 잠수함이 상선을 나포한다고 하더라도, 현실적으로 나포상선 운항에 투입할 잠수함 승무원의 여유가 없다는 점, 포로를 수용할 공간이 없다는 점과 배수량이 작은 잠수함이 과거 넬슨 시대처럼 자기보다 덩치가 훨씬 큰 선박을 본국 항구로 견인해 간다는 것이 거의 비현실적이었기 때문이었다. 이런 식으로는 유보트들이 만족할 만한 성과를 얻을 수 없다는 것이 확실해졌다.

독일은 미국 역사가 머핸Alfred Mahan 저술:《The Influence of Sea Power Upon History》의 이론과 주장을 재조명하게 되는데, 그의 주장에 따르면 대규모 상선단은 대영제국의 강점이면서 동시에 약점이라는 것이다. 따라서 1915년에 이르자 독일은 연합군 종전의 예상을 뒤집고 상선들을 나포하는 대신 사전경고 없이 상선을 격침시켜, 연합국에 대한 보급물자 차단을 이룰 수 있을 것이라고 판단을 하기에 이른다. 결국 1차 대전을 거치면서 영국은 추축군의 무제한 통상파괴 작전으로 인해 상선단은 막대한 손실을 입었으며, 그 결과로 거의 굴복 직전까지 갔다는 것을 영국은 결코 잊을 수 없었다. 여기에 보태, 영국의 또 1가지 실수는 개전과 함께 상선의 추가적인 건조나 수리를 거의 중단하고 모두 전투함 건조에만 집중했다는 것이다. 왜냐하면 영국은 독일과 마찬가지로 모두 단기전을 예상했기 때문이었다. 1차 대전 기간을 통틀어 독일 해군이 전개한 잠수함은 1915년 평균 30척, 1917년 중반 평균 40척, 최대평균 규모 고작 46.5척에 대해 영연방의 상선 손실은 2,684척으로 총 600만 톤에 달하며, 이 같은 전과는 적은 수의 잠수함 전력에도 불구하고 낸 것으로 함장들의 호전성과 적극적인 전술에 의해 이룩한 전과라는 점이다. 초기 잠수함 성공은 분명 승무원의 헌신과 노고도 있었지만, 목표물의 승무원 부주의와 운도 크게 작용했다. 특히 이로 인해 독일 일부 장교단에는 1척의 잠수함으로 1개 사단보다 낮은 비용으로 보다 효과적으로 막대한 손실을 연합국에 입힐 가능성이 있다는 사상이 지배하게 되었다. 이 외에도 잠수함은 주요 무장인 어뢰뿐만 아니라, 수중기뢰도 적극적으로 활용하여 상당한 성과를 올리기도 했으며, 이러한 기뢰의 전술적 활용은 현재에도 여전히 계속 이어지고 있다. 잠수함도 기뢰위협으로부터 결코 예외가 아닌 것은 낮은 잠항탑Fin 혹은 Conning Tower으로 시계확보가 어려워 기뢰를 탐지하는 데 수상함보다 더 불리하기 때문이다. 또한 잠수함 갑판에 설치된 함포도 꽤 요긴하게 사용되어, 비싼 어뢰를 대신해 주변에 호위함이 없거나 단독으로 항해하는 작은 선박을 격침하는 데 유효해 총 격침톤수를 올리는 데 적지 않은 기여를 했다.

통상파괴 작전을 전개함에 있어 의도치 않게 격침한 여러 척의 중립국 선박 및 특히 159명의 미국 시민이 익사한 루시타니아Lusitania 격침사건으로 말미암아 결국 미국 태도가 연합국으로 전적으로 기울게 되는 결과를 초래하고 말았다. 본 여객선 격침은 미국 시민이 처음으로 희생된 선박은 아니나, 유보트 잔혹성을 알리는 선전으로 적극적으로 활용되어 사람들 뇌리에 이정표로서 깊이 새겨진다. 루시타니아 화물목록에 따르면 37톤의 폭발물, 소화기 탄약과 퓨즈가 선적되어 있었다고 한다. 이를 근거로 독일은 본 여객선을 무장 선박으로 간주할 수 있다고 하나, 연합군은 이를 부정하고 있어 쌍방 의견은 아직까지도 엇갈리고 있다. 한편 미국은 연합군의 대륙봉쇄로 독일과의 교역량이 크게 감소했으나, 사실이 전쟁으로 영-불과의 무역이 급격하게 증가해 막대한 이익을 보고 있는 상황이었다. 따라서 유보트에 의한 다수의 상선 격침으로 미국은 영국-프랑스 교역에서 큰 손실을 볼 수밖에 없었다. 또한 미국은 과거 독립전쟁 시 물심양면으로 원조해 주었던 프랑스에 동질감과 동정심을 지니고 있어, 연합군에게 최대한으로 군수물자를 공급하는 데 주저하지 않았다. 결과적으로 미국이 연합국 편에 서서 참전하는 것은 단지 시간문제였다.

잠수함 함장들이 보고한 격침 전과와 실제 사이에는 커다란 간극이 존재하는데, 그 이유로는 물론 전과에 대한 과장도 섞여 있을 수 있으나, 평상시에도 잠망경만으로 목표물을 정확히 식별한다는 것은 거의 불가능에 가깝기 때문이다. 제한된 잠망경 노출시간 내에 그 좁은 시계로 선박 종류, 탑승인원 및 국적, 화물 종류 및 선적 물량, 함포 유무와 배치위치_{전방에 위치한 함포는 공격용, 후방에 위치한 함포는 방어용으로 간주} 등을 파악해야 한다는 것은 상식 밖 수준이었다. 따라서 중립국 여객선과 상선 격침은 아무리 조심한다 할지라도 결국 발생할 수밖에 없는 필연적이었던 면도 인정해야 한다. 여하튼 이 사건 직후 독일은 무제한 통상파괴 작전을 일시적으로나마 중단하나, 미국의 참전으로 대규모 지상군 병력이 본격적으로 대서양을 건너 유럽대륙에 도달하기 전 서부전선에서 3차례의 대공세로 승리할 수 있다는 전제하에 1917년 초부터 재차 무제한 통상파괴 작전에 돌입한다. 하지만 연합군의 대잠능력 향상으로 이 같은 꿈은 결코 실현되지 않은 상태로 결국 휴전을 맞이했다.

후에 다시 언급될 것이나, 상선의 심대한 손실을 경험한 영국은 평화협정 시에 모든 잠수함들의 완전한 폐기를 주장했으나, 미국과 특히 프랑스의 반대로 무산되었다. 차선책으로 영국이 제안한 잠수함 함대규모, 작전영역과 운용방법에 대한 제재방식에 대해서도 각국의 반대에 부딪쳤다. 왜냐하면 미국은 영국과 일본을 태평양에서의 잠재적인 적국으로 인식하고 있었고 한편 프랑스도 전쟁결과 재정부족으로 주력함대를 재건하기에 벅찼기 때문이었다. 결과적으로 1922년 해군조약 시 보유 전함, 순양함 등의 주력함 규모와 무장 제한에 대한 합의는 간신히 이루어졌으나, 서로 상반된 이해관계로 잠수함 규제를 위한 합의에 도달하는 것에는 실패했다. 영국은 1925, 1930, 1935년 연이은 해군조약에서도 주력함들을 보유하지 못하고 소규모 해군에만 의존한 국가들의 강력한 반대로 잠수함 폐지를 합의하는 데 성공치 못했지만, 대신 총 보유 척 수, 배수량, 탑재 무장에 대한 규제에 대해서는 미국, 영국, 일본과 상호합의에 도달하는 데 성공했다. 수차례의 지루한 회의를 거쳐 잠수함에 대한 전시나포규정이 부활했으며, 따라서 무제한 통상파괴 작전을 전적으로 폐지하는 것에 서로 합의하였다. 1920~1930년 사이에는 잠수함 대규모 신규건조가 거의 없었으며, 이는 무기제한협정보다는 오히려 전 세계에 불어닥친 경제공황에 따른 경제적인 이유가 더 컸다.

종전 후 어느 국가라도 잠수함 기술 분야에서 큰 간극으로 앞서는 것을 방지하기 위해, 전후 평화협정 시 노획된 독일 잠수함들은 연구/개발 목적을 위해 활용 후 해체한다는 조건으로 전승국들에게 배분된다. 그중에서 가장 손실을 많이 본 영국이 가장 많은 105척의 유보트들을 차지하고, 나머지는 차이가 있으나 프랑스, 이태리, 미국, 일본, 벨기에에 전리품으로 분배됐다. 따라시 진쟁 중 개발과정에서 진보된 독일 선진기술들은 각국으로 퍼져나가게 되었다. 1차 대전 종식으로 거의 모든 군사 영역에서 축소와 해체 과정을 한동안 거치나, 잠수함 분야에서는 예외적으로 승전국을 포함, 기존 잠수함을 보유했던 모든 국가들은 경제대공황 여건에도 불구하고 예상과 달리 기술 개발에 다시 박차를 가하는 기이한 현상이 연출되었다. 이는 전함이나 순양함 등의 주력함들과 달리 잠수함 관련 기술 분야에서는 아직 개발의 여지가 많이 남아 있었다는 것을 방증하는 것이기도 했다. 양차 대전 사이에 주요 해군국들은 잠수함의 성능개량/향상에 주력하는 것과 동시에 새로운 개념을 도입하고 시험하는 데 매우 적극적이었다. 이 같은 현상은 그동안 해전에서 잠수함의 전략/전술적 위력을 참전국들 모두 뼈저리게 절감했기 때문이었다. 우선 추진성능과 안전성 증대를 위해 증기기관, 휘발유엔진과 케로신 엔진을 모두 포기하고, 그 자리를 대신해 디젤기관이 전면적으로 채용되며, 배터리 용량도 증대시켜 잠항시간을 늘린다. 따라서 증기기관은 핵추진기관이 탄생할 때까지 잠수함 역사 속에서 그 흔적을 감추게 되었디.

한편으로는 이 시기를 잠수함 기술과 더불어 작전운용 개념에 대해서도 신중하게 모색하는 기회로 삼게 되며, 특히 신규, 진보적 기술과의 접목과 적용에 큰 관심을 기울이게 된다. 그중에서도 특히 기뢰부설, 장사정 함포, 항공기 운용 등에서 대해서도 적극적인 개발과 적용시험이 이루어진다. 특히 격침이 까다롭지만 고가인 전함들과 달리, 잠수함은 상대적으로 저렴하게 건조할 수 있어 조속하게 손실을 대체할 수 있다는 장점이 있어, 더욱 효율적인 잠수함 개발에 열을 올렸다. 1차 대전의 교훈에도 불구하고 운용상 제약이 많고 급속잠항에 걸림돌이 되는 대구경 함포를 갖춘 대형 순양잠수함 개발처럼 고유 특성과 맞지 않는 엉뚱한 방향으로 진행된 경우도 다수 있었다. 이러한 경향은 태평양을 주요 전역으로 삼는 미국과 일본 해군에서 뚜렷하게 나타났으며, 또한 원거리 식민지 보호에 신경 쓰고 있던 영국과 프랑스에서도 동일하게 나타났다. 이러한 사상을 바탕으로 미국과 일본 해군은 대형 기뢰부설용, 영국은 대구경 함포탑재 잠수함을 개발하기에 이르렀다. 한편 장사정 함포사격에 있어서도 낮은 잠항탑으로 인한 제한된 시계를 극복하고자 관측용 항공기 탑재 아이디어도 이때 소개되며, 정찰임무를 위해서라도 항공기 탑재는 필수적이라고 생각한 경우도 많았다. 장사정 함포, 항공기 탑재에 대한 수많은 시행착오를 겪은 후에, 일본과 프랑스를 제외한 주요 잠수함 보유국들은 대형 순양잠수함에 대한 망상에서 벗어나 이성을 다시 찾기 시작해, 기동성, 연료적재량, 무장 면에서 가장 이상적인 잠수함은 중형 750~2,000톤급이 적합하다는 결론에 도달했다. 이와는 별도로 소형 연안방어용 잠수함들도 필요하다고 판단했다. 아래는 각국의 독자적인 독특한 전략/전술적 사상과 교리를 반영한 것으로, 1931년 각 해군의 잠수함 보유 분포를 보여준다. 출처: Submarines, A. Preston

	대형	중형	소형
덴마크			13
프랑스	2	33	45
영국	1	36	15
이태리		27	18
일본	17	24	26
러시아		4	14
미국	6	46	29

　　2차 대전 시 잠수함전의 주연은 역시 대서양에서 독일 해군 이리
떼Wolf Pack 작전으로 유명해진 유보트와 태평양에서의 철상어Steel
Shark로 각인된 미국 잠수함 전대들로, 이들에 의한 상선단과 전투
함 격침 실적을 대표적으로 들 수 있다. 하지만 대규모 잠수함전에
도 불구하고 독일 유보트와 미 잠수함들은 인도양을 제외하고 서
로 조우한 경우가 거의 없었다. 한편 개전 시 최대 잠수함 전력을
보유한 영국 해군은 북대서양과 지중해에서 주로 활약하며, 추축
국 보급로 차단에 대한 상당한 전과를 올렸음에도 불구하고 대중
들의 큰 관심을 끌 정도는 아니었다. 처음에는 1914년과 마찬가지
로 미국의 심기를 건드리지 않기 위해 독일은 전시나포규정을 철
저하게 준수해, 호송선단에 속하거나 호위함과 함께 항해하지 않
는 이상 상선공격을 자제했다. 심지어 무장상선조차도 정선시킨
후 화물조사를 실시하려는 시도도 했다. 하지만 예상되었던 바와
같이, 이러한 신사적인 전술을 통해 올린 전과는 그리 높지 않았지
만, 그럼에도 불구하고 유보트 전대는 1939년 12월까지 114척을
격침하는 성과를 올렸다. 이와 반대로 영국 해군은 일반인들에 알

려진 바와 달리 대전 초기부터 나포규정에 전혀 얽매이지 않고 추축국 상선들을 뇌격함과 동시에 무장상선들도 유보트에 대한 반격에 적극적으로 나섰다. 이 같은 상황에서 1차 대전과 동일하게 병력수송선으로 착각하고 여객선 아세니아Athenia호를 뇌격으로 격침시키는 악몽이 재현되었다.

조명을 끈 선박에 대해서는 별도의 허가 없이 공격을 허가한 것을 시작으로, 1939년 10월부터 차츰 전시나포규정 굴레에서 탈피하면서, 유보트들도 적극적인 공세로 전환했다. 그로 인해 1차 대전에서 얻은 교훈에도 불구하고, 별다른 대책 없이 연합국 선박손실이 급증하면서, 2차 대전시에도 연합국은 상선에 심대한 손실을 입는 결과가 반복되었다. 대서양을 포함해 모든 해역에서의 해전을 통해 독일 해군은 1,162척 중 783척의 잠수함승무원 약 32,000여 명 상실에 대해, 연합국은 175척의 전투함승무원 약 4,200여 명, 3,500여 척의 상선 및 여객선영연방 약 30,250여 명의 상실로 그 결과가 매우 참혹했다. 비스마르크 격침을 제외하고 대서양에서 주력함끼리 서로 포탄을 주고받는 격전은 거의 없었으나, 대서양 전투야말로 대전의 승패를 가름한 결전이라고 보는 것이 마땅하다. 양차 대전 동안 잠수함 전투를 통해 얻은 작전운용 개념의 성숙을 위한 노력은 오늘날에도 계속 이어지고 있다. 수상함보다 수상항해 시 속도와 방어 측면에서 훨씬 불리한 것은 사실이나 양차 대전, 특히 2차 대전을 통해 잠수함은 항공모함과 더불어 주력 전투함으로서의 지위를 확보하게 되었다. 통상파괴와 수상함을 대상으로 한 직접적인 뇌격 외에도 주된 임무로는 기뢰부설, 정찰초계, 긴급 보급물자 수송 및 특수부대원의 후방침투 등으로 다양했으며, 그 기여도는 항모 기동함대만큼 중요해졌다.

독일의 저항이 막바지로 가면서, 미-영-러-프 모두 유보트 기지로 달려가 독일 선진기술을 획득하고자 열을 올리는데, 이 같은 사태는 1918년의 재현이라고 해도 과언이 아닐 정도다. 당연히 가장 많은 관심을 끈 것은 Type 21형과 17형 발터식 보트이다. 영국과 미국이 탈환 또는 점령한 지역이 대서양과 가까운 관계로 유보트 기지들을 다수 포함하고 있어, 우선 먼저 차지할 수 있었다. Type 17형 발터식 폐쇄회로 추진기관의 경우, 미-영은 노획한 것들을 활용해 가까스로 운용 상태까지 진입하긴 했으나, 종래에는 추가적인 개발을 포기하고 만다. 소련의 경우에도 Type 17형을 가지고 어느 정도 운용시험을 시도해 보다가, 항속거리가 짧은 관계로 일찌감치 개발을 포기하고 만다. 사실 불안전하고 위험한 발터기관에 대한 더 이상의 개발은 결국 돈과 시간 낭비임이 곧 밝혀져, 소련의 결정이 타당하게 보인다. 영국에서 익스플로러Explorer와 엑스칼리버Excalibur로 개명된 발터기관 잠수함 2척은 27노트의 수중속도로 핵추진 잠수함의 최대속력과 비슷해 종국에는 대잠부대 대항군으로 소모해 버리고 만다. 발터기관보다는 오히려 Type 21형이 전후 잠수함에 대한 영향력이 더 컸다.

양차 대전의 결과를 반영해, 스노클 채용 및 배터리 용량증대에 따른 잠항시간 연장, 유선형에 따른 고속화, 음향/자기유도어뢰, 소음 감소 등의 각 분야에서 기술수준이 한 단계씩 도약했다. 한편 대잠작전의 교훈으로는 호송선단 편성, 음향탐지, 자기탐지, 레이다 탐지, 대잠초계기 활용확대, 음향유도어뢰, 기만장치 등의 개발 등으로 대잠 기술도 놀라운 발전을 목도한다. 전후에 러시아를 제외하고 미국과 영국은 국방예산의 대폭적인 축소 결과로 기존 건조계약 중단, 구식 잠수함 폐기, 잉여 잠수함의 예비전력으로 전환 또는 우방국으로의 매각/공여 등의 조치 탓에 규모가 대폭적으로 감축된다. 그렇다고 해서 잠수함의 전략/전술적 중요성을 전혀 무시한 것은 아니어서, 대전 중 얻은 교훈을 반영해 신형 잠수함 건조 및 비교적 상태가 양호한 신예함들은 개량/개조하는 과정을 거쳐 전력 확충을 꾀했다. 전후 초기 러시아는 동부 유럽의 공산화와 전후 국내 산업시설 복구와 일단 지상 전력을 우선시한 조치에 따라, 기존 잠수함 전력을 유지하는 수준에서 신규 잠수함에 대한 개발/건조는 한동안 중단한 상태로 단지 해안 방어에만 치중했다.

미국이 초강대국의 지위를 확보하면서, 미 해군은 축소된 국방비 예산에도 불구하고 국제평화 유지를 위해 강력한 수상전력을 유지코자 했으나, 새로 탄생한 공군과의 예산경쟁이 불가피한 것은 당시 현실이었다. 또한 핵무기의 등장으로 저렴하게 전쟁억지력을 유지할 수 있다고 보는 전반적인 분위기와 핵폭탄 투하능력을 보유한 공군의 급속한 성장으로 말미암아 해군, 특히 잠수함의 입지는 크게 약화되었다. 그런 상황 가운데 일부 동부 유럽 국가들이 소련 영향권에서 벗어나려는 시도로 벌어진 일련의 유혈사태들과 그리스 내전, 발칸반도 정세 불안정과 바르샤바 조약의 탄생으로 군사적 긴장이 다시 고조되는 가운데, 서방국가들도 정치/군사적 균형을 회복하기 위해 나토NATO: North Atlantic Treaty Organization 창설함과 더불어 국방력 증강, 특히 해군전력 보강 필요성이 다시금 제기되었다. 여기에다 또 1950년 한국전의 발발은 서방 군사력 증강 촉매제 역할을 하였다.

서방 관점에서 동-서 대립은 국제 해상교역에 경제기반을 전적으로 의존하는 서방 해양국들과 러시아를 포함, 동부 유럽국들의 대륙세력 간 대립으로 갈 공산이 크다고 판단했으므로, 따라서 강력한 해군 보유는 필수적이라고 보았다. 소련도 초강대국으로 격상됨에 따라 서방국가들은 20세기에 들어서 3차례에 걸쳐 과거와 유사하게 해상교역로에 대한 차단위협 가능성에 긴장하지 않을 수 없었다. 만약 소련을 중심으로 하는 바르샤바 조약국들이 독일을 비롯한 중부 유럽을 통해 바로 침공한다면, 방어와 반격을 위해 서방국가들의 생명선인 대서양 해상보급로는 필수적으로 확보되어야 한다. 따라서 당시 소련이 보유한 159척의 잠수함 전력은 서유럽에게는 치명적인 위협이었다.

2차 대전이 진행됨에 따라 주력함대 편성에도 큰 변혁이 발생하였으며, 전함 위주 주력함대는 항공모함 중심의 기동함대로 그 위치를 내주게 되었다. 또한 전후 미사일기술의 비약적인 발전은 기존 함포, 항공폭탄, 항공어뢰의 효용성을 크게 반감시키기에 충분한 수준에 이미 도달했다. 더구나 핵무기 또한 대형 함대의 존재를 위협하는 존재로 떠오르게 되었다. 따라서 그런 분위기를 반영해 육군을 대신해 다시 공군전력 강화 중요성이 대신 강조되었다. 한편으로 해군은 기존 함정과 최신 미사일기술과의 접목으로 그 효용성을 다시 한번 입증하게 된다. 또한 1947년 미-영 해군이 합동으로 비키니Bikini와 에니웨톡Eniwetok 환초에서 실시한 교차로Crossroads 작전명의 해상 원폭시험을 실시한 결과, 함대가 기존보다 넓게 산개한다면 핵무기 위력을 크게 반감시킬 수 있음이 밝혀졌다. 또한 이 시험을 통해 비록 핵폭탄이 수면 가까이서 폭발한다 하더라도 대부분의 함정들은 당초 예상과 달리 생존할 수 있음과 동시에 비록 다소간의 피해가 발생하더라도 기존 임무를 지속하는 데 큰 지장이 없는 것으로 밝혀졌다.

이런 분위기 속에서 미국은 핵추진기관을 등장시키며 본격적인 AIP 시대로 진입하고, 소련이 바로 그 뒤를 잇는다. 현재 핵추진 잠수함 보유국은 영국, 프랑스, 중국으로 확대되었다. 이미 기존 대규모 함대를 갖춘 서방은 이런 핵추진 잠수함을 소련 핵추진 잠수함에 대한 방어수단으로 본 것에 반해, 러시아는 서방의 기동함대나 선단 공격용으로 간주했다. 또한 핵추진 잠수함에 대해 가장 효과적인 대응무기는 고성능 음향추적 및 충분한 장시간 추적능력을 갖춘 핵추진 잠수함이 이상적인 것으로 밝혀졌다.

바르샤바 조약국의 막강한 잠수함 전력만이 서유럽의 악몽은 아니었다. 핵무기보다 더 달갑지 않고 위협적으로 여겨진 것은 2차 대전 말기에 이룩한 독일 잠수함과 관련된 혁신적인 기술들이었다. 배터리 성능과 구조 강도가 대폭 향상된 Type 21형과 23형은 기존 재래식과 비교해 수중속도, 잠항시간, 잠항심도 면에서 당시 상식을 깨고 현저히 개선된 것으로, 전리품으로 입수된 잠수함의 경이적인 성능에 연합국들은 큰 충격을 받기에 충분했다. 또한 잠항상태에서 음향탐지에만 의존해 사격통제정보를 얻고 어뢰를 발사할 수 있는 사실도 또한 매우 충격적이었다. 더욱이 박스패턴 방식의 기존 탐색전법은 4노트 잠항속도를 가진 잠수함에 대해서는 매우 효과적이었으나, 신형 21형의 높은 잠항속도만으로도 위의 대잠탐색방식이 무기력해진다는 것도 곧 발견하게 되었다. 설사 탐지할 수 있다 하더라도 호위함이 동일한 속력으로 추격한다면, 고속 항진에 의해 자체적으로 발생하는 기관음과 프로펠러 소음으로 인해 17노트의 잠수함을 소나로 계속 추적하는 것이 거의 불가능에 가까웠다. 또 수중으로 느리게 가라앉는 기존의 투하형 폭뢰도 거의 소용이 없었으며, 고슴도치 방사형 폭뢰로도 큰 효과를 기대할 수 없었다. 더욱이 잠항시간이 크게 증가함에 따라 호위함과 초계기 장착 레이다를 이용한 탐지 기회도 크게 줄어들었다.

소련은 독일 항복으로 다수의 21형을 완성 또는 반조립 상태로 입수했다. 2차 대전 종전 시점에는 총 124척의 신예함과 99척의 구형함을 보유한 것으로 판단되었으며, 나토는 냉전 초기 러시아 잠수함 전력에 큰 위협감을 느꼈고, 이것은 나중에 과대평가한 것으로 밝혀졌지만 위협은 엄연히 실존했다. 더욱이 얼마 후에 1,000톤급 중형 위스키Whiskey급을 필두로 2,000톤급 중대형 줄루Zulu급을 양산, 실전배치 하며, 모두 잠항속도에서 유리한 독일 21형의 외형을 답습한 것이 특징이다. 물론 미-영을 비롯한 주요 서방국가들도 21형을 면밀히 조사/분석한 결과, 흡사한 외형의 신규함을 양산하거나 기존 함들을 개장하며, 미 해군의 경우 이렇게 개조한 것들을 구피Guppy급으로 명명했다.

음향탐지도 수상보다 오히려 수중에서 우수한 것으로 판명되어,

어느 해군 관계자는 더 이상 수상함을 이용한 잠수함 사냥은 현실성이 결여되며, 대잠전에 있어 전반적인 재검토가 필요하다고 주장하기도 했다. 또한 1948년 파나마 일대에서 실시한 훈련 결과, 배터리만으로 정숙 항진 하는 잠수함이 수상함보다 먼저 원거리에서 스노클로 고속 항진 하는 잠수함의 프로펠러 공동화Cavitation 발생음향을 더 용이하게 탐지할 수 있음을 발견했다. 따라서 잠수함이 수중 목표물을 탐지하고 요격하는 대잠작전에 더 유리하다는 것이 밝혀졌다. 효과적인 대잠작전을 위해서 공격용 잠수함은 고성능 음향탐지능력을 포함하여 보다 깊은 잠항심도와 정숙항해 성능을 가져야 한다는 결론에 도달해, 이것은 곧이어 수색/공격Hunter/Killer 겸용 잠수함이 탄생하는 배경이 되었다. 더불어 음향유도/패턴추적 어뢰 개발이 그 뒤를 잇는다. 한편 대잠전용 잠수함을 등장시키는 것과 동시에 수상함과의 합동작전도 한층 강조되었다. 수상함 발사 대잠어뢰, 로켓 발사 폭뢰, 핵탄두 폭뢰 등도 개발되며, 호위함에 헬리콥터 탑재가 가능해지면서 대잠전용 공중투하 항공어뢰도 개발되기에 이른다.

이제 남은 큰 숙제로는 수중 목표물에 대한 효과적인 탐지와 위치 탐색능력이었다. 2차 대전 시에 개발되어 효과적으로 사용된 단파 레이다가 긴 잠항시간을 갖는 잠수함에 대한 탐지 위력이 무기력해지자, 대신 수중음파탐지, 자기탐지장치, 공중투하 부유식 소나Sonobuoy, 헬기용 입수형 소나Dipping Sonar 등이 개발되었다. 그 외에도 저주파 레이다, 적외선 탐색, 심지어는 적재된 핵무기의 방사선 누출 탐지 방안도 시도되었으며, 이러한 탐지법과 장비들은 호위함 또는 초계기에서 주로 적용한다. 그중에서도 잠수함에 설치된 소나를 통한 수동음향탐지가 가장 효과적인 것으로 밝혀졌으며, 해저에 설치한 SOSUSSound Surveillance System에도 동일한 원리가 적용된다. 대표적인 SOSUS 배치위치로는 GIUKGreenland-Iceland-UK 초크 지점Choke Point에 설치된 것을 들 수 있으며, 무르만스크로부터 출격하는 수상함정들을 포함해 러시아 잠수함의 위치 탐지는 물론 함의 종류까지 구분하는 것이 가능해졌다. 이러한 초크 지점에 설치된 SOSUS 덕분에 해당 지점을 통과하지 않고 대신 비교적 안전한 해역에서 발사할 수 있는 장사정의 SLBM과 보다 정숙한 SSBN들이 요구되었다.

2차 대전 말기, 이미 독일 해군은 잠수함 갑판에서 소형 로켓포탄을 발사하거나, V2 미사일을 견인하여 특정 위치에서 발사하는 방법을 연구한 바 있다. 1950년대 중반에 들어서면서 컴퓨터와 미사일기술의 비약적인 발전으로, 항공모함 함재기와는 별도로 위의 기술을 응용해 함정에서의 핵무기 투사 가능성에 관심을 기울이기 시작했다. 그러면서 급변하는 전략적 상황을 반영해, 잠수함을 이용한 순항 혹은 탄도 미사일을 발사하는 전략공격이라는 새로운 국면을 맞이하며, 이를 계기로 공격용 전술과 탄도탄발사용 전략 잠수함으로 구분되기 시작한다. 먼저 이 개념에 도전한 소련은 액체추진 스커드Scud 미사일을 해군용으로 개조해 잠수함에서 발사할 수 있도록 즐루급 잠항탑에 수직발사관을 설치해 우선 배치를 시작했으며, 아울러 순항 미사일 발사용 위스키급도 선보였다. 이어 소련은 순항 미사일 발사전용 재래식 및 핵추진 잠수함들을 차례로 취역시킨다. 물론 당시 기술수준으로는 부상상태에서만 순항 미사일을 발사할 수 있어 전략적 운용에 한계는 있었다

이에 미 해군도 잠수함의 독특한 은밀성을 활용해, 전략 탄도 미사일 잠수함을 개발하게 되며, 항모 기동함대의 핵공격수단에 대한 대체 혹은 예비전력으로 활용하는 용도로 오늘날까지 이어진다. 미 해군도 동시에 순항 미사일 잠수함 발사 개념을 시도하나, 곧이어 핵탄두 탄도 미사일의 등장으로 당분간 중단되었다가, 토마호크의 등장으로 수중발사 순항 미사일 개념이 부활한다. 공격용이든 전략용 잠수함이든 간에 이제 남은 과제는 외부공기에 의존하지 않고 수면 밑에서 장기간 은밀성을 유지하면서 장거리 항속거리를 가능하게 하는 추진기관을 갖추는 것이었다. 발터식 과산화수소 기반 터빈기관은 항속거리 제한과 위험성으로 현실성이 결여되며, 반면 스노클 이용 시 디젤기관 소음 발생 및 잠항심도 제한, 배터리 용량증대에도 한계가 있으므로, 이들을 대체할 수 있는 추진방식이 요구되어 개발된 것이 바로 원자로 혹은 핵반응 추진기관이다. 이로써 장거리 항속거리, 깊은 잠항심도, 은밀성 유지, 승무원 거주성 등의 모든 문제가 거의 동시에 해결될 수 있었다. 본격적으로 핵추진 잠수함 시대가 열리면서 미국과 러시아는 다량의 핵추진 잠수함을 건조하여 배치시키기에 이른다. 1970년대 말까지 소련은 핵추진 잠수함으로는 11월급 15척, 호텔급 8척, 에코급 34척, 찰리급 12척을 각각 취역시켰다.

전후 냉전 초기 소련은 자국 해안에 대한 나토군의 상륙저지와 대양에서 작전 중인 항모 기동부대 격파를 우선시한 반면, 서방은

해상 병참선을 보호하기 위한 대잠작전에 더욱 심혈을 집중했다는 것은 이미 언급된 바 있다. 소련이 2차 대전 전후 파괴된 해군설비를 회복한 후에는 나토가 예상한 바와 같이 장거리 폭격기를 포함해 잠수함 전대는 해상보급로 차단으로 그 전략적 목표를 전환하였다. 이러한 대립에는 적극적인 핵무기 사용이 고려되었으므로 결국 쌍방은 상호확증파괴MAD: Mutual Assured Destruction 정책으로 걸음을 치닫게 된다. 1991년 베를린 장벽의 제거와 더불어 냉전이 종식되면서 모두 전략 및 전술 핵추진 잠수함의 규모와 역할의 큰 축소를 기대했으나, 당초 예상을 뒤집고 SSBN과 SSN의 규모와 역할은 크게 변하지 않았다. 대신 목표물만 다양해졌을 뿐, 신예함들을 중심으로 지금도 기존과 동일한 임무를 수행하고 있다. 더군다나 전략/전술 잠수함 관련 기술들에 대한 개발은 현재도 지속하고 있으며, 신규함들이 새로 취역하고 있는 상황이다.

한편 강대국과 동맹관계를 유지하던 중소국가들은 1950년대에는 강대국에서 퇴역한 잠수함을 중심으로 공여받거나, 라이선스로 제공된 설계를 바탕으로 자체적으로 건조하기도 하여 운용하고 있었다. 물론 없는 것보다는 낫지만 아쉽게도 구식이라는 한계는 분명히 있다. 그중에서도 캐나다, 그리스, 이태리, 터키 등 서방국가들이 공산주의 확산저지를 위해 재래식 잠수함 전력을 확보하려고 할 시기에, 미국은 MAPMilitary Assistance Program을 가동해 위의 국가들이 잠수함을 장비할 수 있도록 큰 역할을 했으며, 이후 재래식 잠수함을 공여받는 국가는 브라질, 칠레, 베네수엘라로 확대되고 아울러 패전국 일본과 독일도 여기에 포함되었다. 아시아에서는

1960년대 말, 한국과 대만이 발라오Balao급을 각각 공여받았으나, 당시로서도 너무 구식이라 승무원 훈련과 대잠훈련 대항군 역할만으로 제한되었다. 하지만 재래식 잠수함의 경우에는 국제적 상황이 급변하면서, 냉전 종식으로 현금을 필요로 하는 국가와 기술 선도국들에 의해 20세기 말까지 변변한 잠수함 전력을 갖추지 못했던 개발도상국을 포함해, 해군이 약세였던 중소국가들도 신규 재래식 잠수함들을 저렴하게 보유할 수 있는 통로가 마련되었다.

정치/경제적인 이유로 핵추진기술 확보 내지는 운용이 어려운 국가들은 이미 핵추진 잠수함들을 보유한 강대국들이 더 이상 재래식 잠수함 기술 개발을 하지 않는 관계로 차츰 자체적으로 재래식 잠수함을 보유 및 개발할 필요성을 절실하게 느껴 이 분야로 눈길을 돌리게 된다. 재래식 잠수함이 무장탑재량, 속도, 항속거리, 센서 및 장비 탑재 면에서 우월한 핵추진 잠수함의 장벽을 넘어서기는 어려운 게 사실이다. 하지만 독일, 네덜란드, 스웨덴, 일본과 같이 양차 대전을 통해 기존에 고도의 잠수함 기술을 이미 보유했던 국가들은 재래식 잠수함 기술 개발을 재개하거나 지속한 결과, 중소형급을 위주로 성능이 매우 우수한 신예 재래식 잠수함들을 계속 선보이게 된다. 하지만 해상 병참선 유지를 전적으로 미국-영국에 의존하는 일부 나토 국가들은 아예 자체적인 잠수함 개발에 관심을 보이지도 않는 경우도 있었다. 특수한 안보상황에 처해 있는 대한민국도 해당 기술의 불모지였던 초기에는 기술 도입 위주로 차츰 잠수함 전력과 선진기술을 착실하게 확보할 수 있었으며, 현재에는 관련된 기계/전자기술 분야 발전으로 독자적으로 잠수함 기술을 개발하고 건조하는 국가로 성장했다.

앞서 미국의 구식 잠수함을 인도받은 국가들은 승무원 훈련, 전술교리 습득, 병참지원 등과 같이 기초능력을 축적하는 과정을 거치며, 이러한 경험은 후에 신예 재래식 잠수함을 보유하게 될 때 유용하게 활용한다. 러시아도 미국이 실시했던 것과 유사한 정책을 통해 2차 대전 잉여 잠수함들을 중국, 불가리아, 이집트, 인도네시아, 폴란드와 루마니아에 제공했다. 특히 소련은 전후 세대의 위스키급을 수출하거나, 경우에 따라서는 설계도면을 제공해 중국과 유고에서도 건조하게 되었다.

미국으로부터 공여받은 것들이 함령에 도달하거나 너무 낙후되어 더 이상의 효과적인 전력으로서의 의미가 퇴색할 무렵, 정숙도가 향상되고 우선 해안선 방어와 연안작전에 적합한 신규 재래식 잠수함에 대한 수요가 급증한다. 이에 스웨덴과 네덜란드는 발트해의 낮은 수심을 감안해, 과거 독일의 소형 Type 23형과 흡사한 잠수함을 자체적으로 개발하여 취역시키며, 충분히 숙련된 승무원 확보가 어려운 여건을 감안해 자동화 기술을 대폭적으로 적용하였다. 앞서 언급되었듯이 강대국들은 이미 디젤 재래식 잠수함 개발을 중지한 상태이며, 또한 핵추진기관의 높은 기술적 난이도와 극비 성격상 이들에게 의존할 수도 없는 처지였다. 이에 주요 나토 동맹국 조선소들은 일단 미국의 재정적 지원을 받아 신예함 개발에 경주하며 이로써 디젤 재래식 잠수함 기술은 새로운 도약의 국면에 맞이하게 된다. 노르웨이는 1960년대 말까지 독일에서 신규로 제작된 15척의 잠수함을 수입하며, 그리스, 터키, 아르헨티나, 페루, 에콰도르, 베네수엘라도 그 뒤를 이어 현대화를 추진한다. 한편 수출을 근간으로 기술을 개발하는 새로운 시대가 도래하면서, 수출시장에 뛰어든 것은 독일뿐만이 아니었다. 스웨덴, 네덜란드도 이러한 개발/시장 경쟁에 뛰어든다. 중립국이었던 스웨덴도 비용, 배수량 문제를 극복하고 자동화 등 각종 최신기술을 접목해 세계 최고 수준의 연안용 재래식 잠수함들을 속속 선보이며 수출시장에서도 호평을 받고 있다. 건조 및 유지비용면에서 비교적 유리한 재래식 잠수함을 보유하던 영국과 프랑스도 전후에 신예함들을 건조해 수출하며, 영국은 오베론급Oberon을 우방국 캐나다, 오스트레일리아, 브라질과 칠레로, 프랑스는 다프네Daphne급을 파키스탄, 남아공, 포르투갈, 스페인과 일본에 각각 수출한 바 있다.

그 후 개발도상국들도 기술 선진국들의 수출경쟁에 힘입어 중소형 잠수함을 위주로 수입하여, 전 세계적으로 재래식 잠수함은 확산일로에 들어선다. 또한 유선유도어뢰의 등장, 음향센서의 소형화, 컴퓨터 발전으로 재래식 잠수함도 강력한 수색/공격력을 갖추게 되었다. 여기에 배터리 기술의 비약적인 발전으로 스노클을 이용해 재충전에 요구되는 시간이 현저하게 감소했으며, 특히 잠항시간이 시간 단위에서 날짜 단위로 대폭 늘어나 상당히 위협적인 존재로 재탄생하였다. 이렇게 등장한 재래식 잠수함들은 상대적으로 저렴하여 가격과 유지비용은 중형 프리깃함과 견줄 수 있으며, 그 존재만으로도 전쟁 억지력을 발휘할 수 있어 재정과 인력이 부족한 국가들 입장에서는 가성비가 매우 높은 완벽한 투자라고 볼 수 있겠다. 또한 잠수함은 적의 침공 위협에 대해 조기경보 역할을 할 수 있어 적에게 침공에 대한 불확실성을 높여 전쟁발발을 억제하는 효과도 있다.

비근한 예로 1973년 3차 중동전쟁 시 이집트는 순항 미사일 쾌속정과 더불어 다수의 재래식 잠수함을 홍해와 수에즈 운하에 배치해 이스라엘에 대한 통상차단을 실시한 결과, 미국은 어쩔 수 없이 탄약과 필수 군수물자를 수송선 대신 수송기로 보급할 정도로 당시 잠수함의 위협을 심각하다고 판단했다. 영국의 포클랜드 탈환 시에도 아르헨티나 재래식 잠수함들의 위협을 심각하게 여겨, 탈환을 위한 상륙함대 기동에 상당한 제약을 받았으며, 대잠작전을 위한 어뢰, 폭뢰, 소노부이 등 자원의 소모는 심각한 수준까지 도달해 보유재고가 거의 고갈상태까지 도달했다고 한다. 다행히 아르헨티나 잠수함의 사격통제장치 오류와 어뢰 오작동으로 기동함대는 무사히 포클랜드 해역에 도달할 수 있었다. 1980년대에 들어서면서 디젤 재래식 잠수함들도 SSK라는 명칭을 부여받아, 핵추진 SSN 또는 SSBN과 명백하게 구분되며 결코 무시할 수 없는 존재로 깊게 부각되었다.

핵공학 분야만큼 과거 수십 년간 눈부신 발전을 거듭한 디지털 전자 분야에서의 기술혁신 덕택에 잠수함 기술에서도 새로운 도약을 맞이했다는 것은 부정할 수 없다. 직접적으로는 마이크로칩 컴퓨터의 발전으로 설계, 무기체계, 사격통제장치, 통신, 전자전, 대항수단 분야에서의 기술적 격상이 주목되고 있다. 또한 자체발생 소음저감방안과 광범위한 깊이에 존재하는 적 잠수함 탐지를 위한 견인식 소나도 큰 업적 중의 하나이며, 이로써 잠수함 수색을 위해 더 이상 수시로 잠항심도를 변경할 필요가 없게 되었다. 또 센서와 컴퓨터의 발전으로 방위, 온도, 깊이 측정 정확도의 향상에 따라 보다 정밀한 사격통제가 가능하며, 단거리 음향 반사 방식을 이용한 해저/부빙 거리 측정에서도 과거 아날로그 방식보다 정확도가 현저히 개선되었다. 또한 전자부품의 소형화로 그동안 부피 문제로 대형 핵추진 잠수함에만 탑재가 국한되었던 각종 전자지원 장치ESM: Electronic Support Measure들도 재래식 잠수함에 장착할 수 있게 되었다. 대표적인 전자지원 장치로는 크게 레이다, 대레이다 경보, 통신감청에 의한 목표물 위치분석, 수동음향 사격통제정보 획득, 전자 정보전 등이며, 이제 재래식 잠수함에서도 이러한 기능이 가능해져 과거보다 핵추진 잠수함과의 격차가 크게 감소하였다. 대잠능력에서도 이제 고속연산 컴퓨터 적용으로 다수의 소노부이에서 얻는 데이터를 처리할 수 있게 되었으며, 그 능력은 계속 확대되고 있다. 전자장비의 발달로 데이터 처리속도 및 저장용량이 증대되었지만, 아군함대나 기지와의 통신은 수중 전파전달 한계로 아직까지 크게 개선되지 않았다. 잠수함과의 통신문제는 뒤에서 보다 상세하게 다뤄진다. 물론 소재 분야에서도 발전이 이루어져, 미국의 경우 HY 80강에 이어 HY 130강이 개발되어, 잠항심도 및 경량화에서의 개선이 따랐다. 또 비금속 분야에서는 유리섬유 강화복합재도 잠항탑과 탐색/탐지장치 케이싱 부위 등에 널리 적용되기에 이른다.

핵추진 또는 디젤추진에 상관없이 주 무장은 크게 어뢰, 기뢰, 순항 미사일과 탄도 미사일 등으로 동일하며, 이제 갑판에 설치된 함포는 효용성이 없어 완전히 제거되었다. 어뢰도 음향/자기/파도 유도방식의 채용 및 개선으로 정확도, 사정거리와 위력이 증대되어 더욱 치명적 무기로 변모하였다. 특히 어뢰의 유선유도방식 적용으로 발사한 잠수함에서 어뢰의 방향, 속도를 직접적으로 제어할 수 있게 되어 목표물이 투사한 미끼를 회피하는 데 더욱 용이해졌다. 물론 배터리 방식 전기식 어뢰도 유용하나, 30km 이상의 장사정 타격을 위해서는 아직까지는 연료 연소 스팀방식이 보다 유리한 것으로 알려졌다. 보다 원거리 목표 또는 기습을 위해 로켓모터를 보조로 이용하는 어뢰와 폭뢰도 등장하였으며, 이와 같은 무기는 항공기보다는 수상함 및 잠수함에서 폭넓게 사용되고 있다. 아울러 기뢰, 순항 미사일, 탄도 미사일 분야에서도 끊임없는 개발과 향상이 지속되고 있다. 재래식 잠수함은 이제 디젤, 배터리와 스노클 단계를 넘어 AIP와 같이 외부공기에 의존하지 않는 기관이 대신하면서 SSK 위력은 새로운 국면을 맞아 한층 더 위협적인 존재가 되었다. 따라서 오늘날 재래식 잠수함은 함대의 보조적인 위치에서 탈피해 주력 전투체계로 인정받고 있다.

잠항성능의 발전으로 중동 호르무즈 해협, 홍해, 유럽 지브롤터, 영불 해협, 아시아 쓰시마, 믈라카 해협 등은 해상봉쇄 위험성에 노출될 가능성이 과거보다 훨씬 높아진 것이 사실이다. 이렇듯 재래식 잠수함 위협이 심각해짐에 따라, 나토와 태평양 서방국가들은 우방국의 SSK를 대항군으로 합동 대잠훈련을 주기적으로 실시하고 있으며 SSN, 대잠호위함, 대잠초계기 장비의 업그레이드와 신규 장비 도입을 계속적으로 추진하고 있다. 또 이제 중대형 프리깃과 구축함을 포함한 웬만한 중형 대잠호위함에는 소노부이, 입수 소나, 레이다, 전자파 센서 및 자기장 탐지MAD 장치를 갖춘 대잠전용 헬기들을 탑재하고 있어, 직접 어뢰 또는 폭뢰로 공격할 수 있어 과거와 같이 굳이 항공모함 함재기에 의존할 필요 없이 보다 효율적으로 대잠작전을 전개할 수 있다. 최근에 수상함도 드론 무인기를 활용한 대잠작전도 연구와 시험이 활발하게 진행되고 있다고 전해지고 있다.

사실 통신기술이 발전하기 이전 초기 잠수함들은 탈출장비 부재, 오작동 등 기계적 신뢰성이 부족해 초계 중 비전투요인으로 상실되는 경우가 꽤 발생하는데, 명확한 원인판명이 불가능한 경우가 대다수를 차지했다. 수상함의 경우, 격침이나 침몰해도 목격자나 생존자가 있는 경우가 대다수인 것과 달리, 잠함 중에 발생하는 사고나 기계적 결함으로 침몰하면 전 승무원들이 잠수함과 함께 전원 익사하는 것이 거의 대부분의 경우라 정확한 침몰원인 파악이 매우 어렵다. 영국 순양전함 HMS 후드Hood가 폭발/굉침에도 불구하고, 2~3명의 생존자가 있어 원인을 추정할 수 있는 것과는 대조된다. 잠수함 승무원에게 있어 가장 큰 공포는 해저로 침몰하면 구조될 가능성이 매우 희박하다는 점과 결국 철제 관에서 죽음을 맞이한다는 것이다. 최초로 기록에 남은 성공적인 승무원 구출은 아마 1851년 키일항 근처 수심이 얕은 해역에서 침몰한 브란트타우허Brandtaucher로부터 개발자 바우어Bauer와 승무원 2명의 탈출일 것이다. 우선 바우어는 공포에 질린 동료들을 설득해 선체에 구멍을 뚫고 해수를 유입시켜 선체 내/외 압력이 동등해질 때까지 대기하다, 해치를 열고 수면 위로 떠오르는 방법으로, 이때 사용된 탈출 방법이 당시로서는 최선의 방법이었다. 20세기 초 근대적인 잠수함들이 등장하면서 사고로 침몰한 잠수함에 대한 회수 노력은 있었던 반면, 탑승원 구조에 대한 배려는 관련 장비의 부족으로 거의 없었다는 것이 현실이었다. 이는 구조될 때까지 장시간이 경과하면 침수나 함 내의 제한된 공기로 종래에는 산소결핍과 이산화탄소 중독으로 승무원 생존 가능성이 희박했기 때문이다. 연구결과 좁은 공간에 갇힌 상태에서 12시간이 경과하면 이산화탄소와 질소중독 증상을 보이기 시작해, 극도의 피로감, 의기소침, 종래에는 단순한 작업조차도 하지 못하는 무기력 상태까지 도달하는 것으로 밝혀졌다. 따라서 승무원들은 산소결핍에 도달하기 전에 이미 혼수상태에 빠져들거나, 잠수함을 부상시키고자 괜한 헛수고로 산소를 더 빠르게 소모하게 된다는 점도 있다.

사고원인은 크게 2가지로 잠수과정에서 실수나 오작동에 의한 침몰과 수상항해 또는 잠망경 심도에서의 다른 선박과의 충돌사고가 대표적이다. 장비고장에 따른 오작동은 어쩔 수 없다 하더라도 잠수과정에서의 작동실수는 충분한 반복훈련으로 어느 정도 극복할 수 있으나, 그렇다 하더라도 전쟁 중 급팽창하는 잠수함 함대규모로 짧아진 훈련기간으로 인해 숙련된 승무원의 확보가 허용되지 않는 경우도 있어 승무원의 실수는 종종 발생하기 마련이었다. 또한 잠망경 심도에서는 자신으로부터 발생하는 프로펠러를 포함 각종 기계음 때문에 근처 선박의 접근을 알아차리기 힘들며, 잠망경의 좁은 시계로 인해 접근 선박의 발견이 어려운 관계로 충돌사고는 생각보다 빈번히 발생한다.

아무리 기술이 발전한 현대라고 해도 사고 발생을 모두 완벽히 방지한다는 것은 거의 불가능하다. 대표적인 잠수함 사고 요인으로는 밸브를 포함한 기계류들의 오작동에 의한 침수, 배관 이음매 결함, 승무원의 작동실수, 탑재무기 정비 중 과오 또는 오작동, 다른 선박과의 충돌 및 원인미상 등으로 다양하다. 극단적인 예로는 미 잠수함이 소련 잠수함 후미에서 추적하는 과정에서, 추정으로는, 러시아 함장이 후방 사각위치에서 미행하고 있을지도 모르는 미국 잠수함 존재 확인을 위해 급속변침Crazy Ivan으로 유턴하는 과정에서 서로 충돌한 경우로, 이때 소련 잠수함이 침몰하는 사고가 발생하였다. 특히 초계기간 동안 자신의 위치를 노출시키지 않기 위해, 능동 소나를 거의 작동하지 않는 상태를 유지하므로 이와 같은 충돌사고를 방지하기는 매우 어려운 것도 현실이다.

구조/구난 분야에서의 선두는 미 해군으로, 다이빙 벨 기술은 개량을 거듭해 1912년 70m 수심에서 1914년에는 90m까지 증가했다. 호놀룰루 근해에서 침몰한 잠수함 구조를 위해 당시 최대기록인 100m 다이빙에 성공했다. 독일 해군도 1907년에 복각구조를 갖는 구조전용선 불칸Vulkan을 제작하여, 갠트리 인양설비를 이용, 배수량 500톤 정도의 선체를 들어 올릴 수 있었다. 허나 이후 비약적인 잠수함 배수량 증대로 곧 쓸모없게 되자, 그보다 대형 구조선인 사이클롭Cyclop을 건조하여, 1,200톤까지 구조가 가능하게 되었다. 1973년에 이와 흡사한 복각형 구조선 아이디어가 재차 관심을 받았으나, 핵추진 잠수함 배수량이 구조선 능력한계 이상으로 증가하여 결국 소용없게 되었다. 구조 활동에 있어서 해상의 날씨도 중요한 관건이다. 1927년 12월 USS S-4가 매사추세츠 해안에서 비교적 낮은 수심 30m 수심에 침몰했는데도 불구하고, 불행히도 해상에서 몰아치는 거센 폭풍으로 구조가 계속 지연되다가 어쩔 수 없이 결국 포기해야만 했다고 한다.

일련의 잠수함 사고를 겪은 후에 미 해군은 몸센 렁Momsen Lung이라는 호흡장비를 개발해 승무원들이 스스로 탈출하는 장비로 이용하기 시작했다. 또한 탈출 체임버 혹은 구조전용 다이빙 벨도 개발해 잠수함 탈출구와 연결한 후 1회에 최대 인원 8명까지 구조할 수 있었다. 1939년 5월 80m에 침몰한 USS-192에 대해 사용한 결과 33명을 구출시키는 데 성공했다. 처음 다이빙 벨 운용에는 일반 공기가 사용되었으나, 나중에 헬륨/산소 혼합물로 대체해 구출 후 잠수병 발병을 크게 낮출 수 있었다. 이론적으로 다이빙 벨은 깊이 280m까지 사용할 수 있다고 한다. 한편 영국 해군은 위의 몸센 렁과 흡사한 DSEADavis Submarine Escape Apparatus를 개발했으며, 이 장비는 마우스피스, 수경, 산소 주머니, 압력배출 밸브로 구성되어 있다. 1931년 6월 증기선과 충돌 후 침몰한 포세이돈에서 최초로 사용돼 다수의 승무원이 탈출하는 데 성공했다.

핵추진 잠수함도 침몰사고에서 예외는 아니어서 1963년 USS 스레셔Thresher, 1968년 USS 스콜피온Scorpion, 1970년 노벰버November급 등이 사고로 침몰했다. 잠수함의 작전 수심이 깊어짐에 따라, 이에 걸맞은 구조방법도 개발되어야 했다. 1960년 11,000m까지 잠수가 가능한 트리에스테Trieste가 등장했다. 미 해군은 2,000m까지 잠수 가능한 앨빈Alvin을 구매하여 처음 스페인 연안에 추락한 전략폭격기로부터 탑재된 수소폭탄을 회수하는 데 사용했으며, 이후 잠수함 구조에도 이용하였다. 또 미 해군은 잠수함 구조전용으로 두 대의 DSRVDeep Submergence Rescue Vehicle를 제작했다. 일단 침몰사고가 발생하면 DSRV를 근처 기지까지 수송기로 신속히 이동시킨 다음, 핵잠수함의 갑판에 장착시켜 사고지점까지 출동하고 곧이어 구조작업에 돌입한다. 이 DSRV는 1회에 24명까지 구조할 수 있다고 한다. 영국도 캐나다와 협조하여, 민간용 심해 잠항정을 개조해 구조용으로 사용하고 있다.

침몰한 잠수함을 회수하는 방법도 크게 몇 가지로 구분된다. 우선 선체 손상이 임시 수리를 할 수 있을 만큼 크지 않다면, 손상 부분을 메꾸고 함 내에 압축공기를 불어넣어 자체적인 부력을 발생시켜 떠오르게 하는 방법과 선체 카멜Camel 혹은 부양 장치Pontoon를 선체 단단히 고정시켜, 여기에 공기를 주입해 부상하게 하는 방법이 있다. 그다음으로는 크레인 등의 기계적 장비를 이용해 들어 올리는 방법도 있다.

가. 주요 잠수함 개발 · 보유국 기술
및 전술의 발전

여기서는 과거로부터 현재까지 자체적으로 잠수함을 개발하거나 건조해 적극적으로 활용, 큰 전과를 얻어낸 국가들의 발전역사 및 동향에 대해서 간단히 살펴보도록 하겠다. 과거보다 잠수함 보유국들이 대폭 증가한 것은 사실이나, 잠수함을 자체적으로 설계하거나 건조능력을 갖추지 않은 국가들의 경우 여기서 제외되었다.

1) 미국

앞에서 독립전쟁 시에 사용된 터틀 및 남북전쟁 시 헌리에 대해 잠시 소개하였다. 그 후에 미국 발명가인 로버트 풀턴Robert Fulton은 프랑스로 건너가 수상항해 시 돛을, 잠항 시에는 인력을 이용하는 노틸러스Nautilus를 설계하나, 관심을 끄는 것에는 실패하였다. 19세기 말 아일랜드 이민자였던 홀랜드Holland는 1897년 최초로 실용적인 잠수함을 설계하고 제작하였으며, 미 해군에서 구매하여 1900년에 이 잠수함에 최초로 SS-1라는 명칭이 부여되었다. 그 자세한 내용은 뒤에서 다시 얘기될 것이다. 그다음 잠수함들은 홀랜드급을 기반으로 개량하는 방향으로 진행되었다. 초기에는 여타 다른 국가들과 마찬가지로 잠수함의 제한된 능력으로 항만, 해군기지, 파나마 운하 및 필리핀 기지 등 주요 시설 방어에 주로 투입되며, 1차 대전 개전 시에는 미국은 총 53척의 잠수함을 보유하게 되었다.

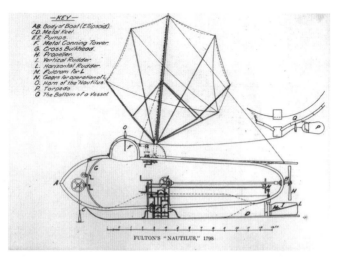

FULTON'S "NAUTILUS," 1798

| 미국 Robert Fulton의 Nautilus

대독 선전포고 후, 연합국에 합류하면서 장거리 항속거리를 갖는 K와 L급의 2가지 잠수함들만이 유럽 전선에서 활약하나, 이미 추축국들의 해군전력이 거의 바닥난 상태라 초계 중에 적함들과의 의미 있는 교전은 거의 없어 별다른 성과는 내지는 못한 상태로 종전을 맞게 되었다. 반면 연합국의 요구에 따라 종전까지는 잠수함 건조 대신 대잠호위함 건조에 보다 집중적인 역량을 투입했다. 종

전 후에는 잠수함 위력을 절실히 깨달은 결과를 반영해, 디젤엔진, 잠망경, 어뢰 등의 주요 장비 개선 등을 포함한 기술 개발에 심혈을 기울인다. 1차 대전 교훈을 바탕으로 전후에 R과 S급의 잠수함을 건조하며, 당시에 각별히 수중속도에 치중하여 S급은 13.3노트의 속력을 자랑했다. 1930년대에 건조된 S급들은 태평양전 초기부터 투입되어 성공적인 작전을 수행하였고, 이 같은 실전경험을 바탕으로 태평양에 최적화된 신규 중대형급들을 다량 건조하게 된다.

양차 대전 사이에는 성능개량에 관심을 돌려 기계적 신뢰성 향상, 항속거리 증가, 항해안전성 등 개량을 계속하며, 잠수함과 관련된 기술 개발은 SOCSubmarine Officer Conference에 의해 주도된다. 미 해군도 대서양에서 활약한 유보트의 통상파괴 작전에 큰 인상과 자극을 받았다. 특히 태평양과 극동지역에서 일본과의 군사적 충돌이 불가피할 것으로 일찌감치 판단했다. 이에 잠수함의 주 활동 해역을 태평양이라고 판단하고, 이 같은 전략적 상황을 반영해 항속거리, 무장 증대 및 승무원 거주성이 강조된 결과, 1,400톤을 상회하는 함대형 잠수함을 건조하기에 이른다. 당시로서는 초대형에 속하는 3,900톤의 나왈Narwhal급도 건조하며, 긴 항속거리를 활용해 주로 장거리 정찰과 적 해역에 침투하여 적 주력함 공격과 같은 임무에 투입하려고 했다. 하지만 영국과 마찬가지로 순양잠수함과 같이 대형화에 따른 급속잠수 및 수중성능 저하로 다시 2,000톤 내외의 중대형급으로 돌아서게 되었다. 건조기술도 지속적으로 개선되어 선체 재질강화, 리벳체결 대신 전기용접 공법의 적용 등으로 잠수심도 증대, 경량화 및 구조적 신뢰성이 향상되었다. 워싱턴 조약에 따라 보유 잠수함의 총 배수량이 이미 결정되었으므로, 이후 신규로 건조되는 것들은 주어진 배수량에 대해 무장적재량을 희생시키고 크기를 줄이는 방향으로 선회하게 되었다. 특히 태평양을 주 전역으로 염두에 두고 있었으므로, 항속거리, 즉 연료량 증가 등을 강조한 설계에 치중한다. 실험적인 의미에서의 800톤급이 몇 척 존재하나, 성능에 불만족을 느끼고 거의 1,500톤급이 주류를 이루게 되었다. 하지만 대공황을 겪은 후, 경제적인 이유로 태평양 전쟁 개전까지 신규함 건조 대신 어쩔 수 없이 한동안 구식 잠수함을 위주로 전쟁을 치르게 되었다.

유럽과 아시아에서의 전운이 감돌기 시작하면서, 일본 해군의 대폭적인 해군 증강을 의식한 후에는 다시 중형급을 위주로 잠수함 전력을 점차 확대해 나가기 시작했다. 아울러 하와이, 괌, 필리핀 및 파나마 운하 등과 같은 주요 거점의 방어를 위한 다수의 연안방어용 잠수함도 개발한다. 물론 중간에 4,000톤급의 기뢰부설 전용 대형 아르거노트Argonaut도 등장시키지만, 기관의 지속적인 문제발생으로 수송용으로 전용된다. 중형 유보트처럼 중간 배수량 1,200톤의 중형 잠수함도 소개되나, 잠항성능의 제한으로 승무원 사이에서 인기는 그다지 높지 않았다. 특기할 점은 자체적으로 국내에서 개발한 디젤기관이 성능을 제대로 발휘 못 하는 것으로 밝혀지자, 독일로부터 라이선스를 구매하여 디젤기관을 제작해 보기도 했으나, 그래도 주력함 함대와 함께 합동작전 할 수 있는 정도의 속력을 얻지 못해, 잠수함의 역할을 다시 재고하게 되었다. 따라서 작전 개념을 주력함대와의 합동작전보다는 함대 전방으로 미리 진출하여 원거리 정찰과 적함요격을 주 임무로 전환한다. 그 결과, 주력함대와는 독립적으로 주로 단독으로 적 해역에서 작전하는 전술교리로 방향을 선회한다. 1930년대에 들어서면서 대공황의 여파가 수그러들며 경제상황이 호전되자, 일본의 태평양에서의 팽창을 의식하고 다시 잠수함 전력 증강과 관련 기술 개발에 재차 역량을 쏟는다. 이 기간 동안 새로운 기계식 어뢰 데이터 컴퓨터TDC: Torpedo Data Computer가 설치되며, 입력 자료는 사격제어 데이터로 목표물과의 거리, 방위, 속도 및 진행방향 등이다. 나중에는 이 어뢰 데이터 컴퓨터는 레이다와도 연동하여 더욱 정확한 데이터가 입력되도록 발전했다.

　미국 잠수함 개발의 특징은 일본이 전면적 설계변경을 통해 전혀 상이한 후속형을 개발한 것에 반해, 일단 실전경험으로 검증된 형을 기반으로 단계별로 부분별 개량을 거쳐 후속형을 개발했다는 점이다. 따라서 기존 생산시설과 치공구들에 대한 큰 변경이 없어 양산에 큰 지장을 받지 않으므로 신속한 전력 보강/확충에 보다 유리했다. 전쟁이 진행됨에 따라 가토Gato, 발라오Balao, 텐치Tench급들을 순차적으로 선보였으며, 각 급들 간 설계상의 차이를 최소화하여 외형에는 큰 차이가 없었다. 그 결과, 4개의 조선소만이 잠수함 건조에 참여했지만, 종전까지 4년 만에 가토급 73척, 발라오/텐치급 366척을 소화할 수 있었다.

　한편 진주만 공습으로 상당수의 주력함들을 상실한 관계로, 일본 해군과 달리 전함 위주 주력함대와의 연계작전 개념에서 일찌감치 탈피했다는 점이 결과적으로 본다면 더욱 유리하게 작용했다. 그 결과, 주요 전력과 인원들을 전함에서 항공모함과 잠수함으로 옮기게 되어 오히려 전화위복이 된 셈이나 다름없었다. 개전과 동시에 미 잠수함들은 워싱턴의 훈령에 따라 일본을 상대로 무제한 통상파괴전을 개시했으나 처음부터 대일본 작전이 매끄럽게 진행된 것은 아니다. 그 원인으로는 훈련 및 준비 부족과 아울러 함장들의 적극적인 공격정신 결여, 일본 교리와 마찬가지로 적함 공격을 우선시하는 초기 함장들의 태도와 정찰을 주요 임무로 하는 종전 교리의 영향이 큰 것을 들 수 있다. 또한 개전 전에 수립된 전술에 따라 피탐 기회를 최소화하기 위해 잠망경을 통한 관찰을 될 수 있는 한 자제하고, 대신 수동 음파탐지기 능력을 과대평가한 영향으로 잠항을 유지한 채 목표물을 뇌격하려는 전술도 한 몫 차지했다. 더욱이 일본의 예상외로 신속한 진격으로 조기에 필리핀, 웨이크섬, 싱가포르, 네덜란드 동인도에 소재한 여러 해군기지의 상실에 따라 출격기회가 크게 감소했으며, 또 여러 척의 잠수함 정비/보급함Submarine Tender의 손실로 처음부터 큰 전과를 기대하기는 어려운 사정이었다. 특히 선박의 하부를 통과하면서 폭발해 용골Keel을 파괴하도록 고안된 Mark 14 자기유도어뢰의 밸브 불량, 자이로스코프와 피스톨 격발장치의 오작동으로 뇌격에 실패하거나, 어뢰에 대한 신뢰성 상실로 여러 차례의 좋은 뇌격기회를 놓치기 일쑤였다. 일설에 따르면 어느 일본상선 선장은 여러 발의 어뢰 명중에도 불구하고 격발이 안 된 상태로 현측에 박힌 미국 어뢰에 대해서 농담조로 자기 배를 마치 고슴도치 같다 했다고 한다. 이렇게 격발불량이 증가하자 일부 함장들은 규정을 무시하고 자기유도 대신 충격뇌관으로 교체해 뇌격에 임하기도 했다. 그동안 뇌격실패 원인을 함장과 승무원의 훈련 부족 탓으로만 돌리던 개발부서에서도 이런 식으로 어뢰 문제가 심각해지자 늦은 감이 있었으나 불량문제에 대한 정밀 조사에 착수했으며, 그 원인으로는 개발단계에서 예산부족에 따른 제한된 시험횟수가 거론되었으며, 기계적 결함과 아울러 시험용 더미탄두의 중량이 동일하지 않았던 점도 원인 중의 하나로 지적되었다. 1943년 4월이 돼서야 신뢰성이 개선된 어뢰들이 보급될 수 있었으며, 그 이후 미 잠수함의 전과는 일약 확대 일로를 걷게 되었다. 또한 1943~1944년 중에는 보다 호전적인 함장들로 거의 모두 교체되는 과정도 거쳤다.

자원을 거의 자급자족하는 미국과 달리, 당시 일본은 식량 20%, 석탄 24%, 철광석 88% 및 유류 90%를 수입에 의존했기 때문에 해상교역로는 공격에 매우 취약했다. 1942년 말에 들어서는 미 해군은 기존 주력함 공격 위주 전술교리에서 과감하게 탈피하여, 독일 유보트처럼 본격적으로 통상파괴 작전에 돌입하게 된다. 이와 같이 미 잠수함 전대는 교리의 과감한 선회, 인적 쇄신, 훈련 강화, 어뢰를 포함 장비 등의 문제점들을 극복하면서 맹활약하기 시작했다. 해상 병참선에서의 일본상선 무제한 통상파괴, 특히 유조선에 대한 공격은 물론, 일본 근해까지 침투해 전투함 및 상선에 대한 대담한 공격으로 그 전과는 매우 화려했다. 또한 일찌감치 미국 동부해안과 대서양전에서 유보트에 심대한 피해를 경험한 미국은 일본과 달리 비교적 조기부터 다량의 호위함 건조와 호송선단을 편성하여 상선 및 보급선의 피해를 최소화하는 데 주력했다. 미 잠수함 활약결과, 일본 선단의 55%에 해당하는 2,117척약 800만 톤의 상선과 1척의 순양전함, 8척의 항공모함, 11척의 순양함을 포함해 201척의 전투함을 격침시킬 수 있었으며, 이는 미 해군의 2%에 해당하는 잠수함 대원만으로 구성된 전력으로 이룩한 것이 특기할 만하다. 위의 성과를 내는 과정에서 미 해군은 여러 가지 요인으로 52척의 잠수함과 3,506명의 승무원을 상실했다. 이와 같은 미 해군 잠수함의 눈부신 전과는 일본 해군이 융통성 없이 주로 전투함을 대상으로 한 작전을 고집했다는 점과 호송선단 편성과 호위함 증강을 등한히 한 점도 큰 원인으로 작용했다. 미 해군의 효과적인 대잠작전에 반해, 일본 해군은 대잠작전으로 19척의 미 잠수함을 격침시키는 등 상대적인 전과가 아주 미미했다. 1가지 주목할 점은 위의 미 잠수함 전과는 초기 불량어뢰에도 불구하고 올린 전과라는 것이다. 예로 미 잠수함 튜니Tunny는 일본 항공모함에 10발의 어뢰를 발사했으나, 그중 1발만이 명중하여 경미한 손해만을 입혔을 뿐이었다.

그 외에도 미 잠수함은 기뢰부설, 소규모 지상부대의 상륙침투, 보급물자 수송, 조기경보 레이다 피켓Picket 임무를 수행했다. 그중에서도 특히 격추된 항공기 승무원의 수색구조 등으로 활약이 매우 두드러져 함재기 승무원의 사기는 물론 해군 항공전력을 조기에 회복시키는 데 크게 이바지했다. 이는 대전 기간 중 잠수함 전력의 16%를 상실한 것치고는 매우 높은 전과라고 평가할 수 있다. 물론 미국 잠수함들은 보급로 차단, 통상파괴 작전에 주력하면서도 적 항모 기동함대를 상대로 한 정찰임무도 충실히 수행하였으며, 대표적인 예로 미드웨이 해전 직전 미 잠수함은 일본 나구모의 항모 기동함대를 조기에 발견하는 데 일조했다. 또한 미국이 본격적인 반격에 돌입하면서, 미국 잠수함들은 트럭Truk 환초, 라바울Rabaul 등의 일본의 강력한 주요 거점을 건너뛰는 징검다리 전략Island Hopping 또는 Leap Frog을 전개하는 과정에서도 침공 전에 상륙지점에 대한 정찰과 정찰요원 침투 등을 수행함과 동시에 상륙 후에는 구원을 위해 접근해 오는 일본 증원함대에 대한 차단에 고삐를 늦추지 않았다. 이러한 과감한 전술을 펼칠 수 있었던 배경에는 어뢰의 개량, 잠수함 탑재 레이다, 배치된 잠수함의 증가와 밀접한 관련이 있다. 특히 새로 탑재된 초단파 소나는 일본 근해 기뢰밭을 회피/침투하는 데 큰 역할을 했다.

또한 태평양전 중반까지 3척 정도로 제한적이지만 미 해군도 이리 떼 작전을 구사하려고 시도했으나, 이때까지 일본 호송선단이 소규모이며 및 단독항해 위주로 굳이 전개할 필요가 없었다. 하지만 이후 일본도 호송선단을 대규모로 편성하면서 미 해군도 이리 떼 작전을 개시할 수 있었는데, 초기 일본 호위함 부족으로 일본 선단의 손실은 매우 참담한 수준까지 도달하였다. 1941년의 독일 유보트와 마찬가지로 야간에 부상한 상태로 뇌격하기도 하는데, 종전 직전까지도 호위함에 대잠 레이다를 제대로 갖추지 못한 일본 해군은 그저 속절없이 당하기만 했다. 반면에 레이다를 장비한 미 잠수함은 호위함을 회피하고 선단 공격에 최적 위치를 잡는 데 매우 요긴하게 운용했다. 또 독일 유보트 함장들이 될 수 있는 한 호위함에 대한 공격을 자제하는 것과는 달리 대담한 미국 함장들은 직접 일본 호위함들을 뇌격함에 주저하지 않았다. 한편 미 잠수함도 전범행위에서 결코 자유로울 수 없는 것은 USS 와후_Wahoo_가 병력수송선 격침 후에도 구명정에 대한 함포사격을 중지하지 않았으며, 떠 있던 일본군에 대해 기관총을 발포한 사건이 발생한 것은 태평양 전쟁의 잔혹성을 명확히 반영함과 동시에 당시 인종차별적인 시각과 결코 관련이 없다고 보기 힘들다. 상황이 이렇게 되자 일본은 군수물자 수송에 소형정크나 연안선으로 전환을 시도했으나, 연합군은 대신 다수의 소형 어뢰정을 투입해 병참선 차단에 대한 공격을 지속하여, 병참선 확보에 별다른 효과가 없었다.

미 잠수함들은 주로 하와이 진주만, 오스트레일리아와 마셜 군도에 각각 기지를 두고 수마트라, 자바, 보르네오 등의 태평양 전 해역으로 전개했으며, 특히 전진기지들은 프랑스 해안에 위치한 독일 유보트 기지들과 마찬가지로 작전 해역으로의 출격시간을 대폭 단축시킬 수 있어 초계기간 연장과 전과확대에 큰 역할을 했다. 대서양과 태평양 전역 간의 두드러진 차이는 연합군 대잠 전술과 기술이 일본을 훨씬 월등하게 앞서고 또 중반부터는 연합군이 제공권과 제해권을 거의 완벽하게 장악하고 있어 일본 해군은 계속 수세에 몰렸다는 점이다. 특히 유조선의 피해가 막대했으며, 전략물자 유입이 크게 줄어든 일본에서는 이윽고 무기 및 항공기, 선박 연료 등과 같은 전쟁수행 물자 생산이 대폭 감소해 밑바닥을 쳤으며 이 단계에서 이미 태평양전 승패가 갈렸다고 해도 결코 과언이 아니다. 잠수함뿐만 아니라, 일본 근해에서도 미국이 태평양 전 해역에서 제공권과 제해권을 확보함에 따라 일본 연안에 대한 함재기

공격과 마리아나 제도의 점령에 따른 추가적인 지상기지 확보로 B-29 장거리 폭격기들이 기뢰부설에 동원되는 등, 일본은 전세를 만회할 기회를 영영 잃어버렸다. 또 레이다/소나 기술이 크게 뒤처진 일본 해군 호위함들은 특히 야간에 취약해 미 잠수함에 격침당하기 일쑤였다. 그 결과 1944년에만 일본은 56척의 구축함, 호위함과 초계함을 상실하는 반면 미 잠수함의 손실은 8척에 그쳐 기술적 격차가 상당했음이 입증되었다.

이뿐만 아니라, 일본 주력함들에 대한 공세도 결코 고삐를 늦추지 않았으며, 전함 콩고를 비롯해 다수의 순양함, 함대형 항공모함들을 격침하였다. 특히 야마도급 전함을 개장한 배수량 70,000톤 초대형 항공모함 시나노가 취역하기도 전에 일본 근해에서 격침된 것은 전투함 공격에서의 그 효용성을 다시 한번 입증함에 부족함이 없었다. 일본 해군이 충분한 호위함들을 확보했다고 판단하고 대규모 호송선단을 편성하자마자, 이에 대해 미 해군은 다시 한번 이리 떼 작전을 구사하여 효과적으로 대응할 수 있었다. 그 결과, 미 잠수함들은 필리핀에 병력증강을 위해 편성된 일본 호송선단에 대해 심대한 피해를 입혀 3일 동안 17척의 수송선을 격침할 수 있었으며, 황해에서도 병력수송선을 포함해 19척을 격침하는 전과를 올렸다. 극히 드문 예로 미 이리 떼가 인도양에 배치되어 독일 U-537을 격침하는 쾌거를 올리기도 했다. 하지만 활동 중인 잠수함 밀도가 높은 대서양에서는 미 잠수함 시-울프Sea-wolf도 우군에게 오인사격으로 상실된 경우도 있었다. 한편 특기할 만한 사건으로는 어뢰의 기술적인 문제들이 다 해결되었다고는 하나 아직 완벽하지 않아, 미 잠수함 털리비Tullibee와 탱Tang은 자이로 장치의 오작동으로 자신이 발사한 어뢰가 진로에 벗어나서 되돌아온 어뢰에 피격되어 어이없이 침몰하는 사고도 발생했으며 구조에 나선 잠수함도 암초에 좌초해 잃은 적이 있다.

냉전 시대에는 동부 유럽의 철의 장막으로 해군은 전략적 국면에 큰 변화를 겪게 되며, 전승국 중 가장 부유했던 미국은 전 세계를 대상으로 초강대국으로서의 전략적 목표를 실현하는 입장이 되었다. 냉전 초기 소련 해군 능력에 대한 정보가 충분치 못한 탓에 대규모의 순양함, 구축함, 잠수함 건조 프로그램을 시행하기도 한다. 특히 2차 대전 시 개발된 독일 잠수함 기술을 대거 흡수하여 Type 21형과 외형이 유사한 잠수함으로의 건조와 개장을 포함, 핵추진기관의 도입을 신속하게 진행한다. 또 이때 현대화 작업의 일환으로 원거리 공격능력을 향상하는 데 주력하는 것과 아울러 고속화, 잠수심도 증대, 원거리 투사 무장체계 도입, 통신, 탐지, 정숙도, 은밀성 향상 등의 모든 세부적인 분야에서의 노력을 경주한다. 2차 대전 시 독일과 마찬가지로 우선 재래식 잠수함의 경우, 외형의 유선형화, 배터리 용량증대를 포함해 추가적인 장비 장착 등이 우선시되어 괄목할 만한 개선이 이루어짐과 동시에 본격적으로 핵추진 잠수함이 함대에 합류하기까지 가교 역할을 했다.

한편 1950년대에 들어서면서 범용 잠수함의 시대는 저물고, 고성능 전술 공격용 잠수함과 탄도 미사일 전략잠수함을 구분하는 두 궤도로 구분하여 개발 및 설계가 진행되며, 2가지 모두 원자로를 주 동력원으로 적용하기로 결정한다. 대표적으로는 알바코어Albacore와 노틸러스Nautilus를 들 수 있다. 1991년 베를린 장벽이 해체됨에 따라 임무 성격에 다소간 차이가 있으나, 근본적으로 전술, 전략 핵추진 잠수함의 골격은 그대로 유지되면서, 현재도 기술 개발은 지속되고 있다. 한편 잠수함 명칭으로 해양생물 특히 물고기 이름을 이용했던 관례에서 벗어나, 로스앤젤레스급 공격용 잠수함부터는 차세대급 건조예산 승인을 강력하게 주장한 하원의원의 도시명을 순양함 대신 붙이게 되었다. 한편 더 이상 전함이 건조되지 않는 관계로, 오하이오급부터는 미국의 주 이름을 전략잠수함에 붙이게 되었다.

2) 러시아

바다를 인접한 다른 해양 국가들과는 달리 러시아의 지정학적 입장에는 독특한 딜레마가 있다. 대륙이라는 특성상, 작전 해역이 대서양, 극권, 발트해, 흑해, 태평양으로 나눠서 분산되어 있다는 점으로 각 함대 간의 상호지원에 제약이 많다는 것이다. 발트해와 흑해는 좁은 해협에 의해 가상적국에 의해 쉽게 차단/고립당할 수 있으며, 태평양은 미국, 일본, 한국 등 강력한 해양국의 존재로 인해 러시아는 해상에서 쉽게 차단될 수 있다. 따라서 러시아는 해상 주도권의 유지와 재해권을 상실하지 않기 위해 줄곧 부동항을 해군기지로 얻기 위한 부단한 노력을 끊임없이 하고 있다.

혁명 전 제정 러시아 당시, 국민 대부분이 소작농민인 시절조차도 혁신적인 기술을 해양기술에 도입하거나 선도하는 데 결코 게 으르지 않았으며, 이러한 전통은 표트르 대제 때부터 러시아 해군 에 계속 계승되고 있다. 제정 러시아는 최초의 초보적인 잠수함 으로 세인트 피터즈버그Saint Petersburg에서 1855년에 시 데빌Sea Devil을 건조하며 여러 차례의 시험을 거친다. 1904년 노-일 전쟁 쓰시마 해전에서의 대패로 잠수함의 필요성이 재차 부각되었으며, 여러 형태의 잠수함을 건조한 바 있다. 하지만 노-일 전쟁 이후 급 속히 팽창한 일본 해군 탓에 태평양에서의 잠수함 활동은 미미한 수준에 머물렀으므로, 다시 발트해와 흑해에 적합한 잠수함에 대 한 개발이 강조되었다. 이때 발트해안을 차단할 목적으로 기뢰부 설 전용 잠수함을 건조하기에 이른다.

 1914년 1차 대전의 발발로 1920년까지 대규모 잠수함 보유를 위 한 야심 찬 계획이 수립되었으며, 3,000톤 배수량의 순양잠수함 건 조가 계획되나, 완성을 보지는 못했다. 대신 흑해 및 발트해에서 기 뢰부설 작전을 주로 수행했으며, 그 외의 러시아 잠수함대는 주로 정찰임무를 수행하였다. 1915년이 되어서야 독일의 해상보급로 차단에 대한 관심이 높아져 병참선에 대한 공세가 개시되었으나, 승무원들의 적극성 결여와 훈련 부족으로 독일 상선 15척을 격침 하는 데 그쳤으며, 그것도 어뢰보다는 주로 갑판포를 애용한 결과 였다. 이후로 1916, 1917년에 미국의 홀랜드급 도입으로 잠수함대 가 보강되기는 하나, 10월 혁명에 따른 내부혼란으로 독일과 휴전 할 때까지 별다른 성과를 보이지 못했다. 또한 흑해에서도 잠수함 전력 부족, 상부 사령부부터의 제약조건과 기계적 신뢰성 부족으로 전과는 보잘것없었다.

10월 혁명 이후 백군-적군 내란 기간 동안에는 자침과 영국 해군에 의한 나포로 러시아 잠수함 전력은 거의 자취를 감추게 되었다. 또한 해군기지가 있던 영토들도 핀란드, 에스토니아, 라트비아, 리투아니아 발트 3국으로 귀속되어, 잠수함대는 20척을 제외하고 거의 종적을 감추게 된다. 1926년이 되어서야 신규 잠수함 건조계획이 승인되어, 독일 기술자들의 도움을 받아 시리즈 Ⅰ 계열Dekabrist급, 기뢰부설용 Ⅱ 계열Leninetz급 등이 건조되기 시작했으며, 그다지 성공적인 설계는 아니었으나 그나마 잠수함 전력을 얼마간 회복하는 데 일조했다고 볼 수 있다. 또 1919년 침몰한 영국 해군의 L-55를 인양 후 분석하여 차기 잠수함 설계에 반영하였다. 그 이후 계속적으로 개량된 계열들을 연이어 선보이기 시작했으며, 1930년대에 이르러서는 독-러 간의 비밀협정에 따라 당시 잠수함 기술 분야에서 첨단을 걷고 있던 독일의 협조를 받기도 하여 배수량 1,000톤의 독일의 Type 1형과 유사한 잠수함을 보유할 수 있었다. 또 대형화에도 주력하여 10문의 어뢰발사관, 2문의 100mm 함포와 20기의 기뢰를 갖춘 2,600톤의 잠수함을 건조하기도 했다. 하지만 초기 주력으로 연안방어용 다량의 소형 및 중형 잠수함을 건조했으며, 어느 정도 연안방어용이 확보되자 원양용 대형 잠수함에도 관심을 돌리기 시작했다.

1941년 6월 독소전 개전 시 소련은 213척 이상의 잠수함을 대량으로 보유했으나, 앞서 설명되었듯이, 4개의 해역에 분산 배치 되어 각 전역에 투입된 전력은 비교적 소규모였다. 대전 중반까지 경험/훈련 부족과 함장들의 적극성 결여로 대전 초 전과는 기대 이하였다. 북쪽에서는 무르만스크Murmansk와 폴랴르니Polyarny를 기지로 하여, 대형 잠수함 K급은 독일 보급선 공격을 주로 담당하며, 북해 항로를 통해 들어오는 영미 호송선단을 호위하기도 했다. 허나 발트해에서는 항구의 장기간 결빙으로 출격 가능한 기간이 매우 제한적이었으며, 낮은 수심, 장거리 지상기지 지원항공기 부재로 성과는 기대에 못 미쳤다. 오히려 독일-핀란드 육군의 발트해안선에서의 쾌속진격으로 다수의 해군기지가 점령당해 상당수를 노획당하는 수치도 겪기도 했으며, 또한 독일이 항만입구에 설치한 기뢰밭으로 제대로 활약할 기회마저도 크지 않았다. 하지만 대전 말기에 접어들면서 독일 해군의 약화, 해군기지 재탈환 등으로 동 프러시아로 피난민을 싣고 항해하던 여객선을 포함해 다수의 선박 격침과 같은 해상 병참선 차단에 맹활약했다. 특히 발트해에서 독일-노르웨이 간의 철광석 수송선에 대한 공격은 매우 효과적이어서, 독일은 한때 무기생산을 위한 자재 부족에 시달리기도 했다. 흑해에서는 포위된 세바스토폴Sevastopol에 대해 제한적이지만, 잠수함으로 보급 임무를 수행하였으며, 또 추축군 보급선들을 상대로 공격을 이어나갔지만, 전투함에 대한 전과는 그리 크지 않았다. 태평양 전역에서도 러-일 불가침 조약 덕분에 눈에 띌 만한 잠수함 작전 및 전과는 거의 부재했다. 2차 대전을 통틀어 소련의 잠수함대는 모든 전역에서 160척의 선박 40만 톤을 격침한 반면, 지상전의 결과를 포함하여 대략 110척의 잠수함 손실을 입었다. 소련 승무원들에 대해서는 용감하고, 통제에 잘 따르는 편이나, 훈련 수준이 낮다는 것이 영국 해군의 대체적인 평가였다. 이와 같은 저효율은 잠수함의 건조가 승무원 훈련 속도보다 빠른 것도 원인으로 들수 있으며, 1930년대 스탈린에 의한 대규모 숙청으로 인해 대다수의 고위급 유능한 지휘관들을 잃은 결과로, 1941년까지 제대로 전력을 회복하지 못한 점도 원인으로 지적된다.

종전 후 대독 승리에 따라 서방 연합군과 마찬가지로 독일 잠수함의 선진기술을 도입함과 동시에 냉전 시대를 맞이하게 된다. 여기에는 독일 최신형 Type 17, 21, 23형을 비롯해 통상적인 Type 7 및 9형들이 다수 포함되며, 독일 점령지로부터 다수의 미완성 상태의 잠수함들도 입수하게 된다. 독일 기술자들을 소련으로 강제로 이주시키는 한편, 대량의 기술문서 및 제작설비 등의 노획으로 러시아 잠수함 기술은 도약단계를 맞이한다. 냉전 초기에 러시아는 철저한 비밀유지와 기만정책으로 서방에서는 러시아의 잠수함 전력과 기술을 과대평가하기도 했다. 예로 1950년대 서방은 러시아 잠수함대를 500여 척 수준으로 판단했으나, 실제로는 288척의 잠수함을 보유하고 있었으며, 그중 92척만이 장거리 원양작전에 적합한 것인 걸로 후에 밝혀졌다. 이때 재래식 디젤 대잠 잠수함 개발도 본격화된다.

전후에 생산시설 복구가 이루어지자마자 해군, 특히 잠수함 전력확충을 꾀하는데, 재래식 잠수함, 핵추진 공격잠수함, 재래식/핵추진 탄도 미사일 잠수함SSB/SSBN과 재래식/핵추진 순항 미사일 잠수함SSG/SSGN들을 각각 개발하기 시작했다. 이 당시 소형 연안용 잠수함에 독일의 발터 폐쇄회로 AIP 기관을 적용해 보려는 시도도 있었으나, 그 결과는 베일에 가려 불확실하나, 성공단계까지의 도달은 힘들었을 것으로 예상되고 곧 포기한 것으로 전해진다. 미국과 마찬가지로 핵추진기관 개발에 박차를 가해, 1958년, 미국 노틸러스와 외관이 흡사한 11월November급이 건조된다. 이것을 필두로 빅터Victor, 시에라Sierra, 아쿨라Akula급으로 개량과 발전을 이어가는 것과 동시에 배수량도 증가하는 것이 목격된다. 이 같은 핵추진 잠수함 대형화 경향은 서방에서도 동일하게 나타난다. 별도의 트랙으로 액화금속 원자로와 타이타늄을 선체 재질로 적용한 알파Alfa급, 마이크Mike급 핵추진 공격잠수함들도 개발되었다. 한편 러시아 잠수함들은 11월급은 '627'급프로젝트, Foxtrot급은 '641'급 등 자체적인 명칭이 있으나, 워낙 비밀의 장벽이 높은 탓에 나토에게는 제식명칭보다는 나토 자체의 암호명으로 익숙하다.

한편 순항 미사일 전용 잠수함을 설계/건조하는데, 초기에는 재래식 잠수함을 기반으로 하나, 후에 핵추진 순항 미사일 잠수함 위주로 배치된다. 첫 순항 미사일 잠수함SSGN은 재래식 위스키Whiskey급을 기반으로 한 줄리엣Juliett급, 그다음 핵추진 잠수함 에코Echo I급을 취역시키나, 소음이 큰 것과 부상상태로 미사일을 발사해야 한다는 점이 단점으로 지적된다. 이어 수중발사가 가능한 찰리Charlie급을 거쳐 대형 오스카Oscar급 순항 미사일 잠수함으로 이어진다. 한편 전략 탄도 미사일 잠수함의 경우, SSGN과 마찬가지로 줄루Zulu급을 기반으로 한 골프Golf급 재래식 전략 탄도 미사일 잠수함을 등장시키나, 모두 부상상태에서 미사일을 발사하는 방식으로 운용에 제한이 많았으며, 전략적 가치도 떨어진다.

그 후 재래식 골프 II급부터는 수중발사가 가능해졌다. 전략잠수함의 경우, 재래식에서 핵추진 잠수함으로 자리를 이양하면서 호텔Hotel급까지는 미사일 발사관을 잠항탑 후부에 설치한 형태로 잠항탑이 비대한 것이 특징이다. 그 후, 미국과 마찬가지로 선체에 탄도 미사일을 탑재한 양키Yankee, 델타Delta I, II, III, IV급 계열별로 발전시키면서 배수량 증가와 함께 탄두위력, 사정거리, 정확도가 차츰 향상된다. 현재까지 전략잠수함 정점으로는 초대형 타이푼Typhoon급을 들 수 있으며 알려지기로는 수중 배수량 45,000톤을 자랑한다.

전후 초기에 연안방어에 집중하던 소련 잠수함의 대양진출은 시간문제로 수상함대 전력 확대와 맥을 같이한다. 전략잠수함을 제외하고는 지상전의 제병합동 원리와 흡사하게 항공기, 수상함, 잠수함들이 공동으로 작전하는 교리를 전적으로 채택하고 있으며, 성능이 계속 향상됨에 따라 지속적으로 그 개념을 확장시켜 나간다. 특히 서방국가들이 재래식 디젤잠수함을 축차적으로 제적/퇴역시키는 와중에서도 러시아는 신예 재래식 잠수함을 개발하고 전력을 유지하는 점에서 독특하다. 이는 발트해나 흑해처럼 수심이 낮은 해역에서는 배수량이 작은 잠수함이 작전하는 데 대형 핵추진 잠수함보다 유리하기 때문이다. 냉전 시기에는 나토의 항모 기동함대에 대한 공격은 주로 11월급과 같은 핵추진 공격용이 주력이 되나, 에코우급과 같은 순항 미사일 잠수함과 항공기 및 수상함들의 대함미사일 지원을 받아 방어력을 분산시키거나, 포화상태로 만들어 효과적인 방어를 어렵게 하는 전술을 구사하는 것을 골자로 하고 있다. 물론 소련도 나토 잠수함들과 마찬가지로 대잠부대에 발각되기도 하여, 경우에 따라 훈련 중에는 배타수역 밖으로 밀려나기도 했다. 마찬가지로 소련 잠수함들도 나토 SSBN을 추적/감시하는 임무를 수행하나, 냉전 중반까지는 서방에 비해 소음이 상대적으로 큰 관계로 나토 SSBN은 번번이 러시아 공격잠수함들을 용이하게 따돌릴 수 있었다. 더군다나 소련은 서방에 비해 음향감지장비와 기술이 열악해 추적에 많은 어려움을 겪었으며, 대신 어선으로 가장한 선박들에 별도 소나장비를 갖추고 상대방 잠수함을 탐색하거나 전략잠수함 출격/귀환을 호위하고 은폐하는 데 동원하기도 한다. 소련 공격잠수함의 어려움은 미국이 오하이오급 SSBN을 취역시키면서 더욱 가중되었다.

　해군전력이 강화되면서 북대서양에만 국한해 활동하던 잠수함들은 신예함의 취역에 따른 항속거리 증대로 차츰 범위를 넓혀 각 대양으로 그 세력을 확대해 나간다. 특히 1962년 쿠바 미사일 위기 시점에는 캐리비언 해역에서 다수의 잠수함들이 대잠부대에 의해 추적 및 부상을 강요받는 등 미 해군과의 충돌은 익히 알려진 바와 같다. 이 시기에는 미국과의 전면적인 핵전쟁 발발을 의식해 미국이 전략 폭격기들을 상공에 대기시킨 것과 마찬가지로, 소련도 전략잠수함들을 극권에 배치해 빙상 밑에서 상시 대기 시키기도 했다.

　소련의 핵추진 잠수함의 현저한 성능향상을 보여주는 대표적인 에피소드는 1969년 엔터프라이즈 사건으로, 항모를 추적하는 11월급을 따돌리기 위해 엔터프라이즈는 33노트로 속력을 올리나, 11월급이 용이하게 동일한 속력으로 추적하는 것을 발견하고는 미 해군이 큰 충격에 빠진 사건이다. 미국 노틸러스만 해도 최대 수중속력은 24노트에 불과했기 때문이었다. 특히 11월급의 후속형 2세대 빅터급들이 취역을 개시하는 와중이라, 미국으로서는 이에 대한 경각심을 높이지 않을 수 없었다. 하지만 이때 11월급은 안전성을 담보한 채로 거의 원자로 한계 이상으로 가동하고 있었다는 점은 몰랐으며, 이 같은 속도를 내기 위해서 방사능 피폭방지 방어벽 실드를 최소화한 경량화에 따른 결과였던 것이었다. 하지만 러시아 잠수함의 원자로 관련 안전장치 부실을 알 수 없었던 미국은 이를 계기로 차세대 핵추진 잠수함 개발의 구실로 삼을 수 있었다.

이렇게 초기 러시아 핵추진 잠수함들은 승무원과 장비 안전보다 성능 위주로 설계되었기 때문에 언제든지 사고가 발생할 위협이 존재했다. 실화를 바탕으로 한 해리슨 포드 주연의 〈K-19: The Widowmaker〉 영화로 소개된 바와 같이, 핵탄도 미사일 핵추진 잠수함 호텔급 1척도 냉각 파이프의 결함으로 내부와 다수 승무원이 방사능에 피폭/오염된 사건도 발생한 적이 있다. 함 내 화재와 폭발에 의한 사고도 종종 발생하고 있으며, 최근 2000년 8월 오스카급 쿠르스크Kursk호도 이 같은 사고로 전 승무원과 함께 상실했다. 이 시절은 소련의 해체에 따른 혼란한 시기로 해군의 열악한 근무조건과 더불어 정비 및 훈련 부족이 근본적인 원인이었다는 평가가 지배적이다. 또한 골프급 1척이 하와이 근해에서 흡사한 사고로 침몰하는데, 미 해군은 특수 갈고리와 케이블을 이용하여 심해에 있는 핵탄두 순항 미사일, 암호책과 함께 암호장비를 회수하는 등 이 사고로 뜻밖의 소득을 얻었다.

러시아는 미국과 마찬가지로 1970~1980년대에 들면서, 2세대 SSBN들을 대거 취역, 배치시킨다. 괄목할 만한 발전을 거친 2세대 SSBN에서 개선된 점들로는 정숙도와 탄도 미사일의 사거리 증대이다. 이로써 SSBN은 상대방이 장악하고 있는 해역으로 굳이 진출할 필요 없이, 자국 해역에서 우군의 지원과 호위를 받으며 보다 안전하게 초계임무를 할 수 있게 되었다. 이 당시 소련이 강조해 왔던 고속 잠항속도 성능으로부터 탈피해 정숙도 및 잠항심도 향상에 집중하여, 물방울형, 공동화 감소를 위해 날개직경이 증가한 일축 프로펠러, 소음흡수용 고무타일, 저주파 함수 소나 등이 등장했다. 이를 대처하기 위해 나토는 미국을 중심으로 대잠어뢰의 속도, 심도를 증가시키는 방향으로 개발에 힘쓰게 된다.

3) 독일

양차 대전을 겪는 과정에서 잠수함의 활약이 가장 두드러진 독일도 19세기부터 초보적인 개념을 바탕으로 잠수함 건조를 시도하지만 큰 진전은 없었으나, 전기모터를 이용한 잠수함을 건조하여 시험을 한 바 있다. 한편 1850년 통일 전 프러시아와 덴마크와의 전쟁 시 강력한 덴마크 해군에 의해 해안에 봉쇄당하자, 포병장교 바우어Bauer는 역시 인력으로 작동하는 잠수함을 제작하여, 처음에는 덴마크 해군을 키일Kiel 군항으로부터 철수시키는 데 성공했다. 하지만 1개월 후 시험과정에서 수압에 견디지 못하고 침몰하

는 사고가 발생하는데, 각진 모서리에 단면 형상이 거의 사각형에
가까워 수압에 취약한 것이 원인이었다.

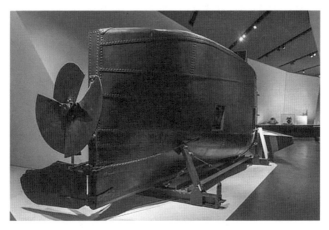

| 바우어(Bauer)의 잠수함

  사실 전통적으로 육군을 중시하던 독일제국의 본격적인 잠수함
개발은 영국, 미국, 프랑스와 같은 해양 강대국들에 비해서 좀 늦
은 편이나, 그 중요성을 인식한 이후부터는 개발에 박차를 가하게
되었다. 초기에는 잠수함을 공세적인 무기로서의 활용보다는 주
로 해안 방어용 무기체계로서 간주했다. 하지만 당시 다른 주요 해
군국들처럼 그 우선순위는 거함거포 전함과 순양함의 대형 주력
함을 주축으로 하는 대양함대High Sea Fleet 건설계획에 밀리는 형
편이었다. 1912년에는 1919년에 달성할 목표로 70척의 잠수함 보
유계획 청사진을 제시하는데, 그중 48척은 해군기지 방어에 투입

하는 한편, 나머지 12척은 대서양에서의 함선공격, 다른 10척은 예비로 편성한다는 계획이었다. 그러나 해군 입장에서 예상보다 빠르게 1914년에 1차 대전이 발발하였을 때, 고작 20척의 잠수함만이 작전에 투입될 수 있었으며, 15척은 아직 건조 중이었다. 또한 그 종류도 다양하여 총 35척의 잠수함은 12급의 함종으로 분류되어 있었다. 초기의 스팀 또는 케로신 엔진을 장비한 잠수함 함대는 U-19에 와서는 모두 디젤기관 엔진으로 변환해, 의미 있는 잠수함으로서 자리매김하게 되었다. 특히 이 당시 이태리 잠수함 기술에 깊은 인상을 받아 관련 이태리 기술을 U-42에 반영하기도 했다.

1차 대전 개전과 함께 독일 유보트들은 주로 대서양 작전에 투입되며, 첫 조우에서 부상상태로 수리를 위해 정선해 있던 U-15는 영국 해군 순양함 HMS 버밍햄Birmingham의 충돌공격으로 격침되는 불행을 겪기도 했다. 또 사흘 후에는 U-13을 원인불명으로 상실하는 불운을 겪기도 했다. 이런 난관에도 불구하고 개전 초부터 독일 잠수함대의 전과는 괄목한 만했다. U-21은 영국 해군의 순양함 HMS 패스파인더Pathfinder를 격침하며, U-9은 1시간 만에 HMS 아부키르Aboukir, 크레시Cressy, 호우에Hohue 장갑 순양함Armoured Cruiser들을 격침하는 데 성공하여, 영국 해군에 심대한 손실을 입힌다. 따라서 영국 해군 내부에서는 잠수함들에 대한 수상함, 특히 주력함 승무원들의 공포심이 극에 달했다고 한다. 또한 의미심장할 사건으로는 유보트에 의한 상선의 격침이며, 이로써 잠수함 통상파괴 작전의 실마리가 제공되었다. 하지만 이때까지만 해도 독일 잠수함 함장들은 전시나포규정을 문자 그대로 준수하고 있었다는 것도 주목할 만하다. 전시나포규정에 따르면 잠수함 승무원이 상대방 상선에 승선하여 모든 선원들이 안전하게 구명정으로 대피한 것을 확인한 다음에 시-콕Sea-cock: 선저에 위치한 자침을 위한 입수 밸브을 개방하여 침몰시킨다는 것과 더 나아가서 상선선원 구명정을 안전 해역까지 예인해야 한다는 것을 명시하고 있다.

연합국의 추축군에 대한 해안봉쇄가 실효 있는 효과를 보이자, 이에 대한 대책을 마련해야 했지만, 해군전력이 월등한 영국 해군 대함대Grand Fleet에 비해 열세한 독일 대양함대는 봉쇄망 돌파에 거의 속수무책인 상황이 계속 반복되었다. 특히 1916년 5월에 벌어졌던 유틀란트 회전 이후에는 주력함들이 출격을 자제하는 등 문제가 더욱 심각해졌다. 그에 비해 독일 잠수함과 어뢰정들은 독일해안에 접근하는 영국 수상함에 대한 공격을 지속할 수 있었으므로, 영국의 독일에 대한 해안봉쇄는 과거와 달리 원거리에서 수행할 수밖에 없었다. 또한 결과적으로 독일의 선택은 봉쇄작전에 대해 영국에 대해 역봉쇄망을 형성할 필요가 있다는 결론에 도달했다. 그렇다고 해도 해상봉쇄망을 격파하기 위해 당장 독일이 보유하고 있는 작전 가능한 잠수함 전력과 운용할 승무원은 매우 부족한 상황이었다. 이 문제에 대한 대책으로 주력함을 포함해 적지 않은 규모의 수상함 승무원들은 잠수함 및 어뢰정으로 전환 배치되었다. 그 결과로 주력함대의 운용규모도 축소되고 그 효용성도 감소할 수밖에 없는 악순환이 되풀이되었다. 연합국에 대한 통상파괴를 위해 요구되는 잠수함 전력은 200~250척 정도로, 1915년 당시 보유하고 있는 36척으로는 턱없이 부족했으며, 이와 같은 실책은 2차 대전 초기에서도 동일하게 반복하게 된다.

따라서 독일은 점진적으로 단계적 성능개량을 전제로 하여 다량의 잠수함 건조계획을 수립하게 되며, U-41을 기반으로 U-51급, 다시 U-51을 기반으로 U-57급들을 계획하나, 요구되는 디젤기관의 수요 급증으로 건조가 원활치 못해 지연되기 일쑤였다. 상황이 이렇게 되자, 동맹국들과의 계약파기에 따른 외교적 마찰을 감수하고 수출용으로 건조된 것들을 대신 자국 전력으로 편입시켜 보충할 수밖에 없었다. 또 설계를 단순화하여 소형 연안용 공격잠수함 U-B 계열140톤 내외, 연안 기뢰부설 잠수함 U-C 계열180톤 내외 등으로 구분해 건조하게 된다. 소형뿐만 아니라, 중형 잠수함에도 질적 개선이 이루어져 배수량 1,000톤 내외의 U-93 급, 2,500톤의 대형 순양잠수함 U-139도 건조하기에 이른다. 한편으로 봉쇄망 타개를 위해 7척의 1,870톤의 수송전용 잠수함을 진수시키나, 2회밖에는 활용치 못했으며, 당시 중립국이던 미국으로부터 782톤의 고무, 틴, 니켈을 수입한 것이 고작이었다. 그나마 수송용 1척은 출항 후 원인불명으로 상실하였다. 따라서 대기 중이던 나머지 수송용 5척은 통상적인 무장장착 잠수함으로 개장되었다.

독일의 연합국에 대한 통상파괴 작전은 몇 단계로 구분되는데, ① 1915년 소수의 잠수함으로 365 상선 53만 2,000톤을 격침하나, 미국의 참전을 우려하여 일시적 중단, ② 1916년 2월부터는 실수에 의한 여객선 격침으로 승객들의 익사 사고와 더불어 미국의 참전 기회를 최소화하기 위해 다시 엄격한 전시나포규정 적용에 따른 제한적 잠수함전으로 회귀, ③ 1917년 2원부터 다시 무제한 잠수함전에 돌입, 처음 3개월간 영국 선적 977척을 포함 194만 5,000톤을 격침했으나, 미국에게 참전의 빌미 제공, ④ 미국 참전, 연합군의 호송선단 적용, 효과적인 대잠작전, 기술발전으로 전과가 악화되기 시작, 이렇게 단계적으로 진행된다. 독일의 잠수함 활동은 비단 대서양과 북해에만 국한되지 않고, 영불 해협에서의 기뢰부설 등과 같은 임무를 포함, 지중해에서는 콘스탄티노플현재 이스탄불을 근거지로 오스트리아-헝가리와의 협동작전에도 투입되었다. 휴전까지 독일 해군은 대략 178척의 잠수함, 5,000명의 승조원을 잃었으나, 그에 반해 연합국 상선은 대략 6,400여 척, 1,200만 톤의 손실을 입었다. 따라서 1차 대전으로 잠수함의 전략적 가치를 충분히 발휘했다고 볼 수 있다. 아울러 독일은 종전 직전에는 아직 179척이 작전 중이고, 150척이 건조 중에 있었다. 1차 대전 시에도 독일 육군이 벨기에 해안선 점령으로 해안에 다수의 근거리 기지 확보할 수 있어, 잠수함들은 출격시간이 줄고 초계기간이 늘어 큰 도움이 되었다. 종전까지 상선을 대상으로 독일 잠수함이 이룬 성과는 아래에서 보는 바와 같다. 출처: Submarines, A. Preston

연도	척수	톤수
1914	3	2,900
1915	640	1,189,000
1916	1301	2,194,000
1917	3170	5,938,000
1918	1280	2,624,000
	6,394	11,947,900

이외에도 전함 10척, 순양함 17척, 기뢰부설/소해함 80척 등의 군함 격침은 별도이다.

종전을 맞이한 연합국들은 잠수함 위협을 완전히 제거하고자 항복한 잠수함들은 승전국들에게 배분된 것을 제외하고는 독일의 모든 잔존 잠수함들을 폐기시켰다. 양차 대전 사이, 연합국의 엄격한 감시에도 불구하고, 관련 기술을 유지/발전시키고자 독일은 비밀리에 자금을 조성하는 한편, 네덜란드에 전직 해군장교와 잠수함 조선 기술자들과 함께 조선기술사무소Ship-building Engineering Office라는 위장하에 잠수함 개발 사무국Submarine Development Bureau을 개설했으며, 이 기관을 통해 국외로 파견된 직원들의 주된 역할은 잠수함 관련 기술의 유지/발전, 해외 개발동향 주시와 선진기술의 개발 및 습득이었다. 표면적으로는 네덜란드 소속회사였으나, 독일 엔지니어와 기술자들이 중심이 되어 핀란드, 터키 및 스페인을 위한 잠수함을 설계하고 스페인에 있는 조선소에서 건조하였다. 또한 비밀리에 베를린에도 유사한 기능의 사무실을 운용했다. 다양한 설계가 있었으나, 국외 조선소에서 건조되어야 한다는 현실적인 한계로 완성된 것은 단 몇 척에 불과했다. 하지만 이 기간을 통해 디젤기관의 출력증대, 배터리 안전성 향상, 잠항성능 개선 등이 이루어졌다. 이 같은 위장 사업하에서 기술을 개발시킨 결과, 재무장을 개시했을 때 비교적 조기에 잠수함 전력재건에 즉시 착수할 수 있었으며, 처음에는 훈련용 소형 300톤급 Type 2형을 일단 완성하는 데 성공했다.

이 당시 독일 해군은 5급의 잠수함이 필요할 것으로 예상했다.

① 500~700톤급 대양용, ② 1,000톤 대형 기뢰부설용, ③ 1,500 톤급 순양급, ④ 250톤급 연안용, 그리고 ⑤ 500톤급 연안 기뢰부 설용 등이다. 히틀러가 집권하자 해군총사령관과 비밀리에 잠수함 건조에 합의하며, 베르사유 조약의 완전 파기까지는 스페인 조선 소에서 선체만 우선 착공했다. Type 2형에 이어 Type 1형을 건조 하나, 성능에 만족을 느끼지 못해 700톤급 Type 7형 건조에 착수 한다. 그보다 배수량이 늘어난 1,000톤급 Type 9형도 완성시킨다. 1,500톤급 순양잠수함은 용도가 애매해 중도에 포기하며, 10형 기 뢰부설용은 보다 여러 척의 소형으로 대체된다.

처음 함대의 규모는 1935년 영국과의 해군조약에 의거하여 영 연방국 총 배수량의 수상함 35% 보유에 협약했으나, 잠수함의 경 우에는 45%까지, 또 특별한 사유를 증빙할 경우 100%까지 잠수함 보유를 승인받을 수 있었다. 하지만 최대 배수량은 2,000톤, 탑재 함포는 130mm까지만 허용되었다. 1938년에 이미 영연방 45% 배 수량에 달하는 잠수함을 보유하게 되었으며, 독일은 영국에 추가 적인 잠수함 보유의사를 전달했고, 이해되지 않지만 영국은 이를 승인하기에 이른다. 반면 영국 해군의 ASDIC 실전배치로 독일 해 군 내에서도 잠수함의 전술적 가치에 의문을 품은 고위급 장교들 이 분명 존재했으며, 또 선단 공격에는 잠수함 외에 수상함도 동참 해야 한다는 의견이 지배적이었다. 그래서 등장한 것이 표면상 1만 톤실제 만재배수량 1만 4,000톤의 장갑함이라는 명칭의 도이칠란트급후에 Lüzow로 개명 포켓Pocket 전함 3척이었으며, 이와 아울러 순양전함 샤 른호르스트Scharnhorst와 그나이제나우Gneisenau도 호송선단 공격에 나서는 것도 고려되었다.

 히틀러 집권 이후, 독일은 1935년 베르사유 조약의 일방적인 파기와 재군비 선언에 따른 'Z' 계획의 일환으로 수상함과 잠수함 건조에 박차를 가한다. 참 아이러니한 것은 잠수함으로 인한 최대 피해국인 영국이 독일의 잠수함 건조를 영국과 동일 수준으로 허용한 것이라는 것인데, 당시 영국은 대잠탐지기와 무기의 비약적인 발전으로 잠수함 능력이 매우 제한되어 무기력해질 것으로 예상했다는 것이다. 또 동시에 순진하게 전시나포규정의 효력이 계속 지속될 것이라는 그릇된 판단으로부터 비롯되었다고도 볼 수 있다.

 베르사유 조약으로 한정된 병력만 보유한 독일 해군은 대신 엄격하게 선별된 소수 승무원들의 정예화, 엘리트화로 이를 극복하려고 했다. 한정된 재원과 자원만으로는 미국-영국-소련의 경제력과 생산력에 대항할 수 없다는 것을 인식해 온 독일 해군은 해상 교역로에 크게 의존한 연합국에 대해, 통상파괴 작전만이 난국을 돌파할 수밖에 없다는 결론에 이미 도달해 있었다. 구체적인 방안으로는 상선 격침톤수가 건조톤수를 능가하다면, 연합국은 물자부족으로 결국 협상테이블로 나올 수밖에 없다고 판단했다. 1939년 2차 대전 개전 시, 독일 해군이 보유한 잠수함은 모든 종류를 통틀어 불과 57척에 불과했으며, 이런 전력으로 세계최강 영국 해군에 대항하는 처지에 몰리게 되었다. 그나마 출격해 초계 중인 규모는 불과 18척에 불과해 충분한 효과를 기대하기에는 한참 부족한 형편이었다. 통상적으로 실제 작전에 투입 가능한 규모는 전체 보유의 1/3로, 1/3은 기지 내 수리 및 정비에, 나머지 1/3은 작전 해역으로부터 이동 중인 것을 감안해야 한다.

한편 히틀러의 엄격한 전시나포규정 준수 명령에도 불구하고 U-30은 불행히도 여객선 아데니아Athenia를 병력수송선으로 착각해 격침시키는 사건이 발생하기도 했다. 대전이 발발하면서 상선에 대한 공세가 격화되자, 이에 영국은 호송선단을 편성해 대처하려고 했다. 하지만 서로 속도가 현저하게 차이 나는 선박들을 보유한 선주들은 느린 상선에 선단의 속도를 맞춰야 하는 호송선단의 구성이 매우 비현실적이라는 이유로 거세게 반발했으며, 선박손실이 한계에 도달할 때까지 상선들은 주로 단독으로 항해했다. 이때 국제 전시규정에 따르면 호위함을 포함한 호송선단선박들에 대해서는 나포규정에 얽매이지 않고 공격할 수 있었다. 하지만 아직 제약은 많았는데, 전쟁이 격화되면서 이러한 제약들은 하나둘씩 차츰 제거되며, 종래에는 1차 대전과 마찬가지로 무제한 통상파괴 작전까지 돌입하게 되었다. 한편 대전 초 전투함에 대해 괄목한 만한 성공은 U-29의 항공모함 HMS 커레이저스Courageous의 격침으로, 이때 아이로니컬하게도 본 항모는 대잠초계작전을 수행 중이었다. 이어 스캐파플로에 정박 중이던 전함 HMS 로열 오크Royal Oak가 과감한 U-47의 뇌격으로 격침당한 결과로, 영국 해군은 전 함대를 다른 기지로 이동/대피하도록 강요해, 1차 대전 시와 마찬가지로 단 1척의 잠수함으로 커다란 전략적 성과를 올리기도 했다.

독일 해군의 주력은 1930년대 설계되고 건조된 Type 7형과 9형으로, 이들은 항속거리와 어뢰 적재량에서 뛰어났으며, 모두 잠항심도 150m로 영국 폭뢰의 최대 수심 이상으로의 잠항성능을 자랑했으나, 한정된 배수량으로 내부는 매우 비좁고 오일, 음식 및 사람들의 악취가 심해 승무원의 고충이 매우 컸다. 초기 잠수함의 제한된 배치 척 수와 낮은 신뢰도의 어뢰성능에도 불구하고, 1940년 5월까지 상선 242척 80만 3,000톤을 수장시키는 성과를 달성했다. 특히 1940년 6월과 1941년 3월 사이에는 유보트의 1차 황금기Happy Time라고 불리며, 다량의 상선을 격침하는 전과를 올렸다. 더군다나 프랑스의 조기 점령으로 대서양 해안에 브레스트, 세인트 나자레 항을 포함, 5개의 잠수함 전초기지가 확보되었다는 점도 무시할 수 없었다. 이 같은 전초기지들 확보로 출격에 걸리는 시간 단축은 물론 영국 근해와 같은 위험해역을 용이하게 회피할 수 있어, 전력이 25% 정도 증대되는 효과를 가져다주었다. 물론 영국은 폭격기로 해당 기지들에 대해 무력화를 시도하나, 초기 폭격기의 제한된 폭탄탑재량, 주간조차도 낮은 폭격 정밀도와 유보트 대피소Pen가 워낙 견고한 탓에 경미한 피해만 입히고 파괴하는 데 실패해, 대신 주변 기반, 지원 시설들을 파괴하는 것으로 만족할 수밖에 없었다. 처칠은 대전 중 자신을 가장 두렵게 만든 것은 유보트라고 회고할 정도였다.

영국의 호송선단 편성에 맞서 되니츠 제독은 10척 내지 15척으로 구성된 이리 떼Wolf-pack 집단 작전을 구상하나, 초기에는 보유 척 수가 적어 어느 정도 잠수함이 확보된 이후에 본격적으로 실시되었다. 이때 함장들이 주로 애용한 전술은 낮은 함교와 높은 수상속력의 장점을 살려 야간에 부상상태로 호송선단 중앙에 파고들어 뇌격하는 것이었다. 한편 대잠부대를 회피할 때만 잠수하여, 신병기 아즈딕Asdic 탐지를 무력화시킬 수 있었다. 주지해야 할 것은 이 리 떼 작전을 구사하기 위해서는 본부와의 상호 교신이 매우 중요 했다는 것이며 되니츠는 모든 작전의 세부사항까지 중앙관제 방식 으로 실시해, 무선통신으로 초계, 정찰 및 집결 등을 지시했다. 하 지만 이러한 중앙통제를 위한 교신은 암호화 장비에도 불구하고 적에게 감청, 지상 및 함정에 설치된 전파 방향측정HF/DF "Huff duff": High Frequency Radio Direction Receiver 및 암호해독에 취약점을 안고 있었다. 더군다나 독일 해군은 U-110이 침몰하기 직전에 통신 암 호장비Enigma: 이니그마가 영국 해군 수중에 노획되고 해독되고 있 음을 대전 끝까지 전혀 눈치채지 못했다. 유보트 손실이 급증하자 되니츠는 과학자들에게 3개의 다이얼로 구성된 이니그마 암호해 독 가능성을 자문했으나, 그 대답은 불가능으로 결론 나서 다른 곳 에서 손실 원인을 찾는 실수를 범하고 말았다. Type 7형800톤과 9 형1,000톤이 주력이었던 잠수함의 잠항능력은 1차 대전 시와 비교 하여 비약적으로 향상된 수준은 아니므로, 잠항속도 및 시간 한계 는 여전하여, 대부분 초계 해역으로의 이동에는 수상항해를 애용 했다. 별도로 2,200톤 배수량의 기뢰부설 전용 Type 10 B형을 취 역시켰다. 항속거리와 어뢰탑재량에 한계를 느낀 수뇌부는 일부 Type 9형을 보급 잠수함으로 개조한 젖소Milk Cow라고 불린 Type 14형으로 등장시켜, 연료, 어뢰, 부품 등을 해상에서 보급하도록 했다. 이 보급함을 이용해 Type 7과 9형의 작전기간을 연장하며, 한동안 미국 연안에서 주목할 만한 효과를 올리지만, 이윽고 연합 군은 이 보급함들의 전술적 중요성을 깨닫고 대전 중반까지 모두 격침시키고 만다.

대잠작전이 본격 궤도에 올라서기 전에도 이리 떼 작전과 각종 노력에도 불구하고 선박 격침톤수는 연합국 건조량에 훨씬 못 미쳤으며, 진주만 이전에 중립을 유지하던 미국 선박에 대한 공격이 엄격히 제한되어 전과는 기대에 미치지 않았다. 진주만 공습 후 미국 참전으로 미국 동부해안, 캐리비언, 멕시코만 해역으로 전역이 확장되어 유보트 함대는 이때 다시금 2번째 황금기를 맞이했다. 하지만 호송선단 채용 이전에 단독항해 선박들을 대상으로 한 드럼롤Drumroll 작전 전개를 포함하여 독일의 연합국 유조선과 상선 격침목표량은 월 80만 톤이었으나, 이 목표량을 채운 몇 개월을 제외하고는 그 기간은 결코 길지 않았다. 얼마 후 영국의 대잠 전술과 기술을 전수받은 미 해군이 반격에 나서면서 다시금 쇠퇴의 길로 돌아섰다. 또 한편 북아프리카 전역과 1941년 러시아 침공 이후 유보트의 지중해, 극권, 발트해 및 노르웨이 해역에 대한 분산 배치로 대서양에서의 잠수함 전력이 대폭 축소되는 결과마저 초래했다. 유보트 작전 해역은 대서양, 북해뿐만 아니라, 미국 동부 연안, 지중해, 인도양, 흑해, 극권 남대서양까지 그야말로 글로벌 수준으로 활동영역이 넓어졌다.

대전 중반을 지나면서 유보트 손실은 날로 급격하게 증가일로를 걷는데, 대잠전력 증강 외에도 연합군의 울트라Ultra 작전의 일환인 암호해독 노력이 큰 역할을 한 것으로 후에 밝혀졌다. 또한 연합국들은 대잠 기술과 전술을 거의 오늘날 현대적인 수준으로 끌어올리는 데 성공하며, 대항수단으로는 소나 외에도, 레이다, 장거리 초계기, 소형 호위항공모함Escort Carrier, 전투기탑재 상선CAM 등으로 실로 다양하다. 이에 맞서 독일 해군은 대레이다 역탐지기, 스노클, 대공무기 강화 등으로 맞서게 된다. 연합국 대잠전력의 현저한 증강과 전시체제에 돌입한 1943년 하반기 일일 평균 4척의 선박 대량건조가 본격화되면서, 독일도 잠수함 증강에 힘을 쏟으며 1942년에는 월평균 17척을 건조하나, 1942년에만 85척을 잃는 등 손실로 인해 전력 증강에 미치는 효과는 미미했다.

아울러 여러 전선에서 전쟁을 수행하고 있는 독일로서도 고도기술과 숙련공이 요구되는 전문인력 부족이란 한계는 어쩔 수 없었다. 1943년에 다시 대서양 중간에 지상기지 초계기가 미치지 않는 해역에서 집중적인 공세를 재차 시도해 보나, B-24 장거리 폭격기의 등장으로 이마저 무산되고 성공으로 이어지지 못했다. 값비싼 희생에도 불구하고 연합국과의 격침/건조톤수 경쟁에서 여력 부족으로 결국 통상파괴 전투에서 패하고 말았다. 전세의 역전으로 높은 희생을 치르는 상황에서도 유보트 승무원들은 명령에 따라 초계와 선박공격 임무를 계속 속개했으며, 일부 호위전력이 취약한 해역에서 다소간의 성공을 거둘 수 있었지만, 상황을 반전시키기에는 역부족이라는 것을 모두 알고 있었다. 작전 해역이 확대된 결과, 젖소라고 불리는 보급함들도 대다수 희생되어 잠수함의 입지는 더욱 약화되었다. 이와 같이 유보트들이 악화하는 수세에서도 지속적으로 작전을 수행한 것은 잠수함 작전 외에는 연합군의 대륙침공을 늦출 수 있는 방안이 달리 없다는 것을 모두 알고 있었기 때문이었다.

독-소전의 개시로 작전 해역은 흑해, 발트해와 극권으로 확대되고, 특히 영국에서 출항해 무르만스크Murmansk로 향하는 호송선단에 대한 공격으로 전과가 다소 올라가나, 작전 해역이 능력 이상으로 과도하게 광범위해져서 영향은 거의 없었다. 극권은 잠수함이 작전을 수행하기에는 기상조건이 매우 혹독하기로 유명하며, 특히 겨울에는 바닷물조차 얼어서 잠수하는 것도 위험하다. 잠항탑도 유보트는 개방식인 반면 소련 잠수함은 폐쇄형으로 난방시설을 구비해 극권 작전에 한결 유리했다. 또 겨울의 긴 야간으로 선단 발견이 쉽지 않은 반면, 여름 백야현상으로 쉽게 초계기과 호위함에 발견될 위험성이 높았다. 그 결과 극권에서의 전과는 날씨와 대규모 호위로 대서양보다 현저하게 낮은 편이다. 한때 독일 전함 티르피츠와 샤른호르스트가 출격했다는 잘못된 정보로 PQ-17선단의 호위사령관이 선단을 도중에 해산시켜 개별로 항해하게 한 덕분에 해-공군 간의 협동공격으로 유보트는 10척을, 폭격기는 14척을 각각 격침해 선단 2/3에 해당하는 심대한 손실을 입히기도 했다. 특히 극권에서는 염도와 날씨영향으로 인한 급격한 변온층으로 아즈딕에 대해 용이하게 회피할 수 있다고는 하나, 그래도 두터운 대잠망을 뚫기는 역부족이었다. 한편 유보트들은 기상정찰에도 활용되어, 그 정보를 통해 지상 작전에 지대한 도움을 주기도 했다. 한편 흑해에서는 기뢰부설로 소련의 일부 잠수함들을 세바스토폴Sevastopol에 고립시키기도 했다. 흑해에는 낮은 수심에 적합한 연안용 Type 2형 6척을 파견해 소련 선박들을 격침했다. 전세가 악화되어 소련군이 주요 해군기지를 위협하게 되자, 모두 자침시키고 승무원들은 당시 중립이던 터키로 항복했다.

　유보트도 레이다 전파 역탐지장치를 개발해 사전에 항공기 및 수상함 레이다 전파를 탐지하는 기술도 개발하여 효과를 보이기도 했으나, 이윽고 연합군은 레이다 주파수 변경으로 이에 대처하였다. 연합군과 마찬가지로 독일 해군도 기술적 만회를 위해 음향유도어뢰를 개발해 배치했으나, 연합군은 견인식 음향 기만장치를 개발해 이를 무력화시켰다. 유보트에 스노클을 설치하나, 잠항기간이 늘어나고 시계가 줄어들어, 선단 발견 및 공격기회는 현저하게 감소하였다. 잠수함 건조량 증가와 제한된 기술 개발로는 한계를 느껴 근본적인 해결방안을 모색하게 된다. 그 결과 진정한 의미에서의 잠수함 개발에 집중하게 되는데, 이로 인해 등장한 것이 AIP의 일종인 발터식 폐쇄회로 과산화수소 터빈을 이용한 Type 17형과 배터리 용량을 획기적으로 증대시키고 300m까지 잠항할 수 있는 유선형 Type 21, 23형이다. 하지만 연합국에게는 다행히도 위 신형 잠수함들이 본격적인 작전투입 단계까지 이르지 못했다. 또 지상과 공중에서 고전을 면치 못하는 육군과 공군과의 자원배분 경쟁에서도 우선순위가 밀려난 결과로, 철강부족과 연합군의 계속되는 대규모 공습으로 완성된 척 수가 적어, 전세를 회복하기에는 턱없이 부족한 상태로 종전을 맞이하게 된다. 그나마 투입된 Type 21형도 교전 기회가 거의 없어, 단 1발의 어뢰도 발사하지 못하고 그 뛰어난 성능을 입증할 기회가 없었다. 대신 소형 Type 23형은 상선 몇 척을 격침시키고 호위함들을 효과적으로 회피하는 능력을 보여주었지만, 이 역시 전세를 역전시키기에는 이미 때가 늦었다. 더구나 연합군의 노르망디 상륙과 내륙으로의 신속한 진격으로 프랑스 해안에 있는 기지들이 연합군 수중에 탈환된 이후, 대서양 출격은 아예 꿈도 꾸지 못하게 되었다. 이윽고 1945년 5월 4일에 되니츠는 비로소 유보트 전대에 대해 전면 작전중지 명령을 내려 그동안 길고 긴 대서양 결전의 무대는 막을 내리게 되었다.

독일은 대륙침공에 대비해서 소형 K형 잠항정 개발에 착수했다. 일본 잠항정보다 성능 면에서 우수했지만, 이 역시 전세를 반전시킬 만큼의 결정적인 역할을 한 것은 아니다. 여러 형태가 있는데, 우선 어뢰를 기반으로 한 1인승 모체어뢰 하부에 어뢰를 장착하고 수면에서 접근하는 네거Neger: 후기형은 조종석에 캐노피 설치, 형태는 흡사하나 잠수상태로 목표물에 접근하는 마더Marder가 있으며 목표 해역으로의 이동에는 중형 유보트가 활용된다. 네거는 2척의 초계정과 1척의 구축함을, 마더는 폴란드 순양함 1척, 상륙정 4정, 기뢰소해함 4척을 각각 격침했다고 한다. 이어 1인승 잠항정 비버Biber는 외형은 통상 잠수함과 유사하며, 양현에 2발의 어뢰 장착한다. 비버는 유보트로 운반이 가능하고, 약 9,500톤의 수송선을 격침했다. 가장 성공적인 소형 잠항정은 2인승 제훈트Seehund로, 디젤/전기 모터로 추진한다. 보조연료탱크를 이용하면, 7노트에서 800km의 항속거리가 가능하며, 양호한 기동성과 폭뢰에 대해서도 어느 정도 안전하다. 프랑스 구축함을 격침하는 한편 LST도 격침했다.

2차 대전 결과 독일 잠수함대는 상선 2,927척 1,491만 6,000톤을 포함해 전함 HMS 배르함Barham, 로열 오크Royal Oak, 함대형 항모 아크 로열Ark Royal, 커레이저스Courageous, 이글Eagle, 호위항모 어대시티Audacity, 어벤저Avenger 등 다수 수상함들을 격침하는 성과를 이루나, 잠수함 전대의 피해도 결코 만만치 않아 805척의 잠수함과 전 대원의 70%에 달하는 3만 명 가까이 승무원을 잃었다.

종전 후 승전국들은 독일 잠수함 전력을 완전히 소멸시키는 것과 동시에 선진기술을 도입하는 일에 열을 올렸다. 당초 독일은 당분간 전후 산업, 경제복구로 해군전력 증강에 큰 관심이 없었으나, 냉전이 격화되면서 소련의 위협에 맞서 독일 해군Bundes-marine이 창설된다. 한편 1954년 나토의 일원이 된 후 날로 증대하는 소련 해군 위협에 대해 동맹국들로부터 해군전력 복구 요구로 350톤급 잠수함 보유가 허용되어, 자침시켰던 2척의 23형을 인양해 연안용으로 편입시키고 우선 훈련용으로 활용하며, 또 다른 1척의 21형도 연구용으로 편입시켜 차기 잠수함 개발의 발판을 마련했다. 2척의 소형 130톤급도 건조하나, 성능에 불만족을 느낀 결과 해군전력에 포함시키지는 않았다. 곧이어 신예 201, 206형을 속속 개발, 취역시키게 되며, 더 이상 서방의 눈치를 의식할 필요 없이 관련 기술 개발에 집중할 수 있게 되었다. 특히 차세대 201형은 8개의 어뢰발사관을 함수에 반타원형으로 설치해 배수량에 비해 향상된 공격력을 구비하였다. 205형은 자기유도어뢰나 기뢰에 대한 대응책으로 비자기성 강철을 선체 재질로 적용하기도 하나, 부식문제가 심각해 비자기형과 일반형으로 구별해 각각 취역시킨다. 특히 개발도상국들에 대한 잠수함 수출에 힘입어 Type 209, 212, 214 등을 지속적으로 개발하여 연이어 수출과 기술이전에 성공한다. 그 중에서도 각국으로 대량으로 수출된 1,000톤급 209형은 러시아

Kilo급에 이어 가장 수출에 성공한 재래식 잠수함 사례로 남는다. 수출에 성공한 주된 이유는 수입국의 상황과 요구를 적극적으로 반영해 배수량에 융통성이 있으며, 요구에 따라 추가적인 장비를 설치하거나, 필요 없는 것은 제거하기도 하는 방식 때문이라고 한다.

4) 영국

19세기 및 20세기 초반까지 영국은 전 세계에서 가장 막강한 해군을 보유하고 있었으며, 주력은 물론 전함, 순양전함, 순양함들이었다. 이렇게 대형 주력함에 익숙해진 해군수뇌부 분위기 덕분에, 은밀히 침투해 주력함을 공격하는 이 위험한 장난감에 대해 경멸과 무시하는 태도를 보였다. 또 전함을 주력으로 하는 해군의 고급 장교들 입장에서는 잠수함과 예산을 경쟁해야 한다는 사실도 숨겨진 이유로 작용했다. 하지만 당시 가상적국 중 하나였던 프랑스에서의 발 빠른 대규모 잠수함 개발에 자극받은 영국은 급거 잠수함 개발에 관심을 기울이지 않을 수 없었다. 특히 성공적인 홀랜드 잠수함의 등장으로 해군성도 이를 더 이상 무시할 수 없는 상황에 직면하면서, 잠수함의 위협은 간과할 수 없는 현실이 되어버렸다. 이후 1차 대전 개전 시까지는 영국 해군도 그동안의 조선기술의 저력을 집중하여, 신속한 잠수함의 개발과 건조 결과로, 6종류 87척의 잠수함 전력을 갖는 단계까지 이르며, 우선 해군기지 방어용으로 활용한다. 일단 비커스Vickers사는 홀랜드급 라이선스를 구매하여 다수의 잠수함을 건조한다. 영국 해군은 1901년에 성능이 대폭 향상된 A급 13척을 주문함과 동시에 316톤의 B급 11척을 1906년까지 보유하게 되며, 이는 다시 38척의 C급으로 이어진다. 1906년부터 영국 해군도 잠수함을 효과적인 공격용 무기로 간주하기 시작해, 배수량을 증가시켜 원양에서 작전이 가능하도록 항해 성능, 항속거리, 거주성, 기계적 신뢰도 개선과 아울러 무장탑재량을 증대하는 것으로 방향을 잡고 이 분야에 집중한다. 그 결과 620톤의 D급을 건조하기에 이른다.

이 과정을 거친 후 1차 대전 개전을 맞이하게 되는데, 모험적이고 적극적인 공격 전술의 적용에도 불구하고, 여타 해군들과 마찬가지로 어뢰 신뢰성 결여, 기계적 결함 등으로 빈약한 전과에 비해 잠수함은 많은 손실을 겪는다. 당시 결코 무시할 수 없을 정도로 성장한 독일 대양함대에 대해서, 영국 잠수함 임무는 북해에서의 독일 주력함대 동향 감시, 정찰활동 및 공세작전으로 전함 중심 주력함대와의 협동공격이 강조되었으나, 성과보다는 손실이 컸던 것으로 밝혀졌다. 그에 반해 발트해에서 러시아 해군과의 협동으로 소형 잠수함들을 활용해 철광석 수송 보급로에 대한 차단으로 인한 성과는 매우 만족할 만한 것이었다. 하지만 러시아 10월 혁명으로 적군Red Army에 포획되는 것을 우려해 이 작전에 투입됐던 잠수함들은 모두 자침시켰다. 한편 지중해에서는 프랑스 해군과의 협동작전을 통해 터키의 강력한 해안 방어망에도 불구하고, 터키의 구형 전함 1척, 구축함 1척, 수송선 11척, 일반 선박 44척을 격침시키는 등 양호한 전과를 올렸다. 대전 초기 영국 해군에게 잠수함은 신병기라는 의미가 강해 해군장교들 사이에서 그 활용성에 대해 의구심이 많았던 것은 사실이나, 적지 않은 성과를 목격한 종전 시까지 잠수함은 해군의 중요한 전력이라는 위치를 인정받게 되었다.

참신하고 혁명적인 개념을 자주 제시하는 열정적인 피셔 제독 덕분에 이 새로운 병기에 대해 참신한 아이디어들을 반영해 다양한 시도가 이루어지나, 그중 몇 가지는 쓸모없거나 낭비적인 것들도 다수 있었다. 예로 스팀엔진을 설치한 복각선체의 V급을 항구 방어용으로 건조하나, 겨우 작전 가능 상태로 그 활용성은 만족스럽지 않았다. 피셔 제독 은퇴 이후 해군성을 이끌게 된 윈스턴 처칠은 전쟁 비상 프로그램의 일환으로 2년간 이미 성능이 입증된 E급 잠수함을 대량으로 취역시켰다. 다음에는 E급을 기반으로 다방면에서 성능이 개량된 L급을 갖추며, 개량 과정에서 460mm18인치 어뢰는 533mm 어뢰로 변경된다. G급에서는 함수와 현측에 460mm와 함미 533mm 어뢰를 혼용했으며, 본 급은 북해에서 수상항해 중인 유보트를 격침시키는 전과를 올리기도 했다. 또한 대전 초에는 조작이 어렵고 복잡한 은폐식Disappearing 함포를 장착하기도 했으나, 실효성이 낮아 후에는 모두 고정-노출형Wet Type으로 대체되어 신속한 함포사격과 함께 무게중심 변경으로 안정성을 증대시켰다. 다시 한번 전함 함대에 대한 지원용으로 잠수함 활용성을 고심하는 과정에서, 전함과 대등한 항속거리와 속도를 갖는 6척의 J급 함대형 잠수함이 탄생하며 부여된 역할은 적 함대와 대등한 화력으로 교전하는 것이다. 제원은 19노트 속력에 5,000nm 항속거리로 배수량은 1,800톤에 달했다. 하지만 19노트 속력에도 불구하고 이후 등장하는 퀸 엘리자베스급 신예전함의 24노트 최대속도에도 못 미쳐 결국 무용지물로 전락하고 만다. 결국 잠수함이 효과적으로 적 함대와의 포격에 의한 교전은 불가능한 것으로 결론이 나서, 모두 장거리 원양잠수함으로 용도가 전환된다. 비단 영국 해군뿐만 아니라 한때 미국과 일본 해군도 동일한 개념에 몰두하였지만, 효율적이지 않은 것으로 밝혀져 모두 실패작으로 남는다.

그래도 대형 장사정포 장착 잠수함 개념은 유령처럼 되살아나, 증기추진 2,565톤 K급은 102mm4인치 함포 2문을 장착하나, 이 또한 만족스럽지 못한 성능으로 실패작 대열에 합류한다. 더욱이 K급들은 불행한 사고를 겪게 되는데, 순양전함 주력함대가 훈련을 위해 출동하는 과정에서 먼저 K급들이 앞서 항진하던 중 조타기의 고장으로 2척의 K급이 서로 충돌하고 곧이어 뒤를 따르던 순양함이 또 K급과 충돌하는 사고를 내고 만다. 이것으로 끝나면 다행인데 또 뒤에 오던 K급 2척이 충돌해 그중 1척은 두 동강 나 침몰해 사고를 키운다. 전후에 모든 증기기관 추진 K급은 완전히 폐기되며 교전에 의한 손실이 전혀 없고, 모두 사고로 잃었다. 기름을 연료로 하는 증기기관 추진 K급은 잠수 시 20개에 달하는 너무 많은 해치와 벤트를 모두 닫아야 했으므로 잠수에 시간이 오래 걸리고, 항상 사고 위험성이 도사리고 있어 대원들 사이에서 철관Steel Coffin이라고도 불렸다. 외형적으로는 독특하게 함수가 다른 잠수함들에 비해 마치 칫솔처럼 현저히 높은 것이 관찰되는데, 이는 함대 속력에 맞춰 고속 항해 중 파도를 헤쳐 나가기 위함이다.

| 영국 해군의 K급 증기기관 잠수함

독일 기뢰부설 잠수함의 성과를 목격 후, 여러 척의 E급과 L급을 기뢰전용 잠수함으로 개장하게 된다. 또한 해안 목표물이나 적함에 대한 포격용도로 305mm 포를 장착한 M급 모니터Monitor: 미 남북전쟁 시의 모니터가 아님를 취역시키나, 활용 및 전술교리가 애매하여 이 또한 실패작으로 남는다. 재미있는 것은 해군성 내부에서조차도 M급 건조 필요성과 효용성을 확신하고 강력하게 추진했던 사람들이 거의 없었다는 점이다. 그럼에도 취역했다는 사실이 참 그 당시 교리 확립이나 전술사상 수립에 있어서 혼란상을 반증한 단면이라고 말할 수 있다. 이보다 더 흥미로운 것은 R급 대잠용 잠수함으로, 오늘날 수색/공격Hunter/Killer겸용 잠수함의 모체가 되었다. R급은 비교적 유선형으로 갑판포가 없으며, 대용량 배터리로 수중속도는 15노트에 달했으나, 수중청음기 외에 별다른 효과적인 탐지장비가

없어 그 역할이 매우 제한적이었다.

  종전 후 가장 영향력 있는 사건은 1922년 워싱턴 해군조약과 1930년 런던 조약이다. 앞서 얘기된 것처럼 이 조약을 통해 영국은 모든 잠수함들의 완전 폐기를 강력하게 주장했으나, 받아들여지지 않고 대신 배수량과 무장에 대한 제한 합의에 도달하는 것에 만족할 수밖에 없었다. 그 결과, 무장계통, 통신, 탐색장비 등에 대한 연구에 집중하며, 특히 1차 대전 경험을 바탕으로 대잠수함전을 위한 장비와 전술 발전에 주력했으며, 또한 적 잠수함 사냥을 위해 낮은 상부 구조물, 고속 잠항속도, 소음저감 기술 등에 심혈을 기울였다. 또한 영국 해군도 인도양, 태평양 식민지 보호를 염두에 둔 장거리 항속거리에 유리한 중대형 잠수함 설계에 치중하며, 이 때 오베론Oberon: 1,900톤, 오딘Odin: 2,040톤, 파르티안Parthian, 레인보우Rainbow급이 등장한다. 또한 대서양과 북해 작전을 염두에 둔 중형 잠수함 건조도 병행하여, 스워드피쉬Swordfish: 930톤, S 시리즈 계열 등이 다량으로 건조된다. 한편 대잠작전을 위해 기대를 한몸에 받은 음향탐지장치인 아즈딕Asdic을 배치하기에 이르며, 대잠작전에 본 장치 활용에 전적으로 의존하게 되는 병폐도 낳는다.

  다른 국가들과 마찬가지로 1차 대전 경험을 반영해, 여러 실험적인 잠수함을 건조하는데, 대형 X-1 순양잠수함은 기계적 결함과 신뢰성 결여로 완전 실패작으로 남으며, 소형 항공기 수납이 가능한 M-2급은 사고로 전 승무원과 함께 수장되었다. 그 밖에도 기뢰부설용 M-3 급이 등장하나, 잠항 불안전성으로 역시 함대로부터 제적된다. 영국 해군도 프랑스와 마찬가지로 현측 발사 어뢰관을 설치했으나, 애매성과 기술적 어려움으로 모두 제거되고 함수 또는 함미 발사관으로 변경되었다. 영국 잠수함은 독일, 미국, 일본 등과 같이 수상항해 안정성에 유리한 폭넓은 상갑판 대신 좁은 상갑판을 유지했다. 왜냐하면 기본적으로 대양에서보다는 연안에 있는 적함을 공격하기 위해 잠항상태에서 접근하는 것을 염두에 두었기 때문에, 거친 파도에 대한 항해 안정성은 우선시되지 않았다. 아직 용접 대신 새들형 연료탱크에도 계속 리벳 접합이 적용되어, 기름 누출문제는 지속되었다고 한다. 아직 영국 해군은 함대형 잠수함 개념을 계속 추구한 결과 21노트 속도의 고속잠수함을 선보이나, 다시 28노트의 킹 조지 5세급 신형 전함 출현으로 다시 함대와의 협동작전에 소용이 없게 되었다. 영국 해군도 이상적인 잠수함으로는 대서양과 지중해용 중형 600톤급과 식민지 방어용 중대형 1,000톤급으로 구분해 배치하기 시작한다. 한편 최대성능 추구라는 고정관념을 과감히 버리고 신뢰성이 높은 중간성능 위주의 현실적인 설계를 잠수함에 반영하게 된다.

2차 대전 개전 시 영국 해군은 총 57척의 각종 잠수함 전력을 보유하고 있었으며, 종전까지 추가로 신규 168척이 합류한다. 더욱이 양차 대전 사이에서 다양한 개발과 시험 시에 발견된 문제점들은 완벽하지는 않으나 거의 해소된 상태로 전쟁에 임하게 된다. 작전 해역도 대서양, 북해, 지중해, 태평양을 아우르며, 78척의 잠수함 손실에 대해 105척의 전투함, 475척의 상선을 격침하는 전과를 올린다. 하지만 78척의 손실 중에서는 우군에 의한 오인 공격으로 7척을 상실당하는 불명예도 기록한다. 미 해군과 마찬가지로 개전 초기 대전 발발 전에 설계된 잠수함들이 집중하여 투입되나, 전쟁 과정에서 얻은 경험을 반영해 수시로 추가적인 개량을 거친다. 2차 대전 중에 설계된 잠수함들은 2척만이 종전 전까지 합류한다. 기술적 개량으로는 레이다 탑재, 아즈딕 탐지장치 장착, 어뢰 신뢰성 향상, 용접 시공, 건조비용 저가화 등이다. 또한 효율적인 잠수함대 보급, 승무원 목욕을 포함 휴식, 수리 등을 위해 각 작전 해역 기지에 보급선Depot을 다수 운용하는 방식을 주로 애용했는데, 단 1척의 보급선 손실로 해당 해역의 작전이 거의 마비될 정도로 중요한 역할을 했다. 반면, 독일은 보급전용 잠수함을 이용해 해상보급과 제한적인 수리를 했으나, 승무원의 휴식은 불가능했다.

특히 2차 대전 전 1930년대 대잠작전에 관심을 가지고 개발에 치중하여 V급 벤처러Venturer는 유보트 2척을 격침시키는데, 그중 1척의 유보트는 잠항상태에서 오직 소나만을 이용하여 격침하는 경이로운 성과를 보여, 다시금 잠수함 대 잠수함 교전 역사의 새로운 지평선을 여는 데 이바지한다. 한편, 태평양에서는 배치된 규모도 작고 미얀마, 인도를 제외하고는 태평양 전 지역을 미 해군에게 전적으로 의존하여, 미 해군 잠수함대와 비교하여 영국 해군의 활약은 그리 두드러지지 않았다. 2차 대전 개전과 동시에 영국은 유럽 전선에서 잠수함을 포함해 독일항구에 대한 해상봉쇄에 나선다. 특히 독일 해군에 대해서는 대잠수함 작전에 집중적으로 투입한 결과, 영국 잠수함 전대는 11척의 유보트를 격침하는 데 성공한다. 영국 해군 잠수함대도 초기에는 비교적 전시나포규정을 준수했다. 하지만 독일 잠수함에 의한 상선의 극심한 손실로 영국도 독일과 마찬가지로 무제한 통상파괴 작전에 돌입하게 되나, 대서양에서 목표물의 부재로 단지 47척의 추축군 상선을 격침하는 데 그친다. 또한 괄목할 점은 소형 X 잠항정의 활약으로 대러시아 극권 항로에 가장 위협적이던 독일 전함 티르피츠를 행동불능으로 만드는 데 성공한다. 또한 X형 잠항정은 노르망디 침공에 앞서 항로 비콘역할을 하여 정확한 해변에 상륙할 수 있도록 유도했다. 반면 지중해에서의 영국 잠수함 활약은 가공할 정도로, 병력수송선을 포함 217척의 추축군 수송선을 격침하는 데 성공해 증원병력, 연료, 탄약, 식량, 의료품 등의 보급차단으로 북아프리카 롬멜의 기갑전력을 무기력하게 만드는 데 맹활약했다. 그 결과 연합군이 종국에는 북아프리카를 확보하는 데 결정적인 역할을 했으며, 또한 이태리 전함을 포함해 다수의 추축군 전투함들에도 심대한 손실을 입혔다. 특히 영국의 몰타섬 장악은 지중해 전역을 성공적으로 마무리하는 데 지대한 역할을 한다. 영국 해군도 독-이의 격렬한 대규모 공습으로 한때 고립된 몰타섬에 대해 대형 기뢰부설 잠수함 등을 이용해 한 구획의 배터리를 제거하고 연료 및 탄약을 수송하는 데 사용하기도 했다. 이 당시 잠수함을 이용한 보급량은 대략 6,500톤에 달했다.

영국 해군은 이태리의 소형 잠항정들이 알렉산드리아 항에서 전함들에 피해를 줄 때까지 소형 특공잠항정에 대한 관심이 전혀 없었다. 이 사건 이후 소형 잠항정 개발은 급격하게 진전되어, 수면 밑에서 은밀히 공격할 수 있는 수단으로 1인승, 4인승 잠항정을 개발했다. 1인승은 웨먼정Welman Craft으로 불리며, 목표물에 도달 후

자석을 이용 폭약을 현측에 부착시키는 방식으로, 어뢰정으로 예인해 근처에서는 배터리 추진방식으로 접근한다. 이것보다 크기가 큰 X-정X-craft은 현측에 어뢰 대신 2톤의 폭약을 싣고 가서 목표물 하부에 투하시켜 폭발시키는 방법을 썼다.

2차 대전 종전 후에는 특히 영국의 대대적인 국방비 축소 덕분에 낡고, 구형 잠수함들을 퇴역/제적시키게 된다. 다른 전승국과 마찬가지로 독일의 발터기관을 포함 다수의 신형 Type 21형과 23형을 획득해 세부적인 분석 과정을 거쳐 그중 일부는 영국 해군에 편입시켰다. 처음 발터기관 개발에 적지 않은 노력과 예산을 투입했으나, 종국에는 안전성 문제로 추가적인 개발을 포기했다. 미국과 동일하게 기존 잠수함을 Type 21형의 외형으로 개장하는 한편 신규 재래식 잠수함들을 개발했으며, 대체적으로 성공작으로 기록된 포포이스Porpoise와 오베론Oberon급을 취역시켰다. 종전 후 한동안 중소형 재래식 잠수함 기술을 보유한 덕분에 500톤급을 비밀리에 이스라엘에 공급하기도 했다. 한편 오베론급을 대체할 목적으로, 재래식치고는 배수량이 지나치게 높다는 비판에도 불구하고 물방울 형상 2,400톤 업홀더Upholder급을 취역시키며, 외형은 4,000톤급 핵추진 스위프트슈어Swiftsure의 축소판으로 볼 수 있다. 본 급은 어뢰탑재량 및 항속거리가 뛰어나며, 대함미사일 서브-하푼Sub-harpoon까지 다양하게 무장할 수 있어 꽤 위력적인 재래식 잠수함으로 평가받고 있다. 1980년대까지 서부 유럽은 아직 140척 이상의 신형 재래식 잠수함을 보유하고 있어, 그 효용성이 건재하다는 것을 알 수 있다. 냉전 시대에는 프랑스와 마찬가지로 영국도 독자적으로 핵추진 잠수함 개발에 심혈을 기울이며, 자체적인 노력과 특히 원자로 분야에서의 미국 협조로 1963년 드레드노트Dreadnought 공격용 잠수함을 완성하고 추가로 3척을 취역시켰다. 또 독자적인 ICBM 개발은 영국 경제 형편상 감당이 힘들고 또 영국 공군의 'V형' 폭격기Victor, Valiant, Vulcan들이 러시아 주요 목표물에 대한 대공망 침투능력 저하와 노후화로 자체적인 핵억지력 유지에 어려움을 겪으면서, 핵추진 전략 미사일 잠수함을 기획했다. 이어 미국의 폴라리스 탄도 미사일을 탑재한 SSBN도 취역시켰으며, 현재는 신예 뱅가드Vanguard급 전략 탄도 미사일 잠수함이 합류한 상태이다.

냉전 시대에 소련의 증대되는 위협에 대해 영국도 진동저감 고무코팅, 공동화Cavitation 저감 프로펠러 등을 포함 정숙성능향상을 거쳐 처칠급 3척, 스위프트슈어급Swiftsure 6척, 트라팔가르Trafalgar급 7척 등을 차례로 취역시켰다. 특히 미 해군과 마찬가지로 후기형에는 순항 미사일용 수직발사관도 채용하며, 또한 공격용 잠수함을 아군함대 호위에 투입하면서 수상함과 협동으로 적 함대나 적 잠수함을 공격하는 전술을 지속해 발전시켜 나간다. 특히 1, 2차 대전 시와 마찬가지로 적 해군기지를 봉쇄하여 아예 해상보급로에 대한 적 함대의 진출을 사전에 차단하는 방법도 기본으로 채택하고 있으며, 이때 기뢰부설 전술도 병행한다. 1982년 포클랜드 탈환 시에도 상륙전 정찰을 위해 특공대원들을 사전에 침투시키는 비밀 작전을 수행했다. 또 나토 회원국으로서 핵추진 공격잠수함은 적 탄도 미사일 잠수함을 추적함과 동시에 유사시에는 미사일을 발사하기 전에 SSBN을 격침하는 것을 최우선시하고 있다.

5) 일본

일본은 1854년 페리Perry 제독에 의한 개항으로 서양 선진 문물들이 본격적으로 유입되기 시작하면서, 그 결과로 극동지역에서 가장 먼저 선진국 대열에 합류했다. 경제적으로 성장하면서 해상 교역로의 중요성을 실감하기 시작해, 해군력을 강화하는 데 심혈을 기울여 그 결과 극동에서 가장 막강한 해군으로 성장했다. 노일 전쟁이 개시되기 전까지 일본 해군은 이미 현대적인 지상과 해상 전력을 갖추는 데 성공하여, 연합함대는 러시아 해군을 쓰시마 해전에서 섬멸하는 데 핵심적인 역할을 하게 되었다. 노일 전쟁의 결과로 러시아와 일본 모두 미국으로부터 잠수함을 도입하게 되는데, 특히 일본은 완제품 상태로 수입하기보다는 중간 완성품으로 들여와 본국에서 최종적으로 조립하여, 기초지식 획득에 열성적이었다. 이 노력의 결실로 2척의 개량형 홀랜드급 소형 잠수함들을 일본에서 건조하게 되었다.

특히 일본은 다른 국가들에 앞서 최초로 스노클을 장착한 잠수함을 이용해 시험 단계까지 돌입했다. 하지만 시험 도중 침수사고로 1척이 승무원과 함께 침몰하나, 나중에 인양해 다시 잠수함대에 편성시켰다. 그 후 영국 비커스Vickers에서 건조된 중소형 C1 잠수함321톤을 도입하는 과정에서 동 회사로부터 추가적으로 개량된 중형급들을 반조립 상태로 들여와 일본 내에서 조립완성 방법을 적용해 이때도 이전과 같이 해당 기술을 습득하는 데 주력했다. 그다음 후속 개량형 L1과 L2급들은 비커스와의 협업으로 건조했으나, 그것으로 비커스와의 인연을 끝내고 L3급들부터는 일본에서 자체적으로 건조했으며 이로써 일본은 잠수함 건조능력을 갖추게 되었다. 일본해역 조건에 보다 적합한 잠수함 모색과정에서는 프랑스로 눈을 돌려 슈나이더-라우뷰프Schneider-Laubeuf급을 주문하여 장비하나, 이후에는 직접 라이선스를 취득하여 후속형들을 건조한다. 그다음으로는 이태리와의 협업으로 배수량이 1,000톤으로 늘어난 2척의 대양용 피아트-라우렌티Fiat-Laurenti급을 도입, 일본 내에서 건조하는 과정을 통해 계속해 선진국들의 기술을 도입하는 데 적극성을 보였으며 결과적으로 각 잠수함 선도국들의 다양한 기술을 습득할 수 있었다. 연합국에 속해 있던 1차 대전 시에는 영국 해군과의 공조과정에서 지중해에 구축함을 파견한 대가로, 종전 후에 실험용이라는 단서 조건으로 독일 잠수함들을 여러 척 획득하게 되었다. 따라서 독일 기술도 습득하는 기회를 가질 수 있었으며, 양차 대전 사이, 전승국으로서 독일 잠수함 획득과 함께 전직 유보트 장교들과 기술자들을 고임금으로 대거 고용하여 기술도약의 발판으로 삼는다.

그때까지 수상함대 위주로 편성된 일본 해군은 극동지역에서 미국과 영국 해군을 전략적으로 자국이익에 가장 위협적인 존재로 간주하며, 장차 군사적 충돌은 불가피하다고 판단했다. 이런 배경으로, 잠수함대는 연합함대 총사령관 지휘를 받는 독특한 구조로 운용되었다. 잠수함들은 전함 주력함대에 소속되어 적 함대에 대한 정찰과 아울러 본격적인 함대 간의 대결전에 앞서 적 함대의 전력을 약화시키기 위해 사전에 적 함대에 대해 어뢰 공격을 하는 것을 기본적인 전술교리로 삼았다. 반면 1차 대전 시 독일 잠수함대가 상선이나 호송선단에 대한 공격을 주목표로 하는 것과는 달리, 이러한 대결전 만능사상 덕분에 통상파괴 작전을 하찮게 여기는 실책을 범하고 말았다.

워싱턴 해군조약에서 일본은 미국, 영국 다음으로 프랑스와 함께 3번째 해군력 보유국으로 인정받았다. 그럼에도 불구하고 극동에서 미국, 영국에 대해 가장 위협적인 존재로 견제받는 탓에, 해군성 참모들의 강한 불만에도 불구하고 가혹한 해군 군축을 강요받는다. 하지만 일설에 따르면 일본은 표면적으로는 정부 차원에서 군축조약 결과에 강한 항의를 표방하나, 실제로 현재 가치로 따지면 거의 우주왕복선과 맞먹는 예산과 운용비용이 소요되는 거함거포 대형전함 건조에 적지 않은 재정적 부담을 안고 있던 일본입장에서는 본 조약이 오히려 경제적으로 숨통을 트이게 역할을 했다는 일설도 있었다. 이후 런던 해군조약에서는 일본 해군에게 더욱 가혹한 제재가 가해져 종국에는 일본은 국제 해군조약에서 탈퇴를 결심했다. 하지만 다른 관점으로 보면, 미국과 마찬가지로 그간 신규 중순양함 및 순양전함들의 건조를 중단하고, 그중의 다수가 항공모함으로 개장되어, 태평양전 초기 일본 해군 함재기가 맹활약하는 계기를 마련했다는 사실 또한 부정할 수 없다.

동남아와 태평양에서 미국, 영국과의 군사적 충돌이 거의 확실했으므로, 미 해군과 유사하게 일본 잠수함에 대해 함대공격과 장거리 정찰 등과 같은 유사한 임무가 부여되었다. 일본 해군은 태평양을 전역으로 주력함 함대와의 공동작전을 수행하기 위해 우선 잠수함의 대형화, 수상속도, 장거리 통신, 중무장을 위주로 개발했다. 주력함대와의 협동작전과 같은 독특한 전술교리를 토대로 처음에는 장거리 정찰용 중형 잠수함과 대형 순양잠수함의 2가지 형태로 구분된다. 1930년대 들어와 위의 교리는 다소 수정되어, 주력함대 통제하에 있던 잠수함 지휘는 잠수함 함대사령관 지휘로 이관되어, 일본 해군만의 독특한 편제를 갖게 되었다. 하지만 영국 해군과 달리, 1차 대전의 유보트에 대한 경험이 부재한 탓에 선단호송과 대잠전을 위한 기술과 전술의 중요성을 인식하지 못한 채로 태평양 전쟁에 돌입했다. 또 19세기 초부터 넬슨의 과감한 공격정신이 주류를 이루는 영국 해군 교리를 대폭 수용한 영향으로, 과거 쓰시마 해전과 같은 해상결전 사상이 해군수뇌부를 지배한 탓에 보급로에 대한 방어는 별로 관심 없던 것도 현실이었다. 그러한 경향을 잘 보여주는 예로는 해군장교가 전함, 순양전함, 순양함 등 주력함 대신 구축함과 호위함 등의 방어용 군함에 배치되는 것을 커다란 수치로 여기기도 했다는 것이다.

미국, 영국, 독일 해군이 중형 잠수함에 집중하는 것과는 달리 해를 거듭할수록 항속거리, 고성능과 무장탑재량을 강조한 덕분에 차츰 대형화를 추구하며, 이는 미-영에 대한 양적 열세를 만회하기 위해 질적 우위를 고수하고자 하는 의도였다. 하지만 태평양 전쟁이 진행됨에 따라 잠수함 전력이 크게 증강되지 않은 이유로는 종류가 너무 다양하고 동시에 잦은 설계변경에 따른 생산지연, 부품 표준화에 실패했다는 것이다. 또한 유럽 열강에 대해 공업역사가 상대적 짧은 일본 조선소로서는 대량으로 건조하기에 기반시설 및 전문인력 확충이 부족했다는 점도 간과할 수 없다. 기술적으로는 미 해군과 마찬가지로 기계식 어뢰발사 데이터 입력장치를 개발하며, 특히 일본의 순수 산소어뢰 장창Long Lance은 서방의 어느 어뢰보다도 고성능으로, 당시로서는 9,000m의 경이적인 사정거리를 자랑했다. 일본의 산소어뢰 개발 동기는 사실 영국 해군이 산소어뢰를 개발하고 있다는 잘못된 정보에 의해 시작되었지만, 숱한 기술적 난관에도 불구하고 비로소 순수 산소어뢰를 개발하는 데 성공했다고 한다.

한편 대전 중반부터는 섬에 고립되거나 병참선이 차단된 지상군에 대한 식량, 탄약 필수품 보급을 위해 안타깝게도 기존의 중-대형 잠수함을 이용하거나, 더 나아가서는 수송전용 잠수함도 등장시켰다. 하지만 미국의 제해권, 제공권 장악과 더불어 향상된 항공/해상 레이다 및 소나를 장비하고 거의 완벽에 가까운 대잠체계를 갖춘 미 해군으로 인해 보급에 투입된 잠수함 피해는 막대했으며, 길버트Gilbert와 솔로몬Solomon 제도에서 잃은 잠수함만 해도 무려 23척에 달할 정도였다. 몰타섬처럼 한정된 기간에 특정 지역에 국한해 집중적으로 잠수함을 이용한 보급수단이 정당화될 수 있으나, 광활한 태평양 도서에 흩어진 섬들을 상대로 한 잠수함 보급은 한계가 있으며 발상부터 무모했다. 이와 병행해 기뢰부설 전용 잠수함을 배치하여 연합군 보급로 차단을 시도했으나, 연합군의 기뢰소해정 및 효과적인 대잠전 활약으로 희생만 클 뿐 별다른 성과를 내지 못했다고 한다. 특히 미국은 일본상선과 해군 암호해독을 통해 얻은 정보를 바탕으로 주요 항로에 잠수함들을 미리 배치해 대기시켜 심대한 피해를 입혔으며, 또한 주로 좁은 해로를 통과하는 호송선단들의 미 잠수함들에 의한 피해는 회복할 수 없는 지경까지 이르게 되었다.

대전 초기 영국의 대서양 전역에서 실시했던 것과 마찬가지로 태평양전 2년 차까지 일본 해군은 구축함들을 선단과 별도로 분리하여 전 방향으로 개별적인 잠수함 수색/사냥에 동원하는 등 효과적으로 대응치 못했으며, 또한 미국 구축함 함장들과 비교해 일본 구축함 함장들은 대잠공격에 있어 상대적으로 일찍 사냥을 포기하는 등 적극성과 호전성이 결여되었다는 점도 지적되었다. 거의 모든 물자 및 원료를 해외에 의존하는 일본은 치명적인 상선의 손실에도 불구하고, 명예를 중요시하는 일본 잠수함 함장들 덕분에 2차 대전 말기까지도 주력함대와의 공동작전 및 적 전투함을 주요 목표로 고집하였다. 상선의 피해가 감당할 수 없을 정도로 극에 달하자 항공기로 초계정찰을 강화하나, 적극적으로 다수의 호위함을 대동하는 호송선단을 구성하지 않은 실수를 범했다. 결국 1944년 1월에 이르러서야 대략 10척 정도의 호위함을 동원해 연합국과 흡사한 호송선단을 구성하나 이미 때는 너무 늦었으며, 또한 효과적인 항공/수상함 탑재 레이다나 소나의 부재/부족으로 큰 성과를 기대하기는 처음부터 어려웠으며, 또한 호위함들도 미 잠수함의 오히려 좋은 사냥감이 되기 일쑤였다. 특히 미 해군에서 새로 취역시킨 호위 구축함DE: Destroyer Escort USS 잉글랜드는 12일 동안 무려 6척의 일본 잠수함을 격침시키는 등 일본 해군은 계속 수세를 벗어나지 못했다.

물론 정찰도 잠수함의 주요 임무 중 하나이다. 미드웨이 공략전에 앞서 일본 잠수함들은 진주만으로 진출하여 미 함대출격 여부를 파악하는 정찰임무를 수행하였지만, 미 해군이 사전에 암호를 해독한 덕분에 진주만 도달 전 이미 항모 기동함대가 출격한 이후라 본연의 임무에 실패했다. 하지만 일본 잠수함들도 무모할 정도로 함대에 근접하는 등 위험을 무릅쓰고 정찰임무를 대부분 성실하게 수행하였다. 영국과 프랑스와 마찬가지로 정찰 또는 공격을 위한 항공기 탑재 잠수항모를 계획하고 개발하는데, 실제로 건조하여 운용단계까지 도달한 것은 일본 해군이 유일하다. 공격/정찰 겸용 항공기 1기를 갖춘 J급은 3,580톤에 달하는 배수량과 긴 항속거리를 자랑했다. 하지만 부상상태에서 항공기 이함 및 회수 과정이 연합군 레이다 탐지에 매우 취약하다는 점을 감안한다면, 성공적인 운용은 처음부터 의심되었다. 앞서 언급되었듯이 일본 해군은 잠수함 전대 지휘사령관 전용 대형 잠수함 4척을 보유/운용하고 있었으며, 어뢰로 중무장한 것은 물론 장거리 통신장비를 보강했다. 또한 정찰용 함재기 1기와 아울러 제독과 참모들이 탑승할 여유 공간을 갖추고 있어, 사령부 역할을 충분히 하는 것이 특징이다. 독일은 중형 잠수함의 작전기간 연장을 위한 보급용 잠수함을 별도로 운용한 것에 반해 일본 해군은 수상 비행정을 잠수함 연료

보급용으로 운용하여 새로운 지평을 여는 데 일조했다. 한편 카이 텐 인간어뢰나 혹은 소형 자살특공 잠수정 수송용으로 대형 잠수 함을 모함으로 전용하기도 하여 비록 전과는 보잘것없었으나, 오 늘날 구조용 잠항정 수송 등과 같은 아이디어를 제공했다.

태평양 전쟁 개전 시점에 투입된 잠수함은 총 62척이며, 주로 대 양 장거리용, 중무장 잠수함은 대부분 I급들이 차지했다. 진주만 공 격 시 30척의 I급이 동원되며, 이 중에서 5척은 자살특공용 잠수정 을 수송하는 데 운용되었다. 진주만 공격 시 투입된 자살특공용 잠 수정 작전에서는 해당 해역까지 운반하는 데 성공했으나, 공격 자 체는 모두 실패로 돌아갔다. 나머지 I급들은 상선공격으로 약간의 성과를 거둔 것에 반해, 수상함 공격에 나서서 항모 엔터프라이스 에 대한 뇌격은 불발로 끝난다. 이후 미 서부 해안으로 진출하여 지 상목표에 대한 포격을 실시하기도 했다. 맹렬한 기세로 태평양 각 지를 점령한 결과로 잠수함 전진기지를 다수 확보했지만, 작전영 역은 한도 이상으로 너무 확장되어 각 해역에 배치된 규모는 그리 크지 않았다. 초기에 미 항모 사라토가는 I-6에 의한 뇌격으로 심 각한 피해를 입어 본 항모는 산호해 해전과 미드웨이 결전에 참여 못 하는 결과를 초래하기도 했다. 또 장거리 항속거리 덕분에 I-30 은 희망봉을 돌아 독일 유보트 기지에 기항하여 주요 기술문서를 선적하여 다시 본국으로 귀환하기도 했다. 미드웨이 해전에서는 이미 대파 상태에 있는 미 항모 요크타운Yorktown을 뇌격으로 격침 하기도 했으나, 이미 기울어진 해전의 향방을 돌리지는 못했다. 유 럽 전선에서의 울트라와 마찬가지로 미국의 매직Magic 작전을 통한 암호해독, 감청, 전파발신위치 탐지로 미국 함대와 선단의 피해를 최소화하는 데 성공했지만, 반대로 연합군에 대한 정보가 부족한 일본 잠수함 전대는 이로 인해 심대한 피해를 입었다. 물론 일본 잠수함도 기회가 되는대로 연합국 상선에 대한 공격을 실시했으나, 그 규모는 상대적으로 매우 작으며, 대신 400만 톤의 상선을 잃는다.

한편, 과달카날Guadalcanal 전역에서는 보급로 공격을 포함, 항모 사라토가를 다시 뇌격했으며, 항모 와스프Wasp의 격침 및 전함 노스캐롤라이나North Carolina도 뇌격으로 피해를 입는 등 일본 잠수함들은 주력함들에 대해 꽤 좋은 성과를 올리기도 했다. 하지만 구축함이나 잠수함을 이용해 도쿄 급행과 같은 극단적인 조치를 취해보기도 하지만 끝내 병참선을 회복하지 못한 결과, 지상전에서의 패전으로 결국 섬을 점령하는 데 실패했다. 또한 과달카날 전역에서 미 해군은 다수의 순양함, 구축함들을 뇌격으로 상실했듯이 일본 잠수함의 전투함들에 대한 전과는 화려했다. 하지만 미국이 초기 충격에서 벗어나 대잠작전의 질적, 양적 개선, 특히 레이다의 활용으로 일본 잠수함의 운신 폭이 대폭 감소되는 지경을 맞는다. 개전 시 단기전을 예상한 일본 해군은 전쟁 전 미국 전술교리와 마찬가지로 잠수함은 주력함대 격파 및 정찰에 주력했으며, 이후 대본영의 훈련에도 불구하고 상선에 대한 공격은 실제로는 등한히 했다. 이와 같은 결과는 일본의 잠수함 운용에 대한 융통성 결여, 상황의 변화에도 불구하고 부적합한 전술교리에 대한 집착과 같은 폐단으로부터 비롯되었다고 보아도 크게 틀리지 않는다. 1944년까지 모든 자원의 부족으로 생산능력의 바닥을 보인 일본은 잠수함 54척을 잃는 대신 겨우 38척만이 신규로 취역하였다. 또 종류가 워낙 다양하고, 표준화가 늦어지는 바람에 대량양산에도 실패했다. 최후에는 획기적으로 전세만회를 위해 중대형 잠수함을 카이텐 자살 인간어뢰를 발진시키는 공격플랫폼으로 운용하기도 하나, 당초 대본영 판단과는 달리 그 전과는 미미했다. 대전 종전까지 핵폭탄을 티니언Tinian으로 수송하고 귀환하는 중순양함 인디애나폴리스Indianapolis를 뇌격으로 격침한 것 외에는 주목할 만한 성과를 내지 못한 채로 종전을 맞는다. 잠수항모 탑재기를 활용하기 위한 항공작전이 수립되었으나, 1척은 이동 중 격침되고 나머지는 작전 개시 직전에 종전되어 야심 찬 계획은 결국 실현되지 않았다. 태평양전의 결과, 일본 해군은 여러 요인으로 130여 척의 잠수함을 상실했다.

일본도 독일과 마찬가지로 고속 잠항속력의 필요성을 절실히 느끼기 시작해, 시험용 No 71형이 1938년에 출현했으며 설계 잠항속도도 25노트에 달했으나, 종전까지 동일한 형상의 잠수함이 작전에 투입되었다는 기록은 없다. 앞서 얘기되었듯이 해상보급로의 차단으로 위급에 처한 지상군을 위해 불가피하게 일부 잠수함은 보급품 수송에 투입되었으며, 두 종류의 보급전용 잠수함들을 건조하여 활용하기도 했다. 일본의 매우 특이한 점은 육군이 해군과는 별도로 각각 보급 수송용 잠수함들을 건조했으며, 육군의 수송용 잠수함들도 역시 큰 손실을 보았다는 것이다. 연료사정이 극도로 열악해진 일본은 또 브루나이 원유수송을 위해 별도의 유조탱

커 잠수함을 건조해 활용하기도 했지만, 수송량은 보잘것없었다.

잠깐 언급되었듯이 일찍 소형 잠수정에도 관심을 갖고 1930년대 중반에 구레항에서 배터리로만 항진하는 전장 25m짜리 A 시리즈 잠수정을 제작하고 함수에 2기의 460mm 어뢰를 장착했다. 운반 수단으로는 수상비행기 보급함이나 대형 잠수함을 이용해 적 항구에 침입한다는 개념이었다. 진주만 공격과 시드니에 대한 특공은 실패로 돌아가지만, 마다가스카에서는 영국 전함 라미리스Ramillies와 유조선 뇌격에 성공했으며, 이어서 개량형 B와 C형을 선보이며 주로 해군기지 방어에 투입되나, 전과는 미미한 것으로 전해진다. 본토 방어용으로 D형 540척을 계획하나, 이 중에 완성된 것은 115척에 불과했다. 가미카제의 일환으로 자살특공용 1인승 인간어뢰 카이텐이 제작되고 그 모체로는 610mm 93형 대형 어뢰가 이용되었다. 성능은 30노트로 25km, 12노트에서 82km 정도로 매우 뛰어났으며, 처음 휘발유/산소 엔진을 사용하다가 후에는 과산화수소수 엔진으로 대체하여 최대 40노트까지 낼 수 있었다. 이것도 극히 일부 예외를 제외하고 공격에 성공한 사례는 드물다고 한다.

전반적으로 태평양 전쟁 중 일본 잠수함 함대는 전쟁 전의 대본영의 예상에 훨씬 못 미치는 저조한 성과에 그치고 만다. 그 원인으로는 현실에 맞지 않는 전술교리, 주력함대에 대한 보조적 역할, 규모에 비해 작전 해역의 광대함, 너무 다양한 잠수함 종류, 보급물자 수송, 선단 공격을 무시한 태도, 빈약한 대잠전력, 특공 잠수정 수송용으로의 분산운용, 항공기 탑재 대형 항모 잠수함 건조로 자원의 낭비 등이 열거될 수 있다. 또 절대 명령복종을 강조하는 맹목적인 군기에 따라 독단적인 행동을 절대 불허하는 탓에 함장들의 융통성 결여도 한몫했다. 이외에도 일본 잠수함 손실이 당초 예상보다 큰 이유로는 명예를 강조하고 기존 전술교리에 따라 연합군 기동함대에 무모하게 접근하다가 대잠부대에 희생당한 경우가 꽤 많기 때문이다. 하지만 잠수함 전대 장병들의 프로정신, 용기와 노력은 타국과 비교해서 결코 떨어지지 않았으며, 종전까지 일본은 각종 원인으로 129척을 잃는다. 그에 반해 일본은 486척의 미 잠수함을 격침했다고 판단했으나, 실제로는 미국은 항공기에 9척, 포격으로 2척, 폭뢰로 17척, 기뢰로 8척, 원인불명 23척에 불과해 일본 해군 주장과는 큰 차이가 있다. 특히 수뇌부의 경직되고 강압적인 분위기 탓에 육군뿐만 아니라 해군 지휘관들이 전과를 과장해 보고하는 경향이 두드러졌으며, 이러한 과장하는 습성은 연합군에 비해 훨씬 심하게 나타났다.

2차 대전 종전과 더불어 일본은 모든 잠수함들을 노획품으로 잃으나, 1950년 해상 자위대의 탄생과 함께 미국 게토급을 대여받아 훈련용으로 운용하기 시작했다. 이후 해외기술 도입과 자체적인 개발로 오야시오, 하야시오, 유우시오급들을 차례로 선보이며, 꽤 수준 높은 현대적인 잠수함 전력을 보유하게 된다. 이들 모두 재래식 디젤-전기 추진방식이다.

6) 프랑스

19세기 최초로 프랑스에서 제작한 잠수함은 인력과 돛으로 추진하는 노틸러스Nautilus로 미국 로버트 풀턴Robert Fulton의 설계를 따랐다. 그 후로 여러 차례의 시도를 거쳐 성공적인 증기기관과 전기모터를 추진에 이용하는 나르발Narval을 제작하는데, 무장으로는 4발의 어뢰를 발사관 대신 양 현 외부에 투하식으로 장착한 형태이다. 또한 가장 두드러진 특징으로는 함수와 함미에 심도 조정을 위한 수평타의 설치와 수중과 수상항해 시 동시에 안정성을 유지하기 위한 복각구조의 등장이다. 하지만 잠수하는 데 거의 20분의 시간이 소요되는데, 이는 증기기관 냉각, 연통의 수납, 배기구 잠금 등에 요구되는 시간이다.

1차 대전 개전 시 프랑스는 총 79척을 보유한 상태이며, 1900년부터 1차 대전 종료까지 총 116척을 건조해 투입했다. 초기형에는 디젤기관 대신 휘발유엔진을 주기관으로 하는 형도 다수 있었으나, 종전까지 일부 스팀엔진을 제외하고 모두 디젤엔진으로 대체된다. 당시 프랑스 잠수함에는 450mm17.7인치 어뢰로 무장되어 있었으며, 나중에는 내부에 설치된 어뢰발사관을 통한 발사방식을 따르나, 초기에는 러시아에서 개발된 외부 투하식을 한때 채택한 형도 다수 존재했다. 1차 대전 중 주로 지중해, 아드리아해, 대서양, 북해 영불 해협에서 주로 활동하나, 항속거리의 제한과 교전할 목표물의 부족으로 뚜렷하게 큰 성과를 내지는 못했다. 이로 인해 프랑스는 잠수함에 대한 전략/전술적 가치를 크게 평가하지 않는 우를 범하게 되었다.

종전 후 워싱턴 해군조약에서 영국의 모든 잠수함 폐기 주장에 대해 프랑스는 거세게 반발하였는데, 이는 1차 대전 후 전후 복구 비용으로 경제적으로 거센 압박을 받아 여유가 없는 프랑스가 다시 거금을 들여 전함, 순양함 등의 주력함을 재건하기가 매우 어려운 상황이었기 때문이다. 한편으론 1920년대에는 주력함대 수상함 전체를 대체하여 200~250척의 잠수함으로 교체하는 방안까지 거론되기도 했으나, 검토 결과 동일한 배수량을 건조하기에는 잠수함이 비용 면에서 훨씬 불리하다고 밝혀져 종래에는 이 방안을 포기했다. 또한 운용/유지를 위한 기반시설, 숙련된 조선공 및 전문 운용인력 확충에 드는 비용이 수상함에 비해 훨씬 높다는 점도 무시할 수 없었다. 더군다나 기술적으로 복잡하고 동시에 각종 기계장치 중 일부라도 낡거나 고장이 나기 시작하면 안전성에 매우 치명적이므로, 함령도 수상함에 비해 절반 정도로 짧다는 점도 있다. 특히 수상함은 일부 고장이나 전투 중 다소간의 피해에도 계속 작전이 가능하므로 모든 수상함을 전량 잠수함으로 대체한다는 것은 탁상공론에 지나지 않았다. 또한 향후 해상 병참선 보호를 고려해 수상함의 운용과 대잠전도 고려치 않을 수 없다.

이후 1,440톤 상어Requin급 6척을 시점으로 잠수함 전력을 충실히 보강해 나간다. 잠수함 개발은 두 가닥으로 진행되며 600톤의 중형, 1,500톤 대형 잠수함으로 가닥을 잡지만, 해군은 규격만 제시할 뿐 조선소에서 각자의 설계대로 제작해서 종류가 너무 다양하고, 이윽고 서로 부품 호환성이 부족하다는 문제점에 직면

했다. 이후 표준화의 중요성을 깨닫고 해군성이 직접 설계/제작을 주도하게 된다. 두 번째 대형 잠수함의 경우, 항속거리와 수상 항해 능력이 뛰어나지만, 문제점으로는 느린 급속잠수 속도와 조작이 어렵고 복잡해진 어뢰발사관의 배열을 들 수 있다. 이 대형 급들에 대해 점진적인 디젤엔진의 출력향상이 계획되나, 2차 대전 발발로 중단된다. 또한 프랑스도 독일 잠수함의 행동을 제약하고 영국과 공조해 봉쇄망을 형성하기 위해 기뢰부설 전용 잠수함을 건조해 배치했다. 또 한편 4,300톤의 초대형 순양잠수함 쉬르코프Surcouf를 건조하여, 여기에 203mm 함포를 장착함과 동시에 8기의 550mm21.7인치, 4기의 400mm15.7인치 어뢰발사관을 장비한다. 하지만 실제적인 전술적 가치는 떨어져 활용도는 높지 않았다고 한다. 대전 초 75척의 잠수함을 보유하고 있었으나, 조기 지상전의 패전에 따른 항복으로 활약할 기회는 그다지 많지 않았다. 프랑스 잠수함의 어뢰발사 장치는 매우 복잡하고 다양했다. 일반적으로 어뢰발사관은 축 방향으로 함수/함미에 설치해 내부에서 재장전이 용이했던 반면, 프랑스는 이외에도 회전방식 발사관을 적용한 경우가 다수 있었다. 그 예로 1,500톤 잠수함은 9개의 550mm와 2개의 400mm 어뢰로 무장했는데, 550mm 어뢰발사관 중 4개는 함수에, 3개는 함미에, 나머지 2개는 400mm 어뢰 2개와 함께 회전 발사관을 통해 발사하게 되어 있다. 이런 발사방식과 배열은 기계적으로 복잡한 것은 물론 회전과 발사 시에 축 방향에 대해 비대칭성이 발생해, 이로 조타가 힘들어진다는 치명적인 단점이 있으며 또한 잠항 중에 재장전이 불가능한 점도 지적된다.

2차 대전 개전을 맞이하여 프랑스 잠수함대의 주된 임무는 프랑스 통상항로의 보호, 식민지 기지 방어, 북해/대서양/지중해/영불 해협에서의 독일에 대해서 영국 해군과의 공조로 작전을 수행하는 것이었다. 대독 패전에 따른 조기 항복으로 건조 중이던 것들은 모두 파괴하였으나, 나머지 작전 중이던 잠수함들은 여러 운명으로 갈린다. 일부는 영국 영향 아래 있는 항구나 제3국에 피신하거나, 또 일부는 비시Vichy 정권 밑에 잔류하거나, 자침시키는 불행을 겪기도 한다. 특히 영국 해군기지로 피신한 잠수함들은 한동안 영국에 압류되어 영국 해군 편제에 소속되나, 드골하에 자유 프랑스가 탄생하면서 다시 프랑스 해군으로 복귀했다. 한편 적대 관계로 돌아선 비시 정권 소속 잠수함은 추축군으로서 임무를 수행하는데, 대표적으로는 다카Dakar 작전 중 영국 순양전함 3만 1,000톤 레절루션Resolution을 뇌격으로 손상 입힌 것을 들 수 있다. 비시 정권 소속 잠수함 중 종전까지 16척이 격침되며, 3척은 북아프리카 항구들에서 자침시킨다. 한편 툴론Toulon 항에 정박 중이던 27척의 잠수함은 독일이 접수하는 과정에서 16척을 자침시키거나 승무원들에 의한 사보타지로 가동 불능상태, 또 다른 3척은 북아프리카로 탈출하여 연합군에 합류한다. 이같이 복잡한 상황으로 인해, 자유 프랑스 소속 잠수함은 22척으로 매우 규모가 작아 적극적으로 작전에 투입되진 않았다.

2차 대전 종전 후 잔존한 잠수함들은 이미 구식으로 전락한 상태이나, 해군재건 계획에 따라 신예 잠수함들이 합류할 때까지 한동안 계속 임무를 수행할 수밖에 없었다. 우선 2차 대전 이전에 설계된 오로라Aurero급을 기반으로 유선형으로 변경한 5척이 신규로 건조되나, 당시 기술수준에 발맞추지 못한 구식이라는 이유로 1960년대에 모두 퇴역했다. 한편 다른 전승국들과 마찬가지로 독일의 Type 21형, 23형을 각각 노획해 그중 몇 척의 21형을 자국해군에 편입시켰다. 특히 21형을 모델로 삼아, 1,900톤급의 신형 잠수함을 설계해 6척의 나르발급으로 취역시키며, 당시 다른 해군들처럼 유선형 선체, 배터리 용량증대 및 스노클을 장비한 것이 특징이다. 당시 처음에 나토의 일원이었던 프랑스는 부족한 전력을 보강하기 위해 영국의 S급 4척을 양도받아 해군작전과 대잠작전 훈련용 대항함으로 활용하기도 했다. 다음으로는 4척의 670톤 아레튀즈Arethuse급 중형 잠수함 건조와 9척의 1,040톤 다프네Daphne급을 취역시키며, 스페인, 포르투갈, 파키스탄, 남아프리카 등 중진국에서 꽤 인기가 높아 수출시장에 진출했다. 그다음 재래식 최신예함으로는 1,450톤의 아고스타Agosta급으로 전수되어, 이 역시 수출시장에서 큰 호평을 받고 다수가 수출되었다.

이미 프랑스는 1950년대부터 핵추진 잠수함의 설계를 시작으로 본격적인 개발에 뛰어드나, 국제정세 이유로 당분간 중단되었다. 하지만 1950년대 말 드골이 다시 집권하고, 독자적인 핵억지력을 갖추어야 한다는 정치적 분위기가 팽배해지면서 계획이 재추진되었다. 미국, 영국, 러시아의 경우와 달리, 이런 내부사정을 안고 공격잠수함보다 먼저 핵추진 전략 탄도 미사일 잠수함 건조가 우선적으로 선행되었지만, 당시의 프랑스 기술수준으로도 그러한 야심을 성취하기에는 매우 어려운 과제였다. 그것은 대전 중 공백 기간이 길었던 탓에 관련 기반기술이 거의 전무한 상태에서 핵추진기관, 핵탄두, 탄도 미사일, 미사일유도장치, 수중발사 시스템, 잠항항법 등의 고난이도 최신기술들을 동시에 해결해야 한다는 험난한 여정이 가로막고 있었기 때문이다. 예로 미사일 수중발사 시험은 핵추진 잠수함이 아직 미완성 단계라서, 대신 재래식 디젤잠수함이 이용됐다. 온갖 역경을 헤치고 1967년 새 역사를 장식한 프랑스 최초 탄도 미사일 핵추진 전략잠수함 르 르두타블Le Redoutable의 진수를 시작으로 후속 잠수함들이 건조되었다. 전략잠수함 완성 후에 비로소 공격용 잠수함 개발에 다시 눈길을 돌려 핵추진 잠수함 루비Rubis급을 탄생시켰다.

7) 이태리

이태리도 주요 잠수함 개발국들과 마찬가지로 19세기 말부터 잠수함에 깊은 관심을 갖고 여러 형태의 시험적인 잠수함들을 선보였다. 두 번째 글루코Glouco급을 기본으로 후속형들을 내놓는데, 이것의 등장으로 국제무대에서 이태리 잠수함 기술에 대한 평판을 한층 끌어올리는 발판을 마련했다. 1918년까지 소형화 기술에서는 독일을 비롯해 영국, 미국도 이태리로부터 소형 잠수함들을 주문하는 등 초반부터 수출시장으로 진출하는 데 성공했다.

1차 대전 개전 시에 총 21척을 보유하였으나, 개발속도가 느린 탓에 그 당시 기준으로도 대부분 이미 구식이라는 평판을 벗어나지 못했다. 한편 충분한 공업 기술력에도 불구하고, 40척의 자국 생산 외에도 해외로부터 잠수함을 도입하는 데 주저하지 않았는데, 여기에는 미국 H급, 영국 S와 W급 등이 포함된다. 대전 중에는 주로 오스트리아-헝가리와 교전하는 과정에서 12척을 상실했다. 양차 대전 사이 이태리는 프랑스와의 북아프리카 식민지에서 패권 대립을 염두에 두고 비교적 대규모 잠수함을 건조하며, 따라서 주로 지중해, 홍해, 인도양의 비교적 수심이 낮은 해역에서의 작전에 최적화된 것들이 주력을 이루게 된다.

2차 대전이 임박해서는 북아프리카에서의 확장을 염두에 두고 다시 잠수함을 대량으로 건조했으며, 개전 시점에는 115척의 대규모 잠수함들을 보유한 국가로 변모해 있었다. 대전 중반 이태리가 추축국 동맹에서 탈퇴해 독자적으로 연합국에 항복할 때까지는 30척을 추가로 건조하는 데 불과했다. 이태리 항복 시, 잔존 53척 중 34척은 연합국에 노획되고 나머지들은 독일 손에 넘어가거나 자침시킨다. 대전 중 이태리가 초기에 이룩한 성과는 그리 나쁘지 않은 편으로 지중해와 대서양에서 다량의 상선과 4척의 경순양함을 포함, 다수의 연합군 군함들을 격침하는 전과를 올렸다. 한편, 대서양에서는 이태리 정부가 스스로 제안하여, 독일 해군 소속으로 편입되어 점령된 프랑스 항구를 기지로 독일 해군과 함께 공동작전을 펼치기도 했다. 하지만 대부분 이태리 잠수함은 온화한 지중해에 적합한 반면, 대서양의 거친 파도의 가혹한 조건에서는 기동성이 저하되는 문제점을 극복하기가 쉽지 않아 대서양에서는 불과 소수를 격침하는 데 그치며 바라던 기대와는 거리가 멀었다. 이는 이태리 잠수함이 수심이 낮고 온화한 지중해에서 활동하기에 적합했기 때문이다.

태평양에서의 일본 해군과 마찬가지로 북아프리카 튀니지에 고립된 독일-이태리 지상군 지원을 위해 일부 잠수함이 보급품 수송에 투입되기도 하나, 그 규모는 보잘것없었다. 이는 영국이 장악하고 있던 몰타섬Malta 점령 실패와 더불어 이태리 해군과 공군이 지중해에 배치된 영국 해군을 제압하는 데 실패한 결과이기도 하다. 태평양에서도 흡사한 수송임무를 수행하여 극동으로부터 전략물자를 수송하는 데 이용되기도 하며, 이에 몇 척은 아예 수송용으로 개장하기도 했다. 수송으로 전용된 것을 대신해 이태리는 독일로부터 Type 7형 9척을 제공받았다. 또한 이태리는 수송용으로의 개조 외에도 2,600톤의 수송전용 R급 잠수함들을 진수시키나, 연합국과의 단독항복으로 작전에 투입하지는 못했다.

그 외에도 기뢰부설용 대형 잠수함을 취역시키나 그 역시 큰 성과가 없었던 것으로 알려지며, 이는 대서양과 달리 지중해 바닷물이 비교적 맑아 15m 정도의 수심에서도 항공기에 이태리 잠수함이 발견되기 쉬웠기 때문이라고 한다. 사실 이태리 해군은 보유한 90척 정도의 잠수함 전력으로 영군이 주둔하고 있는 몰타섬을 제압하고 주변 제해권을 장악하려고 했으나, 오히려 타란토Taranto 공습을 포함해 영국 해군의 적극적인 역공세로 지중해 홈그라운드 이점을 살리지도 못한 채 영국에게 제해권과 제공권 모두 박탈당하는 상황까지 내몰렸다. 몰타섬을 점령하지 못한 대가는 혹독했다. 시실리-북아프리카 병참선은 심대한 타격을 받아 연합군 잠수함에 대략 보급품 65%가량을 잃는 결과를 초래하고 말았다. 보급품 손실의 1/3은 수상함과 항공기에 의한 것이고 나머지는 영국 잠수함에 의한 것이다. 한때 독일 공군이 대규모로 개입해 일시적으로 몰타섬을 제압했을 때에만 보급품을 큰 손실 없이 북아프리카에 무사히 수송할 수 있었다. 북아프리카 전역 중, 영국은 9척의 잠수함 손실에 대해 추축군의 병참선 차단에 큰 위력을 발휘한 반면, 대잠 기술과 전술이 허술한 이태리는 이에 대해 속수무책으로 당할 수밖에 없었다. 상황이 이렇게 되자 이태리는 체면이 구겨지는 일이지만 독일에 도움을 요청하는데, 되니츠의 강력한 반대에도 불구하고, 다수의 유보트들이 지중해 작전에 투입된다. 이때부터 유보트들은 함대형 항공모함 아크로열과 퀸 엘리자베스급 전함 배르함을 격침하는 등 올린 전과는 이태리 해군의 전과를 능가하나, 지브롤터의 지중해로 향한 강한 조류로 파견된 유보트들은 다시 대서양으로 귀환하지 못하고 종국에는 지중해에서 모두 격침당하고 말았다. 이태리의 저조한 결과는 승무원들의 훈련/사기 부족과 일부 함장들을 제외하고 호전성의 결여라는 견해가 지배적이었다. 항복 후 이태리 잠수함들은 대잠훈련용으로 주로 이용된다.

보수적인 해군들과 달리 모험적인 성향이 강한 이태리 해군 잠수함 전대는 통상적인 운용 외에도 초기부터 소형 잠수정에 관심을 갖고, 베니스 방어를 위해 6m짜리 잠수정을 설계했다. 이 아이디어를 되살려 중형 어뢰를 이용해 피그Pig라는 2인승 침투용 소형 잠항정을 제작했으며 때론 인간어뢰라고도 불렸다. 일본 해군의 카이텐과 달리 자살특공용이 아니라, 과거 미국 독립전쟁 시의 터틀처럼 승무원이 별도의 폭약을 적함 선체에 부착시키는 방식을 사용했으며 임무 후에는 귀환하는 것을 전제로 했다. 1941년 12월 3조의 잠항정들은 알렉산드리아 항에 침투해 영국 전함 HMS 퀸 엘리자베스와 밸리언트Valiant 2척을 행동불능으로 만드는 데 성공했으며, 지브롤터에서도 성공적인 작전을 펼쳤다. 특히 연합군과의 휴전협상 시에는 이태리 주력함들이 독일 손에 나포되는 것을 방지하기 위해, 잠항정들이 다시 출동해 자국 순양함 2척을 침몰시키는 데 성공했다. 아이러니한 것은 당시 소형 잠항정에 탑승해 알렉산드리아 항에서 영국 해군에게 심대한 피해를 끼쳤던 이태리 장교들에게 영국 제독이 훈장을 수여한 재미있는 일도 벌어졌다는 것이다.

종전 후에는 보유 잠수함들 모두 전쟁배상 차원에서 승전국에게 양도되거나, 해체되며, 오직 2척만이 자체 훈련용으로 남는다. 이 태리가 나토의 일원이 되었을 때, 다시 잠수함 보유 필요성이 제기되어, 9척의 구피Guppy와 탱Tang급을 미국으로부터 양도 혹은 구입하는데, 이때 스노클 장착 및 유선형으로 개장을 받았다. 1965년부터 다시 이태리는 자체적인 건조 프로그램을 개시로 600톤의 소형 엔리코 토티Enrico Toti급 4척을 취역시키며, 나중에 중형 1,600톤의 나자리오 사우로Nazario Sauro급 4척도 합류하고, 그 이후에도 후속 개량형들이 등장한다.

8) 중국

중국은 다른 주요 잠수함 개발 국가들에 비해서 상대적으로 역사가 짧으나, 현재 규모 면에서는 여타 선진국들을 능가하는 막강한 전력을 보유하고 있다. 1차 대전에는 참전하지 않았으나, 잠수함의 위력을 목격하고는 확보할 필요성을 느끼게 되었다. 그 결과, 미국으로부터 H급 잠수함 도입을 시도한 바 있으나, 재정부족으로 종래에는 포기할 수밖에 없었다. 러시아 혁명 후 잠수함들을 저렴하게 확보하려고 했으나, 이 또한 예산부족이 발목을 잡아 근대적 해군으로 탈바꿈하는 데 실패하고 말았다. 더욱이 1920~1930년대를 기점으로 전국 각 도처에서 군벌들이 등장하며 해군이 완전히 소멸되는 불행을 겪으며, 이로 인해 잠수함 보유 또한 요원해졌다. 장개석과 국민당의 집권으로 다시 한번 야심 차게 잠수함을 포함해 해군 증강계획을 마련하나, 정부의 무능, 관료의 부정부패와 유럽에서 2차 대전의 발발로 결실을 보는 단계까지 도달하지 못하고 또다시 실패의 잔을 들이켜야 했다.

국공 내전을 거쳐 정권을 잡은 모택동은 이후 국내혼란 상황을 수습함과 동시에, 흥미롭게도 일찌감치 해군재건을 최우선 과제로 삼는 안목을 보였다. 이는 타이완 국민당 정권의 완전한 제거, 또 아편 전쟁에서 쓰디쓴 경험을 갖고 있던 중국의 서방 세력들에 대한 해안선 방어의 필요성 및 신흥 강대국으로서의 지위를 확고히 하고자 함이었다. 초기에는 소련의 도움을 받아 1953년에는 비록 구형이지만 드디어 여러 척의 잠수함들을 확보하는 데 성공한다.

하지만 중국은 자체적인 잠수함 건조능력을 갖추기 위한 노력을 계속적으로 경주하며, 위스키급을 바탕으로 자국산을 장비하게 된다. 이때 로미오급 역설계를 통해 87척을 취역시키며, 디젤 재래식이나 골프급의 탄도 미사일 잠수함을 보유한 것으로도 전해진다.

한편 기존 구형함에 만족하지 않고 한 단계 뛰어넘어, 아직 기술적으로 완벽하지는 않으나, 자체적인 설계로 물방울형 재래식 밍Ming급을 취역시키는 데 성공한다. 핵추진 분야에도 지속적인 개발과정을 거쳐 드디어 한Han급 핵추진 공격잠수함과 핵추진 전략 탄도 미사일 잠수함인 지아Xia급을 취역시키는 데 성공했다. 현재에도 핵추진 잠수함 개량을 위해 관련 기술에 대한 지대한 노력과 예산을 끊임없이 투입하고 있다.

9) 대한민국

1990년대 초부터 잠수함 전력을 갖추기 시작해서, 2020년에는 모두 20척 정도를 보유한 것으로 전해지며 전력은 계속 증강될 것으로 보인다. Type 209급을 시작으로 점차적으로 214급과 한국형 잠수함으로 발전하고 있다. 2010년대부터는 잠수함 수출을 하는 잠수함 기술보유국로 변모했다.

나. 잠수함의 추진기관

　미국 남북전쟁 시 등장해 북군의 프리깃을 격침시키는 최초로 전과를 올리면서 잠수함 역사 속에서 중대한 의미를 갖는 첫 장을 펼쳤지만, 자기 자신도 침몰하여 유혈의 첫 페이지를 장식한 CSS 헌리까지만 해도 추진은 주로 승무원의 인력에 의존했다. 앞서 얘기되었지만 그보다 앞선 미국 독립전쟁 시의 터틀도 마찬가지로 인력으로 작동되었다. 이후, 압축공기를 추진동력으로 이용하려던 시도가 있었지만 당시 내압용기와 밸브의 기술부족으로 실현단계까지는 도달치 못했다.

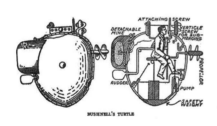

| Bushnell Turtle
　(1776년, 출처: Wikipedia)

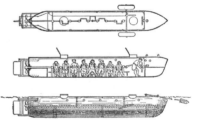

| 인력으로 작동되는
　CSS Hunley(Internet 자료)

　19세기 말 20세기 초 사이에 탄생한 잠수함들은 기술성숙도가 낮은 탓에 기계 오작동, 누수 등의 문제로 안전성에 문제가 많았던 것이 사실이다. 또한 초기 제한적인 어뢰성능, 200톤 미만 소형으로 승무원 규모의 한계 등 소형 잠수함의 능력에 분명히 한계가 있었지만, 계속되는 개발노력으로 현재는 고도로 정교하고, 치명적인 무장 탑재, 탐지능력, 회피능력 등이 크게 개선되어 현재는 몇만 톤에 이르는 잠수함으로 발전을 거듭하게 된다. 그 관련 기술 중에서 제약의 굴레를 벗어나는 데 가장 큰 걸림돌은 역시 추진기관에 있었다.

진정한 의미에서 잠수함의 등장은 외부로부터의 공기공급에 의존할 필요가 없으며 신뢰성과 지속적인 추진력을 제공할 수 있는 기관, 즉 충전식 배터리와 전기구동 모터 기관의 등장과 어깨를 나란히 한다. 프랑스는 연안방어용으로 시험용 전기추진식 소형 짐노트Gymnote를 취역시켰다. 짐노트는 이후 개장을 거듭해, 함수와 중앙에 조정익을 설치해 심도조절이 보다 용이해졌으며, 내부 어뢰발사관 대신 양 현 외부에 투하식 어뢰발사방식을 시험적으로 적용하기도 했다. 하지만 동력원으로 축전지에만 의존하므로 항속거리가 짧고 재충전을 위해 다시 기지로 귀환하거나, 다른 선박으로부터 전기를 공급받아야 하는 등의 한계는 잔존했다. 이후에 수상항해 중 주 동력원으로는 증기기관, 케로신Kerosene, 휘발유, 디젤엔진 등의 다양한 시도를 거치게 된다. 1896년 프랑스 해군성은 200톤급으로 160km의 항해가 가능한 잠수함을 요구조건으로 내걸어, 총 29개의 설계안이 제출되었다. 그중에서도 수상에서는 증기엔진을 이용하여 추진력과 배터리를 재충전하며, 그리고 잠항 중 전기모터만을 구동하는 설계안Narval로 명명이 채택되어 잠수함 추진기관 문제해결에 실마리를 보이기 시작했다. 오늘날과는 개념이 다소 다르지만, 증기기관과 전기모터를 사용해 수상/수중 항진이 가능한 'Submersible'이라는 명칭이 정식으로 사용되기 시작했다.

핵추진 잠수함을 제외하고, 현재 현역으로 작전 중에 있는 재래식 잠수함의 추진기관은 일반적으로 크게 디젤기관, 전기모터, 배터리로 구성된다. 한편 동력을 발생시키는 역할과는 다소 거리가 있으나, 잠항 중에 내연기관 구동을 위해 외부공기를 흡입하고 연소가스를 배기하는 스노클도 중요한 자리를 차지한다. 배터리는 잠항상태에서 전기모터의 동력원을 제공하며, 잠망경 심도에서의 스노클 작동 시에는 디젤기관을 가동시켜 배터리에 전기 에너지를 충전하게 된다. 디젤기관에 의한 추진은 오직 수상항해나 스노클링 시에만 하는 것이 보편적으로 최대속도를 낼 수 있으며, 이때 동시에 배터리에 연결되어 전기 에너지를 동시에 충전하게 된다. 따라서 요즘의 하이브리드 차량을 연상하면 된다. 디젤기관 가동 시에는 프로펠러가 디젤기관에 직접적으로 연결될 수 있으나, 요즘에는 전기 발전기를 통해 간접적으로 연결되는 경우가 대다수이다. 따라서 재래식 디젤-전기 잠수함의 경우, 다음에 열거된 바와 같이 여러 가지의 추진 형식을 가질 수 있다.

- 부상상태에서 디젤기관과 전기모터의 동시 가동, 최대속력 항진
- 부상상태에서 1개의 디젤기관 가동 및 배터리 충전으로 저속 항진
- 부상상태에서 2개의 디젤기관 모두 가동 및 배터리 급속충전
- 부상상태에서 1개의 디젤기관은 저속 항진에 이용 및 나머지 1개의 디젤기관은 배터리 충전에만 사용

- 부상상태에서 모든 디젤기관 가동으로 전기모터 추진 및 배터리 충전
- 잠항상태에서 스노클을 이용한 모든 디젤기관 가동 및 최단시간 내의 배터리 충전
- 잠항상태에서 전기모터만을 이용한 저속 정숙 항진

이와 아울러 추진력을 내는 프로펠러도 1축 또는 2축 등 다축으로 구분될 수 있으며, 다양한 형태로 디젤기관 및 전기모터와의 연결 방식이 존재한다. 위에서 살펴본 바와 같이 다양한 추진기관과의 연결 상태를 구상할 수 있으나, 1축 프로펠러의 경우, 위의 여러 형태의 연결을 구현하기 위해서는 반드시 기관과 프로펠러 사이에 단속 장치Clutch가 필수적이다.

| 1축 프로펠러(좌: Lafayette급), 2축 프로펠러(우: Oberon급)

대표적인 축전지로는 레드-산 배터리Lead-acid를 들 수 있으며, 그 외에도 니켈-카드뮴Nickel-cadmium 및 에너지 저장능력이 가장

높으나 재충전에 비교적 장시간이 요구되는 실버-징크Silver-zinc 배터리 등이 있다. 실버-징크 배터리는 처음 미 해군 알바코어에 적용된 바 있으며, 또한 평소에 보관되다가 비상/응급 시에만 운용하는 구조용 잠항정DSRV: Deep Submergence Rescue Vehicle에서도 전적으로 사용되고 있다. 잠항 시의 전기모터 운용의 경우, 요구되는 속력에 따라 아래에서 보는 바와 같이 연결을 달리할 수 있다.

- **저속 항진: 직렬 전기모터 및 병렬 배터리**(최소 전압)
- **중간 속력: 전기모터와 배터리는 모두 병렬**
- **고속 항진: 병렬 전기모터 및 직렬 배터리**(최대 전압)

거의 모든 재래식 잠수함에서의 디젤기관 적용은 타 내연기관들에 비해서 효율성, 안전성, 중량 및 공간 면에서 가장 효율적이기 때문이다. 기본적으로 차량 엔진과 흡사한 피스톤 구동기관이므로, 진동소음 감소 및 외부 충격 감소를 위해 완충-탄성력을 갖는 특수한 지지대 위에 설치되는 방식이 보편적으로 이용된다. 그 외에도 소음 완화를 위해 절연 또는 음향흡수장치 등이 있다. 또한 스노클도 항진 방향으로 최소한의 단면적을 갖도록 하여, 최소한의 항적, 구조적 안전성 및 최소한의 진동음향을 갖도록 하는 것도 중요하다. 비중이 해수보다 낮은 디젤연료는 연료탱크 내외의 압력 균형과 전체적인 중량을 일정하게 유지하기 위해 탱크 내에서 해수면 상부에 저장한다. 재래식 디젤-전기 잠수함의 가장 큰 단점으로는 역시 깊이 잠수한 상태에서 높은 속력으로 항진할 경우, 충전된 전기 에너지가 급격히 소모된다는 점으로 회피기동 등을 위해 비교적 제한된 단시간의 고속 잠항속도만 낼 수 있을 뿐이다. 또한 소음 감소를 위해 낮은 속도에서 배터리를 재충전할 때는 발전기의 용량에 따라 차이가 있으나, 경우에 따라서는 길게는 며칠씩 걸릴 수 있다. 따라서 잠항시간 및 속력을 향상시킬 수 있는 추진기관에 대한 요구는 날로 증가하고 있다.

스노클은 디젤기관을 구동하기 위한 외부공기공급과 아울러 연소가스를 외부로 배기/방출하는 역할을 한다. 따라서 잠항상태에서 배터리를 충전함과 동시에 필요한 전기 에너지를 얻고, 디젤기관을 구동하기 위해 수면 위로 전개한다. 1894년 미국인 사이먼 레이크Simon Lake는 휘발유엔진 구동에 필요한 공기공급을 위해 최초로 스노클을 채용한 바 있었다. 한편 일본도 스노클을 설치한 잠수함을 선보였으나, 1911년 스노클을 전개하는 과정에서 침수사고로 잠수함을 손실한 경험이 있다. 1940년 네덜란드에서 스노클 장착 잠수함을 개발해 실용화한 적이 있으나, 스노클의 마스트 높이가 낮은 관계로 해수 유입과 내부압력 강하 등의 문제로 본 장치를 안정적으로 사용하는 데 제한이 많았다. 서부전선에서 승리를 거두며 네덜란드를 점령한 독일은 스노클을 장착한 잠수함 다수 포획했으나, 처음에는 이 장치의 필요성을 절감하지 못했다. 하지만 북대서양에서의 연합군 대잠작전의 지속적인 향상으로 선단 공격에서 패색이 짙어져 가던 독일은 스노클을 재설계하여 개선된 것을 Type 7과 9형에 전면적으로 채용하기에 이르렀다. 스노클에 의한 안정적인 공기공급을 위해서는 정밀한 심도조절이 필수적이며,

이는 파도 또는 수면이 스노클 위로 덮을 때 개방된 밸브가 갑자기 수면 밑으로 잠기면서 급기야는 함 내의 기압강하와 더불어 산소를 고갈시킬 수 있으므로, 이를 방지하기 위한 특별한 설계가 요구된다. 스노클 방식으로 항진할 때는 반 잠수상태Semi-submerged이므로 다시 깊은 수심으로 급속잠수가 평상시보다 시간이 많이 걸리며, 특히 10cm 파장 레이다를 장착한 수상함 및 초계기에 포착될 위험성이 생각보다 높다.

| 스노클 이용해 항진하는 잠수함

핵추진 잠수함이라 할지라도 소음에서 완전히 자유로운 것은 아니며, 증기터빈을 가동시키므로 물체 고속회전, 베어링 및 냉각수 펌프의 소음 등은 생각보다 꽤 심각하다. 이러한 기계류들은 함체 외부로의 소음을 차단하기 위해 레프트Raft 위에 설치하여 진동/소음을 최소화하는 기술들이 대폭 적용되고 있다. 다음으로 중요한 분야 중 하나는 프로펠러의 형상으로, 프로펠러의 고속회전에 의한 공동화Cavitation: 저온에서 진공 발생으로 비등점 강하에 의해 상당한 소

음이 발생된다. 요즘은 소음의 원인이 되는 프로펠러 형상도 낫 모양Scythe으로 변경하여 7엽 프로펠러로 거품 발생 또는 공동화를 최소화하는 방향으로 발전되고 있다. 그 밖에 무소음 추진기관으로 MHDMagneto-hydrodynamic와 EMTElectrodynamic Thrust 등도 거론되고 있으며 뒤에서 다시 얘기될 것이다. 다음에는 추진기관의 발달로 한 단계 도약하게 만든 대표적인 잠수함들이 열거되었다.

홀랜드(Holland)와 나르발(Narval)급

- 홀랜드급   미국
- 배수량   64(수상), 74(수중)톤
- 속도   8(수상), 5(잠항)노트
- 항속거리   500nm(7노트)
- 최대 심도   23m
- 기관   Otto gasoline(45bhp),

       Electro Dynamic Co. Electric motor(50bhp)
- 무장   어뢰발사관 1(함수), 압축공기포 1(45°)

앞장에서 언급된 초기 역사에 등장하는 일부 선체들은 엄밀한 의미에서 잠수함이라고 부르기에는 부적합하다. 이는 요구조건들 중 일부만 부분적으로 충족시킬 수 있을 뿐이기 때문이다. 여기서 무기체계로서의 잠수함 요구조건이란 수중과 수상에서 모두 항해가 가능한 자체 추진기관, 수상/잠수상태에서 적당한 공격력 보유, 작전에 필요한 잠항시간 및 충분한 수상/수중 항속거리 등을 들 수 있다. 따라서 내연기관만을 갖추고 일시적으로 잠수해 지속적인 작전이 불가능한 것들은 위의 요구조건에 따르면 부적합하며, 또 전기모터, 압축공기나 인력에 의해서만 추진하는 것들도 단시간 작전 후 기지로 귀환하여 재충전과 같은 과정을 요구하므로 여기서 제외된다.

| Holland급 Teardrop 형상으로 수중성능 위주로 설계됨(출처: Wikipedia)

본격적인 재래식 잠수함은 19세기 말부터 등장한 일련의 잠수함 중에서 특히 미국의 홀랜드1897년, 프랑스의 나르발1900년이 대표적이다. 프랑스는 전기모터만으로 추진하는 짐노트와 구스타브 제데Gustav Zede를 차례로 소개한다. 그 이후 수상과 잠항 중의 추진을 위해 증기기관과 전기모터 두 종류의 동력원을 갖는 나르발을 등장시켰다. 이보다 몇 년 앞서 휘발유엔진과 전기모터를 구동시키는 홀랜드급이 등장하며, 추진기관의 경량화, 소형화, 급속잠수

속도 문제를 동시에 해결할 수 있었다. 수상항해를 위해 나르발은 증기기관을 이용한 반면, 홀랜드급은 휘발유 기관이 적용되었다는 점에 차이가 있다. 모두 공통적으로 수상항해 시 1차 동력원으로 2차 전지 배터리를 충전해, 잠항 시에는 외부공기에 의존할 필요가 없는 전기모터만으로 추진한다. 핵추진과 달리 화석연료를 이용한 추진기관은 연소에 필요한 산소공급에 제한이 따르므로 2차 전지 충전 및 수중에서 전기모터 구동은 필수적이다. 또한 화석연료 기관 종류에 따라 급속잠항에 소요되는 시간에 결정적인 요인으로 작용한다. 홀랜드급의 휘발유엔진은 기관이 차지하는 용적이 작고 잠수에 소요되는 시간이 짧은 점이 유리하나, 유증기의 내부 축적에 따른 화재 위험성이 큰 것이 단점으로 지적된다. 유증기에 의한 화재나 일산화탄소 농도를 감지하고 중독사고 예방을 위해 탄광에서처럼 흰쥐를 태우고 항해하기도 했다. 반면 물방울 외형으로 수상함 외형에 가까운 나르발에 비해 수중항해에 보다 유리하다. 각 잠수함의 특성 비교는 다음에서 보는 바와 같다.

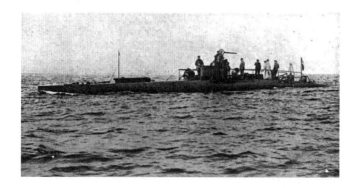

| 프랑스의 Narval(1900년) (출처: Wikipedia)

	배수량(톤) 부상/잠항	동력(hP)/속도(노트) 부상/잠항
Gustav Zede	261/270	208/208hP 9/6노트
Narval	117/202	250/280hP 12/6노트
Holland	64/74	45/50hP 8/5노트

(출처: Leviathan of the Deep, T.L. Francis)

따라서 홀랜드급을 대다수 문헌에서 현대 잠수함의 모체로 거론되는 것은 놀라운 일이 아니다. 약 10년 후, 휘발유엔진은 디젤기관으로 대체되어 화재 위험성이 대폭 감소하면서, 디젤-전기 기관의 시대가 열려 현재까지 그 역사가 계속되고 있다. 그 후 영국 해군의 홀랜드급의 배치에 자극받은 독일 해군은 당시 폰 티르피츠 제독 총사령관 재임 시, 수중 배수량 285톤의 U-1을 건조하였다. 추진기관으로는 화재에 보다 안전한 케로신Kerosene 기관이 적용되었으나 본 연료 연소로 의한 다량의 연기발생과 급속잠수에 비교적 장시간이 요구되므로 전술적인 가치는 등장 당시에도 미미한 것으로 여겨졌다.

발터식(Walther) 외

제2차 대전까지의 잠수함들은 앞서 언급된 바와 같이 엄밀한 의미에서 잠수함이라고 불리기에는 아직 부족한 점이 많았다. 이는 당시 독일 해군 잠수함 전대 사령관 칼 되니츠 제독에 의해 잘 지적되었다. 그는 유보트를 잠수할 수 있는 함정으로 정의했으며, 평소 초계 시에는 수상항해 하다가, 대잠공격을 피할 경우나 주간에 뇌격할 경우에만 잠수하는 함이라고 정의했다. 따라서 특성상 잠수할 수 있는 대형 어뢰정에 비교할 수 있으며, 이는 당시 모든 잠수함들이 공통적으로 겪고 있던 한계, 즉 한정된 산소공급으로 말미암은 것이다. 이는 잠항 중 연소기관의 가동으로 급격한 기압강하과 더불어 산소고갈로 기관정지는 물론 승무원 생명도 앗아갈 수 있기 때문이다. 이와 아울러 배터리의 작은 용량으로는 수중에서 낮은 속력과 항속거리에도 많은 제약이 따랐다. 경우에 따라 핵추진 잠수함은 고의로 디젤기관을 가동시켜 산소량의 급격한 감소와 이산화탄소를 이용한 화재진압에 이용하거나, 핵추진기관의 고장을 대비한 보조적인 역할도 있으나 여기서는 그런 경우는 배제된다.

핵추진기관으로의 전환에 앞서 추진계통에 당시 작은 혁명이 일어났으니, 그것은 바로 앞서 언급된 2차 대전 말기에 등장하고 1944년부터 유보트 7형에 장착된 스노클의 장착이다. 이전까지의 잠수함들은 2차 전지의 충전을 위해 부상하여 디젤기관을 가동시켜야만 했고, 이때가 또 대잠함과 초계기에 대해 가장 취약한 시점이기도 했다. 비록 간단한 아이디어지만 예상외로 큰 효과를 본 스노클은 부상하지도 않고 잠망경 잠항심도에서 외부의 공기를 흡입해 디젤기관을 가동시켜 2차 전지를 충전할 수 있게 하였다. 그러나 단점으로는 파도가 심할 때는 사용이 제한되며, 또 거품 발생이나 연소가스 등의 항적을 남길 수 있어, 기회가 이전보다 낮아졌지만 대잠초계기에 발견될 수 있다는 점은 여전했다. 또 호송선단을 포함한 목표물에 대한 수색을 잠망경 또는 당시로는 저성능의 소나에만 의존하게 되었으므로, 공격기회가 그만큼 줄어들었다는 점도 지적된다. 이 장치는 현재 디젤 재래식 잠수함에 필수적인 장비가 되었으며, 디젤기관은 프로펠러에 직접 연결하지 않고 단지 2차 전지의 충전에만 이용되고 있는 경우가 더 많다.

한편 발터 교수는 과산화수소를 이용한 최초의 발터식 폐쇄회로 AIP를 고안해 7척의 유보트 17형에 장비했으나, 별다른 성과 없이 종전과 더불어 모두 자침시키는 운명을 맞이했다. 그중 몇 척은 다시 인양되어 미-영 해군에서 후속적인 개발을 위해 시험적으로 운용된 바 있다. 발터기관의 특징은 촉매를 이용해, 과산화수소수에서 산화제인 산소를 얻어 이를 내연기관 구동에 이용한다는 것으로, 연료는 액체연료 로켓에 사용되는 것과 유사하다.

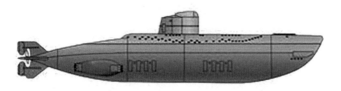

| Walther식 AIP 장착 U-boot Type 17(출처: Internet 자료)

잠수함의 형상 또한 수중성능향상을 위해 새로 설계되고, 그 전의 잠수함들과는 전혀 다른 외형을 갖게 되었으며, 전후 세대 잠수함 형상에도 큰 영향을 미쳤다. 발터 잠수함의 수중속력은 26.5노트에서 3시간, 12노트에서 15시간으로, 이전과 비교하면 속도와 잠항시간 면에서 경이적으로 개선되었다. 따라서 대잠호위함을 회피하는 데 결정적인 이점을 제공하므로, 그만큼 생존성도 높아졌다. 1940년 처음 실험용 소형 V-80에서 시험/평가했으며, 배수량 312톤의 U-791v-300 전신을 이용, 시운전에 들어가면서 Type 17형으로 개명되었다. 하지만 전후에 발터기관이 보편화되지 못한 이유로는 화재 및 폭발 위험성이 매우 높아서 안전성이 극히 취약했으며, 아울러 개발이 본격적인 궤도에 오르기도 전에 핵추진기관이 출현했기 때문이었다. 또한 AIP 기관을 적용하지 않았으나, 배터리 용량이 크게 늘어난 재래식 Type 21형으로도 비슷한 성능을 발휘할 수 있다는 점도 후속형 개발에 장애물로 작용했다. 그 후 AIP에 대한 연구는 당분간 중단되었다가, 연료 전지 등에 대한 연구로 다시 고개를 돌려 활기를 찾기 시작한다. 현재 스웨덴 해군에서 네이켄Näcken급이 스털링Sterling 추진기관을 장비하고 있어 핵

추진을 제외하고 최초로 AIP를 실용화한 사례로 남아 있다.

핵추진 외 각종 AIP(Air Independent Propulsion)

핵추진 잠수함은 건조와 유지에 막대한 자금, 숙련된 인력, 광범위한 제반 기반시설 등이 요구되므로 강대국들만 보유할 수 있으며, 원자로의 크기와 방사선 방폭을 요구하는 특성상 대형 잠수함에 적합하다. 하지만 수심이 낮고 좁은 지중해, 북해, 발트해, 연안 등에서는 3,000톤 이상 되는 핵추진 잠수함이 적합지 않으므로, 재래식 잠수함의 필요성과 해당 기술의 발전은 계속되고 있다.

Walter 원리

1936년과 1945년 사이에 개발이 시도되었으며, 80%로 농축된 과산화수소수H_2O_2에서 다음과 같이 산화제 산소를 얻는다.

$$2H_2O_2 \rightarrow 2H_2O + O_2$$

위의 촉매 반응을 이용, 분해를 통해 얻는 산소는 당시 별도로 개발된 특수 탄화수소 연료를 연소시키는 데 이용되는 원리이다. 하지만 연료를 연소함으로써 소모된 경량 연료를 대신해서 유입되는 해수로 말미암아 잠수함의 중량이 점차 증가한다는 단점이 있다.

과산화수소수를 분해할 때 발생하는 혼합물의 온도는 450°C로 매우 고온이며, 이때 얻은 혼합물은 터빈을 통해 연소실로 유입되어 연소된다. 연소과정에서 얻은 동력은 대략 2,000마력으로 당시로서도 매우 높은 수준으로 Type 17형은 최대 28노트까지 속력을 낼 수 있었다고 한다.

일반 산업용 과산화수소는 35% 용액으로, 그 이상 농도를 올리면 보관을 위해 별도의 안정제가 요구된다. 더구나 발터 터빈기관이 필요로 한 수준은 78~85%의 과산화수소수 용액HTP: High Test Peroxide으로 보관에 보다 세밀한 주의가 요구된다. 이 무색 용액은 물보다 점성이 높으며, 섭씨 93°C 이상에서는 작은 충격에도 폭발하는 특성이 있다. 더욱이 용액에 미량의 외부 부식입자가 섞여도 쉽게 폭발하는 특성으로 취급이 매우 위험하다.

폐쇄 사이클 원리(Closed-cycle Principle)

잠항상태에서의 디젤기관 가동에 순수한 액체 산소경우에 따라 순수 산소 기체를 이용하는 형태로, 현재 개발에 많은 진전이 이뤄져서 폭넓은 주목을 받고 있다. 하지만 정숙항해를 위해서는 아직 전기모터 및 배터리가 요구된다.

연료 전지(Fuel Cell)

연료 전지 내부에서 제어된 낮은 온도로 H_2와 O_2 결합 과정에서 생성된 전류는 전기모터를 구동시키는 데 이용된다. 현재 소형 잠수함에서 적용되고 있으며, 각각의 수소와 산소는 별도의 개별 압력용기에 보관된다. 납을 기반으로 한 배터리 운용보다 10배의 효율성을 갖고 있으나, 그럼에도 불구하고 극저온Cryogenic: 예로 액체 산소는 -180℃ 조건으로의 보관, 취급성 및 위험성으로 처음에 군사용으로 적용하기에는 부적합한 것으로 여겨졌었다. 현재 용량증대를 위한 연구개발이 한창 진행되었으며, 꽤 진전이 있는 것으로 알려지면서 독일의 Type 214형을 중심으로 중형 잠수함에 채택되기 시작한 것으로 알려졌다.

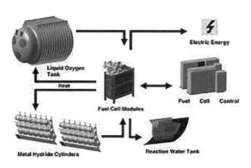

| Fuel Cell Plant(출처: Internet 자료)

스털링 엔진(Stirling Engine)

스털링 엔진과 같이 외부 가열기관을 잠수함 추진기관으로 적용하는 것이 연구되고 있으며, 연료 전지와 마찬가지로 액체 산소를 산화제로 탄화수소 물질을 연료로 각각 사용한다. 내연기관과 반대로 가열-팽창 행정에서는 실린더를 가열하면 기체가 팽창하여 피스톤을 밀어 올린다. 냉각-수축 행정에서는 실린더의 가열을 멈추면 기체가 수축하여 피스톤이 원위치로 돌아오게 하는 원리를 적용한다.

노틸러스(Nautilus)

- 미국, 핵추진 공격잠수함
- 배수량   3,764(수상), 4,040(수중)톤
- 속도   20(수상), 24.5(잠항)노트
- 최대 심도   122m
- 기관   S2W Westinghouse pressurized water cooled reactor 15,000shp
- 무장   533mm 어뢰발사관 6(함수)

급속한 핵분열을 이용하여 가공할 파괴력을 갖는 핵폭탄과 달리, 핵추진기관은 핵분열반응 속도를 낮은 수준으로 제어하여, 이를 통해 얻는 열에너지로 증기터빈기관을 구동시켜 통상 증기선과

마찬가지로 추진력을 얻는 것을 일컫는다. 초기 화석연료 증기기관은 잠항성능이 떨어진다는 이유로 모두 디젤기관으로 대체되었다가, 오랜 세월이 지난 후 다시 증기기관이 잠수함의 주력 추진기관으로 등장한 것은 역사의 아이러니라고 할 수 있다. 역시 핵추진 장점으로는 수중항해 시 화석연료 연소에 필요한 외부공기공급에 의존할 필요가 없으며, 단지 핵분열 열에너지로 생성된 증기로 터빈, 발전기, 산소 전기분해 생성, 공조, 위생시설 등의 운행에 필요한 모든 동력원을 얻는다는 것이다. 또 연료의 재보급 없이 종전에 상상할 수 없었던 엄청난 항속거리 및 잠항속도가 가능해졌다. 일례로 당시 높은 잠항속력 덕분에 노틸러스의 상갑판 일부 나뭇조각이 수중저항으로 이탈되는 일도 발생하였다고 한다. 높은 속력 덕분에 호위함에서 투사되는 폭뢰에 대한 회피가 용이해져 기존의 대잠 전술을 무력화시키고 생존성이 그만큼 향상되었다. 거의 무제한의 동력 공급으로 초계기간은 적재된 무장, 보급품과 승무원 사기 또는 체력/심리적 한계에 의해서 결정된다.

2차 대전의 종전 직후 테네시 주 오크리지Oak Ridge 연구본부에 집결한 미 해군 연구팀DNR: Director Naval Reactor은 리코버Rickover 제독 감독하에 핵추진 잠수함에 관한 연구를 개시하였다. 한편 핵반응 원자로에 대한 연구는 아르곤 국립Argonne National 연구소에서 별도로 진행되었다. 명칭도 소설《해저 2만 리》에 등장하는 전설의 니모 선장의 노틸러스로 선정되어, 더욱 호기심을 자아내게 했다. 잠수함의 외형은 그 당시 지배적이었던 독일 Type 21형 또는 구피급과 유사하며, 개발기간 및 위험성을 최소화하기 위해 그때 한창 개발이 진행되고 있던 알바코어와 같은 물방울 형상은 포기했다. 또 각진 모서리, 원자로 펌프와 같은 기관소음 및 해수 흡입/배기 구 등에 대한 소음저감 기술도 아직 적용되지 않아 수중저항과 진동에 의한 자체발생 소음이 꽤 높은 편이다. 특히 냉각수 펌프 소음이 커서 16km 밖에서도 쉽게 탐지될 정도였다고 한다. 노틸러스급은 그전의 재래식 잠수함들과 마찬가지로 2축 프로펠러를 갖고 있으며, 직경이 비교적 작은 프로펠러를 고속회전 하는 방식으로, 고속 수중항해 시 공동화에 의한 소음이 큰 점이 단점으로 지적되었다. 하지만 이러한 발생 소음에도 불구하고 수상함에 비해 보다 원거리에서 목표물 음향을 탐지할 수 있어 핵추진기관의 효용성을 다시 한번 입증하였다. 핵추진을 주기관으로 도입했지만, 아직 초기 단계라 예비용 스노클, 디젤기관 및 2차 전지는 그대로 유지하였다. 원자로는 체적이 꽤 큰 편이라서 수천 톤의 배수량이 요구되는 결과, 연안용 소형 잠수함으로는 부적합하다.

특히 원자로 덕분에 시간에 제한 없이 항상 충분한 동력이 가용하므로 대형화가 가능하고 따라서 무장탑재량, 대형 탐지장비와 더불어 승무원 휴식공간을 포함한 거주공간도 대폭 증가했다. 거의 무제한에 가까운 전기 에너지와 역삼투압식 담수 생산으로 목욕과 세탁이 가능해 위생상태가 과거에 비해 크게 개선되었으며, 에어컨디션에 따른 습도/온도 등과 환경 조건도 개선되었다. 이러한 거주조건의 개선은 2~3개월이라는 장시간 초계를 위해서는 사치가 아니라 꼭 필수적으로 따라야 한다. 이후에 다시 언급될 것이나, 물방울 형상으로 변경된 이후에는 배수량 대비 내부공간의 증가로 공간 활용도는 보다 증대되었다. 비록 핵추진이라 할지라도 복각구조로 근본적인 내부구성은 과거 재래식과 비교해 크게 달라진 것은 없었다.

노틸러스는 1952년 6월 진수되고, 정비 및 상당 기간의 시험운행을 거쳐 1955년 1월 17일에 정식으로 취역하여 핵추진 잠수함 역사의 첫 페이지를 장식했으며, 공격형인 관계로 그때부터 SSN이라는 명칭이 정식으로 사용되기 시작했다. 첫 핵추진 잠수함치고는 당초 생각보다 꽤 성공적인 작품이었으며, 여러 면에서 기존 기록들을 갱신하였다. 취역 후 3개월에는 잠항상태로 1,381nm의 항해를 달성하는 것과 동시에 반사음Echo Sounder 장치와 TV 카메라에만 의존한 채 잠항상태로 극권을 횡단하여, 이제 극권도 잠수함 활동영역으로 포함되었다. 더군다나, 1회 핵연료봉의 보급으로 62,562nm의 항해기록을 수립하기도 하여, 드디어 엄밀한 의미에서의 본격적인 잠수함 시대로 들어서게 되었다. 초도 잠수함이라는 특성으로 주로 연구 및 시험 목적으로 활용되다가, 1980년 함령 도달로 퇴역하여 현재는 코네티컷 고튼Gorton 박물관에 전시되어 있다. 이윽고 소련도 핵추진 잠수함 개발에 착수하여 11월급을 1958년 취역시키고 미국 경우처럼 Type 21형 외형을 가지며, 33노트 속력과 300m 잠항심도를 자랑한다.

알파(Alfa)급

- 소련, 1972년, 핵추진 공격용 잠수함
- 배수량　　2,300(수상), 3,200(수중)톤
- 속도　　　40~43(잠항)노트(불확실)
- 최대 심도　350m(450m? 불확실)
- 기관　　　액화금속 핵 반응기(Liquid: Lead-bismuth
　　　　　　Metal Cooled Reactor), 47,000shp, Single Screw
- 무장　　　533mm 함수 어뢰발사관 6

　뜻밖에도 알파급 핵추진 잠수함의 개발 동기는 미국의 1950년대 차세대 잠수함 개발목표로부터 제공되었다. 당시 미국의 목표는 10년 내에 수중속력 40노트, 최대 잠항심도는 900m를 갖는 SSN을 개발한다는 것이었다. 이러한 구상은 소련으로 하여금 미 항모전대에 대한 요격과 아울러 적 잠수함에 대해 스피드 이점을 이용해 공격할 수 있는 핵추진 잠수함을 개발하는 자극제로 작용했다. 외형은 빅터급에 이어 알바코어급과 유사한 물방울형이 채용되었으며, 유체역학 원리를 최대로 적용하여 함체와 잠항탑의 사이는 매우 매끄럽게 연결되어 있다. 900m확인 불명확의 잠항심도를 얻기 위해 높은 비강도항복강도/비중 비율 경량 타이타늄 합금이 재질로 사용되었다. 하지만 위의 금속은 일반 고인장강에 비해 성형 및 제작이 매우 어려우며, 또한 까다로운 용접 조건으로 특수한 제작공정이 별도로 개발되어야 했다. 1번 함은 용접부위 결함으로 발트해에서 시험 후 해체되었다고 전해진다. 또 다른 1척도 사고원자로 과열에 인한 화재 사고로 추정로 손실되었다고 알려졌다. 알파급의 추진기관에 적용되고 있는 원자로의 냉각혹은 열전달 매체로는 물 대신 액화금속Liquid Metal이 사용되며, 7엽 일축 프로펠러에 연결되어 있다. 실제 액화금속 핵 반응기의 최초 채택은 소련이 아닌 미 해군의 SSN 시-울프급현재 Sea-wolf급과 다름에서 시도되었으나, 기술적 어려움으로 일찌감치 포기했다. 액화금속은 열전달 매체로는 매우 효과적인 동시에 원자로가 대폭 소형화될 수 있으나, 역시 금속이라는 특성으로 동반되는 문제점들도 많다. 특히 정비를 위해 원자로를 일시적으로라도 가동을 중단하면 액화금속의 응고로 냉각을 포함한 순환계통에 심각한 문제가 야기되며, 또 고온/고압 증기를 완전히 차단하기란 여간 힘든 문제가 아니었기 때문이다. 결국 미 해군은 신뢰성 부족과 운용상의 어려움을 문제로 2년 후 액화금속 반응기의 개발을 포기하고 대신 통상적인 가압수압형 원자로 적용으로 선회하게 되었다.

액화금속 원자로는 물을 열전달 매체로 이용하는 반응기에 비해 상대적으로 구조가 간단하고 용적이 작은 것이 특징이며 또한 증기의 온도도 높아 출력도 높다. 하지만 알파급은 작은 선체와 더불어 서방 핵잠수함에서 보편화된 소음차폐장치의 낮은 성능 관계로 소음 발생 수준은 상당히 높아, 정숙항해, 은밀성 면에서 현저히 불리하다. 일례로 초기 알파급이 베링 해역으로 출격하는 소음이 멀리 미국 버지니아 해안에 위치한 소나 망에 탐지되었을 정도였다고 한다. 그 후 소음 감소 장치가 많이 보완되었다고는 하나, 알파는 아직 소음이 높은 잠수함에 속한다. 알파급 외에도 프랑스의

3,000톤급의 SSN 루비Rubis급도 선체가 워낙 작아서 앞의 액화금속 원자로를 갖추었다고는 추정했으나, 나중에 통상적인 원자로로 밝혀졌다. 타이타늄 선체와 더불어 액화금속 원자로를 갖춘 수중 배수량 8,000톤급의 마이크Mike급으로 계승되었으며, 당시까지 알려진 공격잠수함으로 가장 배수량이 컸으나, 1척만이 건조되었고, 그 유일한 1척도 노르웨이 해역에서 화재로 1989년에 침몰하였다.

붉은 시월(Red October)급

| Victor급의 견인 Sonar Array, 한때 전자기 추진기관으로 오인

처음 빅터Victor급이 사진으로 공개되었을 때, 서방에서는 나토 전략 핵잠수함 SSBN을 주목표로 하여 건조된 최초의 고성능 핵추진 공격잠수함이라는 파문 외에도 또 1가지의 외관상 특징이 목격되었는데, 그것은 바로 함미 수직 조타기에 장착된 물방울형의 포드Pod였다. 나중에 이 장착물은 견인 수동 소나로 밝혀졌으나, 당

시에는 정숙수중항해를 위한 보조 전자기 추진기관일지도 모른다는 관측이 나오기도 했다.

앞서 언급되었듯이 핵추진 잠수함에 장비된 원자로는 핵분열 열에너지를 생산할 때 소음을 발생시키지는 않으나, 대부분의 소음은 거의 주변장치, 특히 냉각수 순환펌프 및 프로펠러의 회전에 따른 진동소음이 상당한 비중을 차지한다. 따라서 장기간 잠항성능을 차치한다면, 정숙항해 면에서는 오히려 재래식 디젤-전기 잠수함이 핵추진 잠수함보다 더 유리한 경우가 있다. 아직 디젤잠수함과 핵추진 잠수함을 동시에 운용하는 소련을 포함 프랑스, 영국 해군이 이를 잘 대변하고 있다. 허나 미 해군의 경우 연구용을 제외하고 군사용으로 재래식 잠수함인 바벨Barbel급 본피시Bonefish가 1989년에 마지막으로 퇴역함으로써 현재 전적으로 핵추진 잠수함만을 보유하고 있다.

핵추진기관과 주변장치들에 인한 소음을 줄이기 위한 다각적인 노력이 요구되는데, 기관 주변 완충기 설치와 냉각수 자연적 순환 등을 꼽을 수 있다. 그렇다고 해서 핵추진 잠수함의 모든 소음을 완전히 차단할 수 있는 것은 거의 불가능하며, 단지 그 수준만을 낮출 수 있을 뿐이다. 그것은 아직 프로펠러와 같은 회전 기계류들과 또 프로펠러 회전 시 거품 발생과 이 거품이 터지는 순간의 소음을 완전히 제거할 수 없기 때문이다. 이러한 소음은 프로펠러 날개의 지름을 증가와 형상의 최적화로 어느 정도 개선할 수 있다. 이는 프로펠러 직경이 증가할수록 동일 속력을 얻기 위한 회전율의 감소와 또 이를 인한 거품의 발생량 또한 현저하게 감소시킬 수 있기 때문이다.

톰 클랜시Tom Clancy 원작소설《붉은 시월의 사냥Hunt for Red October》은 가상 타이픈Typhoon급 '붉은 시월'이 아주 획기적인 추진 기술을 이용한 최초의 핵추진 전략잠수함으로 함장이 여러 장교들과 함께 미국으로 망명한다는 얘기를 다룬 것이다. 일반적으로 이러한 추진기관을 장치하는 잠수함으로 선정된 타이픈급을 낭비적이라고 보는 시각이 있는 것은, 기존보다 장사정의 탄도 미사일을 장비한 SSBN이 굳이 극도의 정숙 추진기관을 이용해 적 해역까지 접근해 탐지될 위험을 무릅쓰고 초계한다는 것이 논리에 맞지 않는다는 지적이 있기 때문이다. 본래 타이픈급은 장거리 탄도 미사일의 이점과 자국 근해와 극권에서 공격잠수함 또는 호위함들의 호위를 받을 수 있는 이점을 최대한 살려 작전을 수행하는 것을 기본 골자로 하고 있으므로, 정숙항해로 적 해역에 잠입한다는 것은 위의 이점을 버리는 것이나 마찬가지이기 때문이다. 하지만 또 반대 시각으로는 다량의 화력을 단시간 내에 적 목표로 발사할 수 있어, 적의 대응시간을 감소시켜 기습의 이점을 가질 수 있다는 의견도 있다. 이런 전술에는 오히려 델타Delta급 전략잠수함에 더욱 적합한 임무라고 한다. 하지만 타이픈급 선정에 낭비적인 요소가 있다고는 하나, 전자기 추진기관에 대량의 전기 에너지가 요구되어 대형 원자로가 요구된다면 이는 또 다른 차원의 얘기가 된다. 만약 후자 이유가 타당하다면 탄도 미사일 잠수함은 이제 더 이상 잔존 보복용이라는 지위에서 전략 폭격기나 대륙 간 탄도 미사일 ICBM과 마찬가지로 선제공격 무기로서 더욱 위협적인 존재로 변모한다.

《붉은 시월의 사냥》영화의 배경으로는 당시 소련에서 여러 형태의 추진기관이 연구되고 있다고 전해지는데, 그중에서도 MHDMagneto-Hydrodynamic와 EMTElectro-dynamic Thrust라는 것을 꼽을 수 있다. 전자의 MHD가 바로 영화에서 등장하는 무소음 추진기관으로, 양 끝단이 개방된 튜브 형상 긴 관에 페로-액상Ferro-liquid 기능을 통해 규칙적이면서 강한 진동의 전자기장을 걸어주면, 이때 일정 방향으로 파도가 생성되어 결과적으로 관속의 해수가 뒤로 밀리면서 추진력을 얻는다. 이런 기관은 혹 '캐터필러Caterpillar'라고도 불린다. 이 원리는 전자 오스모시스Electro-osmosis Process라고도 불리며 요구되는 전력량도 엄청나, 타이푼급과 같이 배수량이 큰 잠수함이라 할지라도 원자로를 통해 발전되는 전력으로도 저속밖에 낼 수 없는 한계점이 있다고 한다.

반면 EMT는 이와는 다른 원리가 적용되나, 자기극성을 갖는 바닷물에 강한 자기장을 걸어주는 면에서 유사하다. 이 추진기관은 원리상으로는 자기부상 열차와도 비교될 수 있다. 잠수함 내부를 지나는 긴 관에 일렬의 전극을 배치해 전류를 전극을 통해 흐르게 하여 관을 통해 바닷물을 밀어내게 한다. 앞에서 언급된 2가지 형태의 추진기관은 현재 일본과 러시아에서 계속 연구가 진행되고 있는 것으로 전해진다. 이러한 추진기관이 현실화된다면 통상적인 프로펠러 없이도 추진력을 얻을 수 있어, 거품과 진동 발생 요인들이 현저히 줄어들며, 또한 주변 기계적 소음도 대폭적으로 감소시킬 수 있다. 따라서 대륙 간 탄도 미사일을 적재한 핵추진 잠수함이라면 작전 해역까지는 통상 프로펠러에 의존하여 도달하고 초계

중에는 위의 추진기관을 이용하여 정숙항해를 유지하는 작전도 구상할 수도 있다.

트라팔가(Trafalgar)급

- 영국 해군, 1983년, 핵추진 공격잠수함
- 배수량　　4,800(수상), 5,300(수중)톤
- 속도　　　15(수상), 28~30(잠항)노트
- 최대 심도　300m
- 기관　　　PWR(Pressurized Water Cooled Reactor),
　　　　　　15,000shp, pump jet
- 무장　　　533mm(21인치) 어뢰발사관 5기

앞서 얘기된 바와 같이 거품 발생이 큰 프로펠러를 대신할 수 있는 다른 형태의 추진장치는 여러 가지가 존재하는데 그중의 하나가 바로 펌프 제트 프로펄서Pump Jet Propulsor라는 장치이다. 언뜻 보아서는 프로펠러 작동원리와 형태가 흡사한 것처럼 보이나, 프로펠러와 펌프 제트와의 차이는 마치 항공기 엔진에서 터보제트와 터보-팬과의 차이와 비교할 수 있을 것이다. 바로 이와 같은 펌프-제트 추진장치를 이용, 정숙수중항해에 활용한 잠수함들이 영국 해군의 트라팔가급과 미 해군의 시-울프급이다. 시-울프급은 반조립 상태로 운반해 와서 진수시킬 선착장에서 완성, 조립하는 모듈러 공법이 채용되었으므로 건조, 정비, 유지에 유리하다고는 하나 아직 건조비용이 너무 높아 1척만 취역했다고 한다.

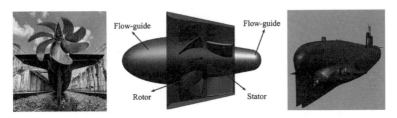

| a) 7엽 Screw, b) Pump-jet, c) Ring 부착 Screw

트라팔가급의 외형은 시가형이다. 처음에 의도했던 펌프 제트 추진장치의 개발이 계획보다 늦어져 1번 함 트라팔가에는 장착되지 않았으나, 그다음의 2번 함 터블런트Turbulent부터 설치되었다. 펌프 제트 추진은 통상적인 함미 프로펠러 대신 짧은 관Duct 내부에 위치한 여러 날이 달린 로터들을 비교적 서서히 회전시킴으로써 얻는다. 엄밀히 얘기해서 펌프-제트도 관의 내부에서 천천히 회전하는 일반적인 프로펠러라고도 볼 수 있다. 이 펌프-제트의 대표적인 효과로는 소음의 현저한 감소를 들 수 있다. 하지만 단점 또한 없는 것은 아니며, 우선 기존 프로펠러 방식보다 중량이 상당히 증가한다는 점이 있다. 펌프-제트의 설치로 함미 중량이 과도하게 증가하며, 따라서 함미 부위의 여유 부력이 감소하는 결과를 초래한다.

탱고(Tango)급

- 소련, 1972년, 디젤 공격용 잠수함
- 배수량   3,200(수상), 3,900(수중)톤
- 속도   15(수상), 16(잠항)노트
- 최대 심도   250m
- 기관   Diesel-electric 2축 screw, 6,000shp
- 무장   533mm(21인치) 어뢰발사관 5기

소련의 전후 세대 독일 Type 21형을 답습한 중대형 재래식 공격 잠수함들은 1,400톤 로미오Romeo급, 2,900톤 팍스트롯Foxtrot급에 이어 탱고Tango급으로 배수량이 증가하면서 성능개량이 목격된다. 이러한 잠수함들은 당시 서방 재래식 잠수함에 비해 비교적 직경이 작은 프로펠러가 장착되었으며, 또 한편 프로펠러 주변이 링으로 싸여 있는 것이 관찰된다. 탱고급은 프로펠러 주변 링이 부착된 추진장치를 장비한 러시아의 마지막 형으로, 이후에는 직경이 증가한 1축 프로펠러를 적용하기 시작했다. 프로펠러 둘레 주변 링은 일종의 짧은 관과 유사한 기능을 하며, 또 그로 인해 초보적인 펌프-제트와 흡사한 기능을 한다. 따라서 프로펠러 회전에 의해 발생하는 거품 발생량을 억제할 수 있으며, 그로 인해 소음의 수준도 감소시킬 수 있다. 링의 길이가 증가할수록 펌프-제트 기능에 가까워지는 것을 기대할 수 있으나, 무한히 연장되는 것은 이론적으로 한계가 있다고 한다. 또한 프로펠러 주변 링은 항만 접안 시 프

로펠러를 충돌로부터 보호하는 기능도 한다. 잠수함의 양 현에 선수부터 선미까지 연결되는 관에 이런 추진기관이 적용되었다고 하는 것이 톰 클랜시의 원작소설《붉은 시월의 사냥》에 등장하는 바로 그것이다.

다. 정숙항해와 회피기술

앞서 강조된 바와 같이 잠수함의 은밀성은 생존과 공격력과 직결되며, 기본적으로 수면 밑으로 잠항함으로 얻어진다. 탐색장비 민감성도 향상됨에 따라 그에 따른 정숙도 요구조건도 계속 높아지며, 현재도 부단한 노력이 경주되는 분야이기도 하다. 이러한 노력은 잠수함이 존재하는 한 계속될 것이다. 또한 추진기관의 발달은 잠항기간 연장으로 직결되어 육안 및 레이다에 의해 탐지될 확률을 더욱 감소시키며 더불어 최대의 적인 수동 수중청음탐색에 대한 탐지 기회를 감소시킨다. 또 핵추진기관의 도입과 선체 강도의 증가로 보다 깊은 수심으로 장기간 잠항에 의한 피탐 가능성을 한층 더 감소시킨다.

음향탐지기술이 본격적으로 도입되기 이전 초기 잠수함들은 일단 해면 밑으로 잠수하면 상대방에게 발견될 가능성이 거의 없었다. 하지만 자신의 탐색 및 탐지능력도 동시에 거의 감소한다는 약점이 있으며, 청음장비가 없었던 시절에는 잠망경을 통한 육안관찰에도 분명 한계가 있었다. 한편 부상상태에서는 육안이나 레이다를 통해 탐색능력을 최대로 이용할 수 있으나, 수상함이 상대적으로 높은 함교를 갖고 있으므로, 수상함의 탐색능력과는 비교될 수 없으며, 오히려 먼저 발각될 확률이 크다. 따라서 2차 대전까지 호위함을 회피하기 위해 잠수함의 수상속력도 매우 중요한 요소를 차지했다. 주간에는 최대속력을 이용해 적당한 공격위치를 잡은 다음 잠항하여 매복 공격 하거나, 야간에는 잠수함의 낮은 실루엣을 이용하여 부상상태에서 공격하는 방법도 많이 행해졌다. 특히 잠항공격 시에는 제한된 배터리 용량으로 깊게 잠수하여 높은 속도보다는 낮은 속도로 정숙을 유지하는 것이 생존에 더욱 유리하며, 고속 잠항속도는 대잠함을 회피할 때만 이용되었다. 위에서 언급된 이유로 수상에서 고속, 잠수 시에는 내압능력을 강조하여, 2차 대전까지의 모든 잠수함들은 복각구조 선체를 더 선호하였다.

수면 밑 해양 거동상태를 지배하는 요소 중의 하나는 깊이에 따른 온도 변화를 들 수 있으며, 이를 결정하는 원인은 주로 해면에 조사되는 태양 복사열이다. 물론 극권에서는 부빙이 수온에 끼치는 영향도 무시할 수 없다. 해역에 따른 차이는 있으나 깊어질수록 온도가 서서히 하강하다가, 일정 수심 이하에서는 수온이 급격하게 하강하는 지점에 도달하게 되는데, 이 지점을 변온층혹은 수온약층이라 한다. 이러한 변온층을 중심으로 해수 밀도에 큰 차이가 발생하며, 동시에 다양한 유기물과 무기물의 종류와 밀도에도 차이가 발생한다. 이러한 변온층은 소나 음파를 반사시키거나 굴절시켜, 변온층은 잠수함이 이러한 현상을 최대한 이용해 은밀성을 유지함에 있어 아주 중요한 역할을 한다.

바다의 염도는 32~37ppt 범위를 가지며, 마찬가지로 해역별로 증발 정도, 강우량, 하천에서 유입되는 담수량 및 빙산 용융 등과 같은 현상으로 해면에서는 다소간의 차이가 있다. 잠수함 부력은 염도 분포에 따른 주변의 해수 비중과 밀접한 관련이 있으며, 염도의 변화에 따라 동일한 밸러스트 탱크 내의 동일한 양의 해수라 할지라도 미세한 수심조절에 더욱 신경 써야 하며, 따라서 염도도 작전에 지대한 영향을 미친다. 더욱이 급격한 염도 변화는 수온의 급격한 변화와 더불어 잠수함으로 하여금 예기치 못한 위험한 상황에 빠뜨릴 수도 있다. 미 해군 핵추진 잠수함 트레셔Tresher는 위의 원인으로 침몰한 것으로 추정되고 있으나, 배관결함도 원인으로 배제할 수 없어 아직까지도 원인불명 상태로 남아 있다. 해수 비중 차이에 의한 부력에 대한 영향 외에도, 염도 분포에 따라서도 음향 왜곡이 발생한다. 다른 요인들에 비해서 영향은 상대적으로 작으나, 급격한 수온 변화와 결합하면 심한 음향굴절 현상으로 탐색과 탐지 성능에 큰 영향을 미친다. 수심이 깊을수록 수압이 일정한 수준으로 비례해서 증가하나, 염도에 따라 다소간의 차이가 있으므로 잠항 안전성과 직결된다.

고르지 못한 해저 지형은 대잠작전에 적지 않은 영향을 주며, 만약 잠수함이 울퉁불퉁한 해저에 근접해서 항진할 경우, 불규칙적인 음향 반사와 더불어 해류와 해저지형물 사이에서 발생하는 잡음으로 탐지를 매우 어렵게 만든다. 따라서 잠수함은 적 해역에 침투할 때, 해저지형에 대한 사전 지식과 정보를 최대로 활용해 잠입 및 탈출을 계획하는 것은 당연한 일이며, 또한 근처에 침몰한 선박도 조류에 의한 잡음을 발생시키므로 위치를 숨기는 데 이용되기도 한다. 특히 대륙붕에서의 해저지형에 대한 상세한 정보가 필수적이며, 경사면을 따른 접근 및 심연으로 탈출 시, 이 정보를 잘 활용하면 잠수함 생존성은 그만큼 증가한다. 결론적으로 얘기해서 대륙 간 탄도 미사일 SSBN보다는 이를 탐색/추적하는 핵추진 SSN에 이러한 정보가 더욱 절실하다.

　침투하는 적 잠수함에 대한 대잠방어에 있어, 투하 소노부이는 해면에 착수 후 해류에 따라 이동하므로 장시간 탐색에 이용하는 것이 어렵다. 또 폭풍과 같은 악천후가 발생한다면, 수상함 탑재 대잠헬기의 이/착함이 어려워 소노부이나 케이블 연결 딥핑 소나 전개가 거의 불가능하므로, 대잠작전에 많은 제한이 생기기도 한다. 한편 소노부이가 제대로 착수되었다 하더라도 변온층에 의해 음향 신호가 왜곡될 수 있으므로 깊이 항진하는 잠수함의 탐지가 더욱 힘들어진다. 하지만 잠수함은 해상 기후조건에 대해 거의 영향을 받지 않으므로, 위와 같은 대잠 취약성을 최대로 이용하여 피탐을 최소화할 수 있으며, 따라서 잠수함이 상대방 잠수함을 탐지하는 데 더욱 유리하다.

　초기 원자로가 추진기관 에너지원으로 도입될 당시 기관에 의해 발생되는 소음은 재래식 디젤잠수함에 비해 그리 만족할 만한 수준은 아니었다. 어느 정도 기간이 경과한 후 핵추진 공격잠수함의 운용을 통해 충분한 경험을 축적한 미 해군은 차세대 핵추진 잠수함 개발에 있어 소련과 다른 접근방법을 적용했다. 미 해군은 핵추진 공격잠수함이 고속과 고기동성을 이용, 대잠무기에 대해 회피/기동하는 것보다는 초계기간 중에 적당한 속력을 유지하면서, 발생되는 소음을 최대로 억제하는 동시에 깊게 잠항함으로 적에게 발견되는 않는 것이 최선이라고 생각했다. 왜냐하면 당시 고속 잠항속력은 미 해군에서는 곧 소음과 동의어처럼 여겨졌기 때문이었다. 가장 대표적인 예는 소련 알파급으로, 액화금속냉각 원자로 냉각계통에 인한 소음문제는 매우 심각하여, 고속, 고기동 이점을 상쇄할 정도라고 한다. 사실 앞서 얘기되었듯이, 원자로는 소음 발생 근원지라기보다는 대부분의 소음은 주변기기, 즉 냉각매체 순환계통과 회전체 등에서 비롯된다. 미 해군은 가장 기본적인 것은 먼저 자신의 음향이 피탐되면, 필연코 당한다는 원칙에 입각해 소음저감 문제해결에 심혈을 집중했다. 그럼 이런 소음문제를 해결하는 방법은 어느 것들이 현재 적용되고 있는지 살펴보기로 한다.

구체적인 소음 감소 방법에 대해 언급하기 전에 유사한 핵추진 기관을 적용한 미국의 초기 핵추진 잠수함들이 밟아온 길을 살펴보기로 하겠다. 우선 노틸러스와 스케이트Skate급 이후 등장한 스킵잭Skipjack급은 고속 공격잠수함에 대한 기대와 시대적 사상을 반영한 대표적인 잠수함들이다. 스킵잭 급은 핵추진 잠수함으로는 최초로 알바코어의 물방울 형상을 채용하면서, 고속 수중속력과 기동성 향상을 위해 설계되었다. 고속을 얻기 위해서 추진기관 동력에 비해 배수량이 적은 선체를 채택했기 때문에 내부공간이 협소하여, 그만큼 무기 탑재량도 줄고 또한 당시로서도 고성능의 소나 탑재가 여의치가 않았다고 한다. 그보다도 주목할 점은 함체의 적은 중량으로, 진동 에너지혹은 소리 에너지를 흡수할 수 있는 능력이 크게 감소해 그만큼 수중소음이 증가하였다. 그다음으로 등장하는 퍼미트Permit와 스터전Sturgeon급들은 스킵잭급에서 발생한 소음문제를 보완하고자 개량한 잠수함들로서, 결과적으로 배수량이 크게 증가했으며, 따라서 무기/장비 탑재량이 증가하고 개선된 탐색장치들을 설치해 부분적으로 문제가 해결되었으나, 수중속도는 기존 33에서 28노트로 감소하는 희생이 따르지 않을 수 없었다. 그러나 러시아의 알파, 시에라 및 빅터급의 개발과 특히 최근 아쿨라급의 고속 및 잠수심도와 정숙도는 매우 뛰어나, 당초 미 해군 예상을 상회하는 것으로 밝혀졌다. 이에 미 해군은 다시 차세대 잠수함 개발에 박차를 가했다.

앞서 언급된 단점을 보완해 등장한 것이 로스앤젤레스급으로 종전과 달리 수중속도는 스킵잭급 수준으로 다시 회복하고 동시에 정숙도 개선에 여러 혁신적인 요소들을 반영했다. 하지만 수중속도와 정숙도 향상 목적을 동시에 달성하기 위해서는 어느 정도 잠항심도 희생이 불가피했다. 이는 수중속도의 증가를 위해 선체 재질의 강도개선에도 불구하고, 대신 두께 감소를 통한 경량화를 채택했기 때문이다. 하지만 무장계통과 탐지장치에 대한 과감한 개선이 이루어져 로스앤젤레스급은 최신에 시-울프급 또는 버지니아급을 제외하고 가장 치명적인 SSN으로서의 그 자리가 확고하다. 특히, 동급의 후기형에서는 하푼 대함미사일 및 토마호크 순항 미사일을 위한 수직발사관VLS: Vertical Launch System을 설치해 기존의 SSN 기능을 유지하면서, 어느 정도 전략적 공격능력도 확보하게 되었다.

전차, 수상함, 항공기들을 포함한 모든 무기체계들과 마찬가지로 요구 항목에 다소 차이는 있으나, 획기적인 기술발전 없이는 잠수함도 주어진 한계 내에서 체적, 중량, 화력, 항속거리, 잠항심도, 수중속력의 조합Tradeoff이라는 제한 조건에서 크게 벗어날 수 없다. 그러므로 특정 항목의 성능향상은 추진기관의 출력과 정숙도 개선 없이는 다른 분야의 희생을 강요하므로, 그 설계개념은 당시 전술적 요구사항을 면밀히 검토해 반영한 결과라고 봐야 한다. 전반적인 소음 감소를 위해서는 주기관 및 주변기기에 대한 소음저감, 동력전달 기어의 변경, 수평/수직 조향타 형상/위치, 프로펠러 형상, 선체 외형, 해수 흡입/배출구 수량 및 형상 등에 대한 대폭적인 변경이 필요하다. 특정 부품의 마모나 윤활제 부족으로 소음이 증가할 수 있으므로 수시로 점검하여 부품을 교환하거나 수리하여 소음 발생 근원지를 최소화할 필요가 있다. 또한 안전성 확보와 효율성 유지를 위해 엄격하고 지속적인 승무원 훈련, 주기적인 정비/수리, 기존장비의 교체 또는 신규장치의 설치 등이 필요하다는 것은 두말할 필요도 없다. 특히 원자로가 주 동력원이 되면서 이에 합당한 기반시설을 갖추어야 하므로, 귀환 후 정비 과정에서 중요 수리나 보수는 기지에서 이루어지나, 응급을 요하거나 소규모 수리는 장기간 초계 중 해상에서 실시되는 것이 일반적이다. 따라서 승무원들은 각 해당 분야에서의 숙련도 유지와 지속적인 훈련이 필수적이다. 이렇듯 건조, 기반시설 및 유지에 막대한 비용이 소요되므로, 정치적 이유 외에도 극소수 강대국들만이 핵추진 잠수함을 운용할 능력을 갖는다.

로스앤젤레스급과 같은 고성능 잠수함에서 정숙항해를 위해 적용된 기술적인 혁신으로는 여러 가지를 꼽을 수 있는데, 그중에서 1가지는 발생되는 진동소음을 많이 발생시키는 기관, 장비들은 선체 또는 격벽 벌크헤드에 직접 연결해 고정시키는 것이 아니라 별도의 진동흡수 램프를 설치하여 그 위에 진동 발생기관들을 설치하고 램프와 선체 사이는 유압식 완충기로 연결해 선체에 전달되는 진동 에너지를 상당 수준까지 차단시키거나 완화하는 방법을 적용하고 있다. 한때 터빈-전기식 추진방식이 개발되기도 했으나, 기술적 난제에 가로막혀 포기했다고 한다. 그 밖의 소음 감소 방법으로는 원자로의 열전달/냉각매체를 펌프를 이용, 강제 순환시키는 것이 아니라, 매체의 온도에 따른 비중 차이를 이용해 자연순환시키는 방식이 있다. 또한 주요 장비 주변이나 승무원들이 자주 왕래하는 복도는 고무 재질로 코팅하여 소음 발생 요인을 현저히 줄이기도 하며, 특히 잠수함 선체 외부에는 능동 소나 발신 음파를 흡수하는 재질의 타일Anechoic Rubber Sheathing Tile을 내외에 부착시키는 방식으로 피탐 기회를 감소시킴과 동시에 잠수함 내부에서 일어나는 소음도 상당 수준 차단시킬 수 있다. 그리고 교전 상태에 들어가면, 필수적인 장비들만을 제외한 나머지는 가동을 중단시켜 소음요인을 감소시킨다. 위에서 얘기된 소음 완화/차단 방안은 비단 핵추진 잠수함뿐만 아니라 디젤기관을 구동하는 재래식 잠수함에서도 확대/적용되고 있다.

위에서 언급된 각종 노력에도 불구하고 대잠탐지능력의 발전으로 불가피하게 피탐되는 경우가 종종 발생하는데, 이때 닉시Nixie라는 미끼역할을 하는 장치가 있다. 이 장치는 각종 소프트웨어 프로그램을 이용해 특정 소음을 고의로 발생시키는 장치이다. 이것은 마치 위장과 미끼의 중간 기능이라고 이해할 수 있으며, 소음 발생장치는 실제 잠수함 위치와 먼 거리로 발사하거나 예인하면서 소음을 발생시켜, 마치 항공기에서 투하 또는 방사하여 레이다파 반사와 열추적 회피를 위한 윈도Window 또는 채프Chaff와 유사한 기능을 한다. 그 가까운 예로는 수상함이 예인하는 미끼로서 자신에게 발사된 음향/자기유도어뢰를 회피하기 위한 그 함정 기관의 고유한 주파수를 갖는 소음 발생 물체를 예인하는 것과 마찬가지이다. 그 역사는 이미 2차 대전으로 거슬러 올라가며, 연합군이 독일의 V형 음향유도어뢰에 대항해 개발된 것이 시초로 알려져 있다. 잠수함에서도 이와 같이 동일한 원리를 이용하고 있으며, 고의적으로 발생시키는 소음의 종류도 기관음, 외부 어뢰발사관문Torpedo Chip Door 개방음, 어뢰발사 소리, 어뢰발사관에 물을 채우는Floating 소리 등으로 다양하다.

기만 수단이라 함은 적의 탐지를 어렵게 하여 위치정보를 노출시키지 않거나 적이 무장발사를 위한 정확한 데이터를 얻기 힘들게 하는 모든 수단 및 장비들을 통칭한다. 예전에는 잠망경에 의해 자신의 위치가 노출되는 경우를 제외하고는 일단 잠항하면 탐지가 어려웠으나, 주간에 대잠초계기들이 투입됨에 따라 낮은 수심으로 잠항하는 잠수함들은 육안으로도 발각될 수 있었다. 물론 해역마다 가시광선 투과도에 차이가 있으나, 보다 깊게 잠항할 필요가 생겼다. 이를 대처하기 위해 잠수함의 상부 구조물은 어두운, 특히 회색 페인트로 어느 정도 효과는 거둘 수 있었으나, 분명 한계는 있었다. 오늘날 잠수함 항공기과 수상함정의 각종 탐색/탐지기술의 발전으로 종전보다 스노클 장비 재래식 잠수함의 작전영역은 현저하게 감소하고 있는 추세이다.

일반적으로 수상항해 하는 동안 육안 또는 레이다 탐지 경우를 제외하고, 탐색-탐지에는 주로 능동, 수동음향탐지장치들이 주로 이용되며 그 범위는 장비의 성능과 주파수에 따라 크게 좌우된다. 따라서 잠수함은 생존을 위해 음향탐지에 대해 반사되는 면적을 최소화할 수 있도록 해야 한다. 보통 음향 반사는 직경보다는 길이에 따라 반사 정도가 크게 차이 난다. 일반적으로 주어진 배수량에 대해서 긴 함체보다는 짧고 통통한 형상이 음향 반사를 감소시키는 데 더욱 유리하다. 마찬가지로 작은 잠수함이 큰 잠수함에 비해서 음향 반사가 적다. 한편 잠항 수심이 깊을수록 능동 및 수동음향 탐지에 대해서 보다 유리하다. 또 외면에 고무 혹은 플라스틱 도포도 음향탐지 감소 수단으로 이용된다.

마찬가지로 자신을 향한 음파를 반사하여 위치정보를 교란시키기 위해 거품 발생장치를 사출하여 대항수단으로 이용하며, 거품은 발신음향을 반사시키는 데 매우 효과적이다. 대표적으로 자신을 향해 발사된 어뢰가 능동유도로 변환된 이후 거품 발생장치를 이용해 어뢰의 진로를 교란시키는 방법을 들 수 있다. 하지만 사출한 거품 발생 미끼의 위치가 고정되어 있으므로, 도플러Doppler 효과가 없어 위장이라고 곧바로 판별되는 단점이 없는 건 아니다. 허나 미끼에서 발생되는 거품으로 음향탐지를 방해하거나 능동유도어뢰를 일시적으로 다른 방향으로 유도할 수 있다는 점에서 효과는 충분히 있다. 미끼사출에는 어뢰발사관과 흡사한 별도의 사출장치를 이용하며, 기계식, 압축공기 혹은 수압식 등으로 구분된다. 또한 본 사출장치는 저장된 신호 통신용 부이나 수온약층 파악을 위한 수온측정 장치를 방출하는 수단으로도 이용될 수 있다. 현재는 미끼와는 별도로 잠수함과 유사한 소음을 발생시키는 자가추진 위장 물체를 사출하여 위치를 교란시키는 것도 개발되었으며, 본 위장 물체는 접근해 오는 음향유도어뢰를 회피하거나 추적을 따돌릴 때 주로 사용된다.

대잠탐지기에 걸리지 않기 위한 가장 효과적인 방법 중 하나는 수심이 안전심도보다 낮은 연안에서 흔히 사용되는 방법으로 해저에 침좌시키는 것이다. 이 경우, 필수적인 기관 외에 모든 소음 발생기관들을 정지시켜 적에게 위치를 노출시키지 않도록 한다. 물론 잠수함이 적에게 탐지되지 않으면서 공격위치를 잡고, 또 공격 후에 안전하게 회피하기 위해 소음은 최대로 억제하면서 반격의 혼란을 이용해 회피하기도 한다. 특히 대잠무기 중에서 가장 애용되는 무기는 폭뢰로, 발생하는 폭발 충격파를 배경으로 회피하는 방법도 있다. 왜냐하면 수중폭발음은 공기와 달리 배경 진동 에너지가 완전히 소멸될 때까지 상당한 시간이 소요되고, 또 이로 인해 소나능력도 현저히 저하하기 때문이다.

항법, 통신 및 탐지기술

잠수함이 부상상태로 항해할 때는 일반적인 수상함과 마찬가지로 유사한 항법장치나 항해기법이 이용된다. 하지만 잠수상태에서는 수상함과 달리 천체관찰이 어렵고 2차원적이 아닌 3차원적 공간을 기동해야 하므로 수상함과 달리 추가적인 항해/항법 기법이 요구된다. 이와 아울러 수상함과 마찬가지로 작전수행을 위해 사령부, 기지, 아군 함정들과의 통신도 매우 중요하나, 마이크로 전파가 투과되는 깊이가 제한적이므로 특수한 장비 내지 기술이 요구된다. 특히 잠항상태에서는 탐지 경고 신호 포착 및 경고 장비가 별도로 필요하다.

1) 항법 장비

기본적으로 잠항상태에서의 위치는 항진 방위 및 속력을 통한 추측 항법으로 결정되는 것은 여타 수상함정과 크게 다를 바 없다. 이러한 추측 항법에 의한 위치 정확도는 항해가 장거리로 진행됨에 따라 누적 오차로 저하되는 것이 불가피하므로, 이따금 잠망경을 통한 천체관측, 기지나 통신장비에서 발신하는 라디오 신호 및 위성송신 신호 등과 같은 다른 보조적인 수단들이 요구된다.

나침판(Compass)

　초기에는 여타 선박들과 마찬가지로 자석 혹은 자기장 나침판이 주로 이용되다가, 자이로Gyro 나침판이 소개된 이후로는 위치측정 정확도가 훨씬 향상되었다. 특히 현재 인공위성으로부터 송신되는 G.P.S. 신호 수신으로 위치 정확도는 예전보다 많이 개선되었다. 하지만 위의 송신 신호 포착을 위해서는 잠망경 심도로 올라와야 하므로 그로 인해 피탐 위험성에 노출되는 것도 사실이다. 보편적으로 나침판은 조종 제어콘솔과 연동하여 항해 정보를 입력하는 방법을 채택하고 있으며, 또한 방위 정보는 다른 탐지장비와 무기 통제장비에도 연동해 입력된다. 사실 자이로-스코프의 개발은 전파 신호 수신이 어려운 극권 항해와 역사를 같이한다. 잠수함이 대형화됨에 따라 간혹 자석 나침판 외에도 보조 자이로 나침판을 설치하거나, 자석 나침판을 보조 수단으로 활용하기도 하며, 자석 나침판은 선체 자체의 자기장 영향을 최소화하기 위해 별도로 반경 1m의 비자성 구역 내에 설치한다. 미 해군의 핵추진 잠수함은 일찍감치 자석 나침판 대신 관성항법장치를 설치해 극권에서 원활한 작전수행이 가능해졌으며 또한 현재 방위측정 장비는 컴퓨터의 발전으로 소형화, 정확도에서도 괄목한 발전이 이루어졌다. 특히 빠른 연산속도 및 정확도의 개선으로 실제 교전 시 급기동에 의한 순간적인 정보에 대한 실시간 업데이트도 가능해졌다.

속도 측정

항공기와 유사하게 함수에 설치된 유체역학 로그Hydrodynamic Log는 속력을 측정하는 데 이용되며, 선체 외부로 노출된 부분이 없으므로 매우 효과적이다. 유체역학 로그로 얻는 전압력Total Pressure은 동압력Dynamic Pressure과 수압의 합산이므로, 전압력과 현측에서 측정되는 수압의 차이를 통해 속도가 계산된다. 따라서 항진 거리는 속력과 시간의 적분을 통해 계산된다. 보다 정밀한 거리 측정을 위해서 임펠러Impeller 회전수를 측정해 얻는 방법이 선호되고 있으며, 이는 해역, 수온, 염도별 차이로 발생하는 수압 효과와 거의 무관하기 때문이다. 이런 장치는 유체역학상 경계층Boundary Layer의 영향이 최소인 위치에 설치되어야 한다.

음향 수심 측정

주변에 위협이 없는 상황이라면, 허용되는 한 능동 소나를 통해 해저로부터 반사되는 음향을 이용하여 수심을 측정할 수 있으며 비교적 정확한 데이터가 수집된다. 순항 중 잠항심도를 알아내기 위해 상하로 동시에 음향신호를 발신하여 해면과 해저로부터의 거리를 동시에 측정하며, 두 거리의 합산은 해역의 수심을 나타낸다.

라디오 방향 탐지(RDF: Radio Direction Finder)

잠수함은 수상항해 시 RDF를 통해 본 함의 위치를 파악할 수 있으며, 이와 아울러 아군과 적함의 위치도 탐지할 수 있다. 링 형상 안테나 또는 함교에 비전도성 소재의 구조물 내부에 고정형으로 설치되는 2가지가 있다.

육분의(Sextant)

오래전 범선시대부터 애용되던 고전적인 방법으로 부상 혹은 잠망경 심도에서 육분의가 사용될 수 있다. 정밀한 시간을 제공하는 크로노미터Chronometer 또는 시계와 병행되어야 정확한 위치측정이 가능하다.

라디오 항법

연안에서 발신되는 라디오 신호를 항법에 활용할 수 있으며, 대양에서는 위성이 제공하는 신호를 바탕으로 위치측정이 가능하다. 하지만 이때 수면 위로 수신 안테나가 노출되므로 피탐 위험성도 있다. 수신 위성신호 대역은 UHFUltra High Frequency 또는 VHFVery High Frequency 영역이다.

2) 통신장비

잠항상태에서 통신은 잠수함이 등장하면서부터 어려운 숙제 중의 하나였으며, 초창기에는 별도의 잠항상태에서 통신할 수 있는 장비가 거의 없었으며, 은밀성이 요구되는 잠수함에서의 교신은 상대방에 의해 쉽게 탐지될 위험성이 높다. 하지만 함대사령관의 명령수령 및 초계 중 획득된 정보를 송신할 필요는 항상 있었으나, 불행히도 독특한 해양조건으로 통상적인 통신수단의 적용에는 어려움이 따랐다. 수중에서는 라디오 전파가 흡수되므로 전파 투과는 수면 밑에서 매우 약해지며, 특히 고주파 영역일수록 신호가 깊이에 따라 더욱 약해진다는 특성이 있다. 더군다나 음향신호와 마찬가지로 라디오 전파는 수면 밑에서 변온층에 따라 굴절되거나 반사되기도 한다. 따라서 보다 적합한 방법으로 저주파 전파 통신을 들 수 있으나, 저주파일수록 시간당 전달할 수 있는 정보량이 현저히 감소한다는 단점이 있다. 다량의 정보량이 필요하거나 상세한 내용의 교신을 위해서 잠수함은 수면 가까이 항진하며 안테나를 전개해야 되나 이 또한 탐지될 기회가 증가하는 위험성이 있다.

초기 잠수함에 설치된 통신장비는 수상함과 큰 차이가 없으며, 단지 수중이라는 독특한 특성으로 안테나의 구조에 차이가 있을 뿐이다. 일정 수심 내에서의 잠항상태에서 수신이 가능한 VLHVery Low Frequency 혹은 특히 비교적 심해에서 작전하는 전략잠수함의 경우, 심해에서 수신이 가능한 ELFExtremely Low Frequency 안테나가 활용되고 있다.

잠수함으로의 송신

VLF(Very Low Frequency radio)

3~30kHz의 영역의 전파는 VLF 밴드에 속하며, 대략 15m 수심까지 수신이 가능하다. 미 해군의 경우, 잠망경 심도까지 부상하는 시간을 최소화하기 위해 VLF 안테나로 510m 길이의 견인 와이어와 플라스틱 부이형의 2가지를 주로 활용하고 있다. 피탐 기회가 현저히 감소하지만, 그렇다고 해서 탐지로부터 완벽하게 자유로운 것은 아니다. 견인 안테나도 해상 조건에 따른 진동으로 미약하나마 음향신호를 발생시킬 수 있으며, 또한 부이형 안테나도 육안이나 레이다로 탐지될 가능성이 아주 없는 것은 아니다. 한편 해안에 위치한 고가의 대형 VLF 안테나는 개전 초기에 적의 선제공격에 노출되어 송신이 차단되는 단점도 있다.

ELF(Extremely Low Frequency radio)

300Hz~3kHz의 영역대는 ELF 밴드에 속하며, 대략 수심 100m까지 수신이 가능하며, 불확실하지만 보다 개량된 최근 장비로는 400m까지 수신이 가능하다고 알려져 있다. 더욱이 ELF 전파는 교란과 핵폭발 효과에도 안전한 통신이 가능하므로 전략잠수함은 핵 보복 공격 또는 2차 추가공격에 활용하기 적합하다. 하지만 ELF는 정보통신 속도가 매우 느린 것이 가장 큰 단점이므로 정보를 압축함과 동시에 사전에 약속된 간단한 암호만을 송수신하는 것을 원칙으로 한다. 가령 색깔단어에 미리 책정된 암호를 송신하는 것으

로 각 색마다 교전국혹은 교전국들을 미리 설정해 놓는 방법이다. VLF
와 마찬가지로 견인 와이어를 전개하여 수신하는 것이 일반적이
다. 두 번째 문제점으로는 지상기지에서 제한된 송신거리로 전 세
계를 커버하는 것이 거의 불가능하며, 지상 안테나 시설은 선제공
격에 매우 취약하므로 별도의 위성, 수상함, 통신용 항공기들이 활
용된다는 것이다.

TACAMO(Take Charge And Move Out)

TACAMO 체계는 잠항상태의 탄도 미사일 전략잠수함들과 통신
하는 데 주로 이용되고 있으며, 다른 수단에 비해서 생존성이 상대
적으로 높다는 점을 장점으로 들 수 있다. 통신장비는 장거리 성능
과 체공시간에 유리한 항공기예: C-130 계열 터보-프롭 항공기에 탑재해
주로 운용된다. 항공기는 전적으로 메시지를 전달하는 역할만 하
며, 지휘관이 탑승해 명령을 하달하거나 지휘하는 기능은 없다. 통
신 대역도 VLF, LF, HF, 및 UHF를 모두 커버한다. 하지만 이런 항
공기가 특정 해역에서 비행하고 있으면, 상대방의 전략잠수함이
근역에 존재한다는 것을 암시하는 것이나 마찬가지로, 이 역시 주
의가 요구된다.

통신 부이(Communication Buoy)

잠수함과의 통신을 위해 다양한 형태의 통신 부이가 사용된다.
프로그램화된 메시지를 저장한 통신 부이를 통해 잠수함이 위치를
노출시키지 않고 통신하는 방법이다. 통신 부이 전개에는 항공기

혹은 수상함이 이용되며, 투하 직후 수면에서 송신한 후 입력된 수심에 도달하면 2~3회 정도 메시지를 송신한 후 해저로 가라앉혀 노획되는 것을 방지한다.

청록 레이저(Blue-green Laser)

바다에서 어느 정도 수심까지 도달할 수 있는 청록 레이저 스펙트럼 일부분 영역이 있으나, 송신에 필요한 에너지가 높아 아직 위성으로부터의 송신은 어렵다. 하지만 지상기지에서 생성된 레이저 빔을 위성에 달린 거울에 반사시켜 해당 해역에 초계 중인 잠수함에 메시지 전달은 가능하다. 청록 레이저를 통한 정보 전달 능력은 기존의 ELF와 비교하여 300배 정도 되는 것으로 알려졌다.

잠수함으로부터의 송신

어떤 형태의 통신이건 간에 잠수함으로부터의 송신은 탐지될 가능성이 매우 높으며, 따라서 통신으로 위치가 발각될 위험성이 높아진다. 오랫동안 잠수함의 송신 영역은 3~30MHz의 HFHigh Frequency를 이용해 왔다. 허나 탐지되기 쉬우며 방위-탐색Direction-finding에 역이용당하기 쉬운 것이 단점이다. 2차 대전 시 독일 해군 유보트 전대의 궁극적인 패배 원인도 대잠무기 성능 향상과 더불어 통신감청에 따른 방위/탐색의 결과로 보아도 큰 무리가 없을 정도이다.

이를 극복하기 위한 기술적인 방안으로는 압축 초단시간 송신버

스트 트랜스미션: Burst Transmission이 있으며, 문자 그대로 송신할 정보를 전자적으로 압축시켜 아주 순식간에 송신하는 방법이다. 탐지가 불가능한 것은 아니나, 종전 송신보다 피탐이 매우 어려워진 건 사실이다. UHF 혹은 SHF 영역은 주로 위성 통신에 이용되며, 상대방 지상에서의 탐지가 비교적 어렵다는 장점이 있다. 수신과 마찬가지로 송신에도 부이가 사용될 수 있다. 하지만 웬만해서는 위급을 다투는 상황이 아니라면 잠수함으로부터의 송신은 자제하는 것이 바람직하다. 과거 미국의 잠수함 통신 암호체계가 소련의 스파이망에 의해서 노출된 적이 있었는데, 이를 인지하지 못하고 있던 미 해군 잠수함 사령부는 더더욱 잠수함으로부터의 통신 자제Radio silience를 강조하는 경향을 보였다. 잠수함과 아군 군함과의 통신도 어려운 과제 중의 하나이다. 급한 정보가 아닌 경우, 수상함에 대한 통신은 부이를 통하며, 상황이 허락된다면 수중음향 전화Acoustic Underwater Telephone가 이용된다. 그렇지 않으면 잠수함끼리의 상호 교신은 기지 중계를 통해서 하는 것이 일반적이다.

3) 탐색 및 탐지

역시 대표적인 탐색장치로는 할리우드 영화를 통해 뇌리에 깊이 각인된 잠수함을 상징하는 잠망경을 들 수 있으며, 목표물 동향, 항공기 탐색, 공격을 위한 거리/방위 등의 판별에 주로 사용된다. 하지만 수중에서의 항진을 위해서는 유체저항과 소음을 발생시키는 잠망경은 사용하지 않는 동안에는 선체 내부로 수납된 상태를 유지한다. 잠망경은 잠항탑으로부터 선체를 관통하여 수납되며, 그 종류도 탐색용과 공격용으로 구분되는 것이 일반적이다. 특히 트리밍을 통한 잠수함의 심도조절 능력이 아무리 탁월하더라도, 세밀한 심도 조정에는 한계가 따르므로 잠망경 자체에 수심제어 능력을 갖추는 것이 바람직하다. 한편 대전 이후 궤도위성이나 GPS 등이 도입되기 전에는 탐색 잠망경에 육분의를 장착해 잠수상태에서 천체를 이용해 위치를 파악하는 데 주로 사용되었다. 또한 과거와는 달리 광학전자장비의 괄목할 만한 진전으로 적외선 탐지나 야간투시 능력을 보유한 잠망경도 등장하게 된다.

그 밖의 광학장비는 탐색 잠망경과는 별도의 마스트Optronic Mast에 장착되어 운용된다. 현재 특정 잠수함의 잠망경은 빠르게 360도 회전을 통해 고속 촬영-녹화 기술을 활용하여 노출시간을 최소화함으로써 적에게 탐지될 기회를 최소화하는 기술도 현실화되고 있다. 일반적으로 대략 6~7노트 이상의 항진속도라면 잠망경에서 발생하는 진동을 완전히 차단할 수는 없으며, 이 또한 잠망경의 단면 형상에 따라 크게 좌우된다. 잠망경 전개에는 유압, 케이블/윈치 등의 기계식이 이용된다.

레이다 파장은 물을 투과할 수 없으므로 수상항해나 잠망경 심도에서 시용되고 안테나는 수면 밖으로 노출시킬 수밖에 없다. 탐색 대상으로는 선박, 해안선 지형, 항공기 등이며, 한편 잠망경과 마찬가지로 레이다는 용도에 따라 항법용과 공격용으로 구분된다. 재래식 잠수함의 수상항해 또는 스노클 항진 시, 적의 수상함 또는 항공기에 탑재한 레이다에 의해 탐지될 수 있으므로 레이다 전파를 조기에 역탐지할 수 있는 수단이 요구된다. 스노클 마스트에 레이다 전파 탐지장치를 장착해 적으로부터 조기에 대처할 수 있도록 한다. 이와는 별도로 태평양전 시 일본 가미가제 공격에 시달리던 미 해군은 함대로부터 원거리에서 레이다 장비 구축함을 조기경보용으로 레이테 해전 이후 사용하였으나, 특공기에 의한 구축함의 막대한 손실로 대신 레이다 장비 잠수함을 조기경보용으로 운용한 사례도 있다.

역시 잠수함의 탐색/탐지 수단으로서 음향탐지장치가 빠질 수 없다. 우선 음향탐지에 능동과 수동 방식이 있다는 것은 이미 잘 알려진 사실로 모든 수상과 수중 목표에 대한 탐지가 가능하다. 능동 소나는 레이다와 원리가 흡사하며 탐지거리는 레이다에 비해 짧다. 또한 탐지거리와 정확도는 소위 말하는 음향환경Acoustical Weather에 의해 결정되며, 여기서 음향환경은 해당 해역의 수온, 수심, 변온층, 파고와 염도 등이다. 특히 수온이 상승할수록 탐지거리는 감소한다. 예를 들어 발트 해역에서의 탐지거리는 대서양보다 짧으며, 주간에는 야간보다 탐지거리가 단축된다. 회전하는 소나의 경우에는 외부에 설치되며, 소나 케이스는 파도에 의한 영향과 수중저항을 적게 받도록 돔 형상을 갖추고 상부갑판, 함수 혹은 함교 앞단에 설치하는 것이 보편적이다. 특히 미국 핵추진 잠수함들은 대형 구형Spherical의 고성능 소나를 함수에 설치하여, 어뢰발사관은 함수보다 뒤에 위치하며 비스듬하게 발사된다. 비록 비스듬히 사출되나, 어뢰는 유선유도와 능동유도방식이므로 뇌격에 큰 지장은 없으며, 잠수함을 굳이 목표물을 향해 정렬할 필요도 없다.

　수동 소나는 목표물에서 발산하는 음향을 탐지하는 것으로 가장 중요한 탐지장비 중 하나이다. 능동 소나와 마찬가지로 수온, 수온층, 파도와 염도 등과 같은 음향환경의 지배를 받는다. 클러스터 형상은 여러 개의 수중청음기 혹은 마이크로폰들을 한 장치에 배열해 결합된 것으로, 함수의 폭과 형상에 따라 배치 형상발코니, 원형 형상, 말발굽이 다양하다. 원형의 소나 어레이 배열이 성능 면에서 가장 유리하나, 함수 폭이 비대해지며, 수중저항이 증가하여 중소형 잠수함에 설치하기에는 부담이 크다.

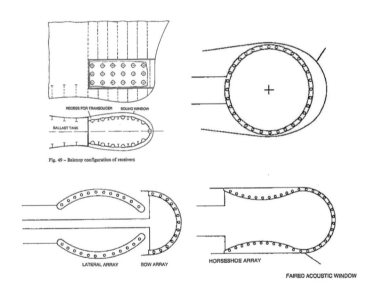

　각종 Sonar Array: Balcony(좌상), Circular(우상), Horseshoe(좌하), Lateral(우하) Types(출처: Submarine design, Ulrich Gabler)

과거에는 어뢰발사 전에 목표물에 대한 사격통제정보를 얻기 위해 능동 소나를 주로 이용했으나, 음향 발신으로 자신의 위치를 노출시킬 수 있으므로 아주 단시간에 한정해서 사용하는 것을 원칙으로 한다. 하지만 요즘은 어뢰 자체에 능동 소나장치를 갖춘 덕분에 잠수함의 수동 소나 정보만을 통해 사격통제정보를 얻는 경우가 대부분이다. 한편 민간 분야에서의 능동 소나 적용범위는 수심 측정, 파노라마식 측방 측정 등 광범위하다. 목표물에 대한 방위는 수동식 소나에 의해 획득되며, 거리 측정에는 여러 개 방위측정 데이터들을 이용해 사격통제 컴퓨터에 입력된다. 낮은 주파수 음향은 원거리 측정에 유리한 반면 높은 주파수의 음향은 단거리 측정에 적합하다. 특히 저주파음향탐지에는 측방 배열이 유리하므로 잠수함 길이 방향으로 장치하는 것이 유리하나, 보다 효율적인 탐지를 위해 견인형 소나 배열 안테나를 이용할 수도 있다. 이런 방식은 대형 잠수함에서만 주로 이용되고 있었으나 현재는 측방과 견인형 소나는 재래식 중형 잠수함까지로 그 적용 범위가 확대되고 있는 추세이다. 더욱이 견인형 소나 배열은 본 함의 소음 근원지로부터 멀리 전개할 수 있어 프로펠러나 기관의 진동같이 자신으로부터 발생되는 음향에 영향을 받지 않고 탐색하는 데 매우 효과적이다.

3.

함형 (Hull)

사실 모든 무기체계가 그러하듯 탑재하는 무장계통들은 여러 요소들을 고려한 타협의 산물이라고 보는 것이 타당하다. 항속거리를 포함한 기동력 향상을 위한 추진기관의 고성능 및 대형화는 필연적으로 거주환경, 무장계통 등의 희생을 동반하지 않을 수 없으며, 특히 재래식 잠수함에서 이러한 경향이 더욱 심하다. 이를테면 일반 선박과 마찬가지로 잠수함 설계 시, 내장설비 및 무장적재에 있어 잠항상태에서 무게중심이 부력의 중심보다 하부에 위치해야 안정성을 확보할 수 있으며, 또한 내부 장비의 축 및 횡 방향 배치에도 신경 써야 한다. 더욱이 초계기간 동안 소모되는 연료, 무장, 식료품 등에 대한 분배/배치도 이러한 고려사항들에 포함되어야하며, 초계 동안 지속적으로 변하는 중량은 잠항상태의 심도조절과 밀접한 관계가 있다. 나르발이나 홀랜드급이 등장한 당시에는 해도 외형에 큰 제약은 없었으나, 홀랜드는 짧고 통통한 물방울 형상으로 인해 오히려 수상항해 안정성이 매우 취약했다. 사실 홀랜드의 외형은 일반 보트 상부에 보트를 1개 더 뒤집어서 상하로 포개놓은 모양으로 볼 수 있으며, 마치 사람이 이 위에 올라타면 중심을 잡기 힘든 것과 같은 원리이다. 이러한 항해 불안정성은 물 위의 통나무와 같은 튜브 형상도 마찬가지이다.

한편 잠항상태에서의 유체역학적 효율이 중요하므로 관련된 연구가 계속 진행되고 있다. 전체 저항 혹은 드래그drag는 표면마찰, 형상저항 및 외부장비 저항의 합산이라는 것은 잘 알려진 사실이다. 따라서 알바코어급과 같은 물방울형이 가장 표면마찰이 작은 최적화된 형상이나, 항공기 동체 외형을 닮은 축 방향 평행형상의 시가 혹은 튜브형이 건조비용과 탑재장비 면에서 더욱 우수하다. 외형에 의한 표면마찰이 차지하는 비율은 대략 3~4%로, 돌출부 및 해수 입출구 등과 같은 표면상태가 수중저항에 더욱 결정적인 역할을 하므로 용접부 후처리, 잠수 속도를 결정하는 해수 흡/출입구의 수량, 위치 및 형상 등에 대한 다각적인 고려도 필요하다. 또한 표면상태는 수중저항뿐만 아니라 수중음향 발생에 있어서도 중요한 역할을 한다. 저항을 최소화하는 방안으로 라미나Laminar 유동을 실현시키는 노력을 시도한 바 있으나, 해역에 따른 해수 불순물의 밀도차로 아직 현실화되지 않았다. 따라서 Type 21형 이후 어느 시점까지는 외형에 대한 집중적인 연구가 진행되었으나, 현재는 외형의 유선형 설계보다는 특수 도장, 코팅 등의 표면상태에 대한 연구에 더욱 집중하고 있다. 최근 단시간의 급속 수중속도를 위해 특수 고분자 물질을 뿜어내는 방법도 있으며, 일부 소련 잠수함은 돌고래나 범고래 등의 생체적 외부물질에 착안한 특수 코팅

이 사용되고 있는 것으로 알려졌다. 또한 주목할 만할 형상으로 고래 머리와 흡사한 러시아의 구근형Bulbous의 함수가 있다. 한편 잠항속도에 따라 조정익의 형상을 변형하는 방안도 연구 중에 있다.

| Oscar급(SSGN) 표면 일부 타일 이탈상태

잠수함의 함형은 크게 단각Single Hull, 복각Double Hull, 중간 Intermediate 형태 등 3가지로 크게 분류된다. 이와 같은 구분은 밸러스트 탱크 위치와 밀접한 관계가 있으며, 또한 급속잠수 속도와 수압에 대한 안전도최대 잠항심도, 소음 발생 정도를 결정한다. 가령 복각의 경우, 내압선체와 외부의 선체와 상이한 단면 형상으로 건조할 수 있으며, 수압에 대한 안전도를 확보하기 위해 밸러스트 탱크를 두 선체 사이에 위치시키는 것이 일반적이다. 복각 잠수함의 경우, 외부 선체는 수상함의 단면과 유사하게 설계하여, 최대 수상 항해 성능을 확보할 수 있도록 한 반면, 내부 선체는 수압에 잘 견디도록 원통 형상으로 설계한다. 하지만 외부 흡입구에 의한 소음

이 증가한다는 단점도 있다. 러시아의 경우, 일부 잠수함을 제외하고 거의 복각 형태를 채택하고 있다. 타이푼급에서의 복각구조는 대형화와 대잠어뢰에 피격되더라도 생존 가능성을 증대시키기 위해 채택한 경우에 해당한다고 한다. 특이할 만한 단면 구조로는 3개의 내압선체Treble-bubble를 연결한 네덜란드 돌핀Dolfin급이 있으며, 상부에는 승무원 및 주요 장비 탑재, 하부 2개 선체에는 기계류 및 보급품을 적재하는 형태로 잠항상태에서의 안전성이 가장 높은 형태이다. 이와 같은 설계는 건조비용이 동급 배수량에 비해서 현저히 높은 것이 큰 단점이라, 더 이상 이런 형식의 설계는 추구하지 않고 있다. 사실 이런 단면구조는 과거 일본 해군이 항공기 탑재 잠수함을 개발할 때, 격납고 설치로 상부 구조물이 비대해짐에 따라 항해안전성을 확보하기 위해 적용된 예도 있다.

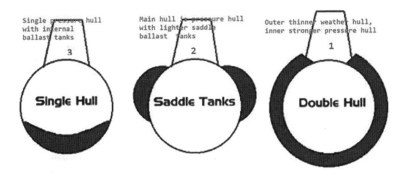

| Hull의 종류와 밸러스트 탱크 위치:
Single Hull(좌), Intermediate Hull(중), Double Hull(우)

실제적으로 완전한 의미에서의 단각 구조를 갖는 잠수함이 사실 없다고 봐야 하는 것은, 함수 및 함미는 별도의 외곽 선체를 가지며, 여기에 밸러스트 탱크를 위치시킨 서방 잠수함들이 다수 있기 때문이다. 이 외에도 잠수함의 외형으로 분류될 수 있으며, 이는 수중기동성과 안정도와 깊은 연관성이 있으며 이제부터 열거되는 것들이다. 가령 예로 Type 21형을 답습한 미 해군의 핵추진 공격잠수함의 사고에 의한 흑해에서의 침몰은 급작스런 조류의 흐름 또는 난류에 의한 항해 안정성의 상실과 또 그로 인한 심도조절 능력 상실이 원인으로 추정될 정도로 외부형상은 매우 중요하다. 앞서 얘기되었듯이 핵추진으로 잠수함의 대형화와 내부공간이 확대되었으므로 밸러스트 탱크를 기존의 현측에서 함수/함미 내부로 옮겨 더욱 유선형에 가까운 설계가 가능해졌다.

기동성도 잠수함의 생존성과 직결되므로 중요한 영역이다. 일반적으로 물방울 형상의 짧은 외형이 좁고 긴 형상에 비해서 수중저항 및 기동성 면에서 유리하며, 가령 알바코어급의 선회속도도 3°/sec로 당시의 기존 잠수함에 비해 대폭적으로 향상되었다. 3차원 공간을 기동하는 잠수함은 항공기 기동과 비교할 수 있으며, 특히 함수에 위치한 조종익면은 잠항심도, 미세조절 트리밍, 잠망경 심도를 조절하는 기능을 한다. 조정익면의 위치도 초기 미국, 일본, 프랑스는 잠항탑에 설치하는 반면 나머지 나라들은 함수에 하는 경향을 보인다. 최근 연구되는 분야 중에 하나는 F-117 스텔스 전투기나 B-2 폭격기의 형상 원리와 마찬가지로 음향을 분산시키는 형상설계가 진행 중인 것으로 알려지고 있으나, 자세한 내용은 아직 알려지지 않고 있다.

또한 함형은 잠항 수심 및 잠항 각도 제어에 필요한 부력을 조절하는 밸러스트 탱크의 형상 및 위치를 결정하는 주요 요소이다. 잠항 시에는 플랩 또는 밸브를 개방하여 해수를 유입시킴으로 부력 감소로 해면 밑으로 잠수하며, 반대로 급속 부상 시에는 밸러스트 탱크 내부에 압축공기를 또는 저속 부상 시에는 경우에 따라 디젤기관의 배기가스를 이용, 밸러스트 탱크로 불어넣어 부력 증가를 이용, 해면 위로 밀어 올린다. 더욱이 승무원 구조를 포함하여 급속 부상을 위해서는 자체 추진력의 보존과 아울러 압축공기 저장이 필수적이다. 반면 잠수 각도는 조종익면의 각도 조정과 더불어 함수 및 함미에 위치하는 밸러스트 탱크 내 해수량의 상대적인 차이를 이용한다. 또한 미세한 심도조절과 잠수 각도에도 트리밍 장치를 이용해 제어한다. 고압 압축공기는 밸러스트 탱크 내 해수 배출뿐만 아니라, 보상 탱크, 트리밍, 디젤기관 시동, 엔진 클러치, 급속 플랩 작동, 스노클 밸브 등에 이용된다. 그밖에도 잠수함 종류에 차이가 있으나, 어뢰발사관의 해수 주입/배수 및 임펄스Impulse 어뢰 사출에도 압축공기가 사용된다.

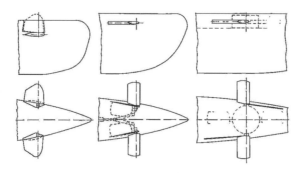

| 함수 Hydroplane의 접이식 혹은 회전 수납
(출처: Submarine design, Ulrich Gabler)

| 함미 조타익: 네덜란드 Zeeleeuw급 X형(좌), 통상적인 조타익(우)

한편 이와는 별도로 기동을 제어하는 잠수함의 조종익면들은 위치 및 방식에 따라 기동성이 차이 나며 함형과 밀접한 관계를 갖고 있다. 수상항해 시 심도/방향 조종익면들은 접거나 선체 내부로 수납된다는 점만 제외하고 수상함정들과 큰 차이가 없으며, 단지 수압에 극복할 수 있는 구조를 갖추면 된다. 특히 함수 수평타는 부상

한 상태에서 수상항해 할 때 파도에 구조적 훼손이 발생할 수 있으므로 접거나, 내부로 수납해야 한다. 최근 스웨덴과 네덜란드 해군의 경우, 함미 조타익의 형태를 'X' 형상으로 한 잠수함을 취역시켰으며, 그 예로는 스웨덴의 베스테르예틀란드V sterg tland급과 네덜란드의 월러스Walrus급1989년을 들 수 있다. 이 경우 제어가 좀 복잡해지는 것은 사실이나 대신 통상적인 십자 ' + '형보다 작고 얇게 설계할 수 있어 수중저항을 크게 감소시킬 수 있으며, 또한 해저에 침좌 시 유리한 측면이 있어 발트해와 같이 심도가 얕은 해역에서 매우 효과적이다. 한편 ×형 조종익의 복잡한 제어 문제는 고속 연산 컴퓨터의 활용으로 해결되었다.

잠수함의 선체는 당연한 얘기지만 외부 수압에 견딜 수 있어야 하며, 이에 따라 안전심도와 최대 잠항심도Crash Depth가 정해진다. 이때 적용된 안전율주어진 구조하중에 대한 안전을 고려한 배수의 경우 독일은 2.5, 미국-영국 해군은 1.5~2.0 정도이다. 따라서 독일의 경우 최대 잠항심도가 250m라면 안전심도는 100m로 계산되나, 폭뢰와 같이 급격한 외부충격을 받는 상황을 고려한다면 계산된 최대 심도까지 잠항하지 않는 것이 바람직하다. 따라서 폭발 압력파 발생 직후 가스 버블에 의한 진동현상, 수중폭발과 같은 충격하중도 중요한 요소에 포함되어야 한다. 그 외에도 수상 항행 시에는 일반 선박과 같이 뒤틀림, 꺾임 등과 같은 동등한 구조적 하중을 받는다.

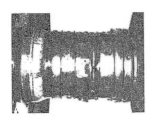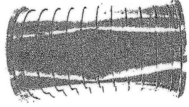

| 압력 쉘의 부분적 버클링(좌), 완전파손(Collapse)(우)

　잠수함에 적용되는 소재도 일반 수상함정과는 다소 차이가 있다. 수중폭발에 의한 충격하중을 견디기 위해서는 연성Ductility이 우수하고 국부적 흠집Notch에 대한 저항성이 높은 소재를 적용하는 것이 바람직하며, 또한 용접성도 결함발생 등의 구조안전성을 크게 좌우하므로 매우 양호해야 한다. 일반적인 무기체계와는 달리 특히 인장강도Ultimate가 항복강도Yield보다 상대적으로 훨씬 높은 재질이 유리하다. 예로 미국 잠수함에 적용되는 HY80강은 항복 및 인장강도가 각각 500, 800`N/m^2 정도로 그 차이가 상당하다. 최근에는 보다 강도가 향상된 HY130강을 적용하는 것으로 알려져 있다. 그밖에 잠항심도 증가를 위한 재질로 타이타늄, 고강도 알루미늄, 유리섬유 복합재 등도 거론되고 있다. 타이타늄이 적용된 잠수함으로는 러시아의 알파와 마이크급이 있는 것으로 서방측은 판단하고 있다. 물론 잠항심도와 비자기장 측면에서는 타이타늄 재질이 유리한 것이 사실이나, 용접이 까다롭고, 성형이 어려운 단점이 있으며 특히 국부적 결함발생에서 매우 취약하다. 한편 자기장 기뢰에 대한 생존성을 높이며, 또 자기장 탐지의 최소화를 위해 비자

기성 강이 적용되기도 하며 독일의 Type 205, 206, 207형들이 여기에 속한다. 하지만 비자기성 강은 부식에 매우 취약한 단점이 있다. 한편 압축 하중에 대해서 저항성이 큰 세라믹섬유 강화 복합재 소재CMC: Ceramic Matrix Composite를 이용하는 연구도 진행되고 있는 것으로 알려졌다. 하지만 위의 CMC 소재는 비강도가 높으나 고가이면서 공정이 까다롭고 다공성 물질이라 기밀성이 취약하다는 단점으로 아직 갈 길이 먼 소재이다. 기본적으로 잠수함 선체는 얇은 판재의 긴 실린더이므로 일정 간격으로 링 프레임 및 격벽 벌크헤드, 직경이 변하는 부위에서는 보강구조 스티프너Stiffener를 이용해 구조를 보강한다.

21형(Type 21)

- 독일 해군, 1944년, 디젤 공격잠수함
- 배수량   1,600(수상), 1,819(수중)톤
- 속도   15.6(수상), 17.2(잠항), 5(정숙)노트
- 최대 심도   132(최대: 213)m
- 기관   MAN M6V 40/46 디젤 2축 screw, 1,000shp
  AEOGU electric motor
- 무장   533mm 어뢰

1943년 중반부터 독일 유보트 전대는 연합군 대잠부대 양적/질적 성장 및 암호해독당시는 Enigma 암호장비가 Ultra 작전부대의 수중에 노획되어

해독되고 있는 것을 인지 못했다.으로 손실이 심각한 수준까지 도달해 호송 선단에 대한 전과보다는 피해가 오히려 더 컸다. 그 원인으로 기술적으로는 소나와 레이다의 성능개선, 양적으로는 나날이 증가하는 대잠초계기와 호위함들의 증강배치 등을 들 수 있다. 따라서 되니츠 제독과 독일 해군 관점에서 소나와 레이다를 갖춘 대잠부대를 회피하기 위해서는 획기적인 잠항시간의 연장과 수중속도의 개선이 필수불가결이라는 결론에 도달했다. 수중속도의 경우 만약 잠수함이 호위함의 속력을 능가한다면당시 대표적인 주력 대잠호위함 플라워급 코르벳의 최대속력은 17노트에 불과, 뇌격 직후 회피하는 과정에서 쉽게 호위함들을 따돌릴 수 있어 생존율을 현저히 올릴 수 있다고 판단했다. 당시 독일 발터 교수는 그동안 다년간 유선형 선체와 과산화수소수를 이용한 AIP 추진기관을 실험해 오고 있었다. 하지만 그가 개발하던 AIP 기관의 잦은 폭발사고 등 신뢰성 부족으로 작전용으로는 부적합으로 판단되었으나, 개발된 유선형 형상은 새로운 잠수함 외형에 대한 실마리를 제공했다. Type 7형과 달리 유선형 21형 잠수함은 스노클 사용 시 수상 호위함 속도를 훨씬 상회할 수 있었다. 유선형 형상 외에도 잠항시간의 연장을 위한 2차 전지 용량의 대폭적인 증대와 더불어 배터리 성능개선도 따랐다. 한편 수중저항 증가의 원인을 제공하며 고속 잠항속도에 지장이 되는 대구경 갑판포는 제거했으나, 제공권을 상실한 후라서 대공포는 유선형 케이스에 내장해 잔류시켰다.

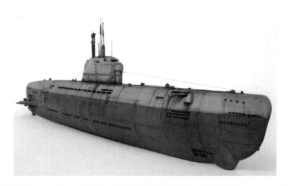

| 독일의 Type 21, 수중성능 위주로 유선형으로 설계(출처: Internet 자료)

Type 21형은 앞서 언급된 개선 외에도 잠망경 심도로 급속잠항 소요 시간은 10초로 단축되었으며, 수심 30m까지 도달하는 시간도 40초로 당시로는 경이적인 잠항능력을 과시했다. 하지만 급속 잠항시간의 단축은 흡입구 증가에 인한 것으로, 이로 인해 반대로 수중저항이 증가해 수중속력에 악영향을 미치기도 했다. 후기형에서는 흡입구 수량을 다시 감소시켜 잠망경 심도로의 잠항시간이 15초로 늘어났다. 반면 흡입구에 의한 수중 발생 소음의 문제는 당시에 심각한 수준은 아니었으나, 최근 수동 소나에는 쉽게 포착될 수 있는 수준이다.

잠항심도 개선 덕분에 연합군의 음향탐지기 아즈딕의 122m의 유효탐색 수심을 용이하게 벗어날 수 있어 그만큼 생존율이 향상됐다. 잠항성능도 16.7노트에서 72분, 12노트에서 5시간, 그리고 정숙항해 속력 5.2노트로는 무려 72시간으로 기존의 7형의 5노트에서 40분에 비해 현저하게 증가했다. 또한 스노클 장비의 표준화로 21형은 거의 모든 작전 초계기간을 잠항한 채로 초계할 수 있어, 대잠초계기에 의한 탐지가 극히 어려웠다. 더욱이 수면파고 상태 2 이상의 경우에는 거의 모든 레이다에 대한 탐지가 거의 불가능해 기존에 비해 작전 융통성이 높아졌다. 따라서 수중 잠항속도 증가, 잠항시간 연장 덕분에 Type 21형은 핵추진 잠수함의 등장에 버금가는 전혀 다른 차원의 잠수함으로 분류되고 있다. 2차 대전 말기에 등장해 투입시기가 너무 늦어 전과는 비록 저조한 수준이나, 알바코어급이 등장하기까지 전후 거의 모든 잠수함 설계에 반영되었을 정도로 그 영향력은 매우 컸다. 심지어는 전후 일부 전승국의 기존 잠수함들도 21형 외형과 유사하게 개장되기도 했다. 특히 외부에 각진 부분이 거의 없는 형상으로 인해 소나나 레이다상의 피탐 단면상도 상당히 감소하였다. 또한 표준적으로 대레이다, 음향 대응 표면처리도 병행되었다.

종전까지 총 131척이 건조되고 있었으나, 숙련공 부족, 지속되는 공습과 아울러 대전 말기 내부혼란으로 진수도 거의 불가능해, 취역해서 작전가능 상태는 불과 몇 척에 불과했다. 제한적이었지만 실전에 투입해 초계한 결과, U-2511의 슈네 함장은 북대서양에서 대잠부대와 조우했으나, 불과 30도 변침 회피기동으로 간단히 호위함을 따돌릴 수 있었으며, 잠시 후에는 소나 탐지거리 밖으로 벗어날 수 있었다. 또 그는 항복 후 베르겐으로 귀환하는 도중에 영국 순양함 1척과 다수의 구축함과 조우하는 과정에서, 순양함에 500m까지 접근해 모의공격을 실시했으나, 상대방은 전혀 잠수함 존재조차도 눈치 채지 못한 것이 후에 알려졌다. 종전 후 미국,

영국, 소련, 프랑스 전승국들 모두 포획한 21형 기술을 이용해, 전후 세대 건조된 잠수함에 적용하였다. 미 해군 탱급, 소련 위스키급, 영국 해군 오베론급 등은 모두 이 형상을 답습한 것들이다. 또 기존의 잠항탑도 폭을 감소시키고 유선형으로 변경되었으며, 경우에 따라서는 충분한 배터리 공간을 확보하기 위해 보조 디젤기관 위치를 변경하기도 했다. 하지만 얇고 긴 외형의 21형은 출력의 증가에도 불구하고 일정속력 이상에서 항해 제어 불능상태에 빠짐이 발견되었으며, 이와 같은 현상은 21형을 답습한 미 해군의 노틸러스에서 발생하여 핵추진임에도 불구하고 23.3노트 이상의 속력을 내는 것은 무리였다고 한다. 위의 같은 불안정성 문제는 후에 마치 비행선과 외관이 유사한 물방울 형상 잠수함을 개발하는 동기를 제공했으며, 아울러 고속회전의 2축 소형 프로펠러에서 대신 회전이 느린 1축 대형 프로펠러로 변경하여 최대속력 26노트를 달성했다.

한편, 미 해군은 전후 개장한 구피급에서는 배터리 용량증대와 배터리의 고출력을 위해 배터리 수명을 희생시키는 방안을 선택했다. 그렇지만 새로 설계된 배터리는 기존에 비해 발생하는 높은 열로 온도가 상승하고 수소 발생이 증가하는 문제가 대두되어, 수냉하는 방식과 에어컨디션의 용량을 증대시켜 이를 해결하였다. 대부분의 초계기간 중에는 잠항상태를 유지하므로, 스노클 전개시간이 늘어남에 따라 부력으로 작동하는 스노클 밸브가 물에 잠기는 순간 연소가스 배출로 인해 디젤기관의 배압Back Pressure 문제가 심각해졌다. 이에 보다 민첩하게 반응하는 공압형 밸브로 교체해 문제를 극복했다. 스노클 문제가 해결되자, 모든 재래식뿐만 아니라 핵추진 잠수함에도 설치되는데, 이 경우는 공기청정기 용량을 초과해 내부에 축적된 오염물질을 신속하게 배출하기 위함이다.

알바코어(Albacore)

- 미국, 1953년, 디젤 시험용 잠수함
- 배수량　　1,500(수상), 1,850(수중)톤
- 속도　　　25(수상), 33(잠항)노트
- 기관　　　General Motors Radial engine 2, 15,000shp
- 무장　　　없음

1차 대전 이래로 홀랜드급을 제외하고 잠수함 외양은 Type 7형을 포함하여 21형과 심지어는 첫 핵추진 잠수함 노틸러스까지만 해도 거의 공통적으로 외형은 비교적 폭이 얇고 길쭉한 형상이 지배적이었다. 그럼 홀랜드급 이후 잠수함 설계/기술자들은 모두 물방울 형상의 교훈을 망각하고 퇴보하여, 수상함정 외형과 닮은 잠수함을 왜 설계/제작하였는가? 그것은 설계자들이 집단적으로 퇴보해 멍청해진 것이 아니라, 앞서 언급되었듯이, 부상상태 항진이 초계기간의 대부분을 차지하는데 굳이 수상항해 시 안정성이 부족한 물방울 혹은 시가 형상을 고집할 이유가 없었기 때문이었다.

| Albacore급 비무장이지만 큰 영향을 미친 함형.
고속 수중항해와 안정성 문제 동시에 해결(출처: Internet 자료)

그렇지만 독일의 Type 21형 외형을 답습한 잠수함들이 빠르게 항진할 때 어느 일정 속도에 도달하면 조타제어가 불가능한 임계조건Critical Condition이 발생한다는 것이 이윽고 발견되었다. 하지만 21형 재래식 잠수함의 경우, 위와 같은 조건에 도달할 만한 속력을 내기에는 추진력이 부족했기 때문에, 여기에 대한 고려는 사실상 불필요했다. 그러나 2차 전지의 발전과 핵추진기관의 등장으로 위의 불안정성이 발생할 가능성이 매우 높아졌기 때문에, 조타불능 문제는 꼭 해결되어야만 했다. 이에 미국은 비행선과 외관이 흡사한 디젤-전기 잠수함 알바코어를 개발하여, 발생 가능한 고속수중 속력에서의 조타불능 문제를 해결하였다. 이 잠수함은 비무장으로 각종 신기술을 적용하고 시험하는 데 주로 활용되었다.

알바코어에서는 상갑판을 완전히 제거하고 물방울 형상과 비슷하며, 잠항탑을 제외하고 좌-우-상-하 대칭으로 그전에 비해 보다 짧고 통통하며, 기존의 함형의 선회속도 2.5도/초에 비해 3.2도/초의 획기적으로 개선된 기동성을 갖는 잠수함으로 탄생하였다. 실제 알바코어는 항공기와 같이 3차원의 해양공간을 자유자재로 활공하는 잠수함으로서 급속변침과 아울러 소문에 의하면 루핑기동Looping도 가능하다고 전해진다. 이 함체는 유체역학적으로 모든 속력 영역에서 안전하고, 단지 136마력만으로 7노트의 속도가 가능할 정도로 주어진 추진력으로 최대속력을 발휘할 수 있었다. 실제 15,000마력의 전지모터라는 제한에도 불구하고, 짧지만 수중속력 30노트라는 기록을 남겼다. 기존의 작은 직경의 다축 프로펠러와 달리 큰 날개의 1축 이중반전Contra Rotating 프로펠러는 보다 효율적이며, 정숙항해가 가능해 그만큼 대잠탐지에 발각될 확률도 감소했다. 또한 길이 대비 폭의 증가 덕분에 주어진 배수량에 대해 내부공간이 증가하여, 다층 갑판구조도 가능해졌다. 이후의 스킵잭Skipjack급 잠수함을 필두로 한동안 모든 미 해군 잠수함들은 물방울 형상을 따르게 된다.

원래 초기 설계 목표는 수중속력 26노트였으나 실버-징크Silver-zinc 2차 배터리와 이중 반전 프로펠러의 도입으로 기존에 상상조차 힘들었던 잠항속력도 발휘하였다. 또한 급강하 폭격기에서 볼 수 있는 잠수 브레이크도 장착해 급속잠항 시 사용할 수 있도록 하였다. 알바코어에서는 함수 조종익을 설치하여 좋은 성과를 올렸음에도 불구하고, 이후에 건조되는 잠수함에서는 거의 모두 잠항탑에 수평타가 설치되었다. 최근 후기형 로스앤젤레스급이나 시-울프급에서는 다시 함수타익으로 변경되었다고 한다. 수평타익의 설치 위치에 따라서 장단점이 있다. 함수에 설치된 경우 앞서 언급된 바와 같이 전반적으로 조타제어가 양호하며 또한 극권 작전 시 부빙을 깨고 부상할 때 구조적 손상을 피할 수 있어 안전한 반면,

그 반대로 잠항탑에 설치된 경우 잠망경 심도를 유지, 전략 미사일 SLBM의 발사를 위한 호버링Hovering하는 데 유리하다고 한다. 또한 수직발사관 설치와 아울러 무장탑재량에도 영향을 주므로 수평타익의 위치는 중요하다. 실제로 미 해군을 제외하고 거의 모든 국가에서는 함수타익을 더 선호하는 추세이다. 함미 쪽 수평-수직 조타익은 당초 통상적인 십자가형+이 설치되다가, X형 모양으로 설치해 시험하기도 했다. 이와 같은 구조는 네덜란드 해군의 월러스급에서 활용되고 있으며, 이런 조타장치는 해저에 침좌시킬 때 유리한 반면 복잡한 제어장치가 요구된다는 단점이 있었으나, 현재 연산속도가 증가한 컴퓨터의 등장으로 X형 조타장치의 원만한 운용이 가능해졌다. 알바코어 이후 미 해군의 초기 핵추진 잠수함들은 거의 모두 이와 흡사한 외형을 따르고 있으나, 상대적으로 건조비용이 저렴하며 설비 내장 면에서 더욱 효율적인 시가형으로 변경된다. 한편 알바코어와 같은 물방울형이 채택되고 있는 재래식 함형으로는 네덜란드 월러스급, 일본 해상자위대 우즈시오, 유우시오급 등을 들 수 있으며 축 방향으로 직경이 변하므로 건조비용이 만만치 않은 것이 단점이다.

No. 71급

- 일본 해군, 1938년, 디젤 시험용 잠수함
- 배수량   213(수상), 240(수중)톤
- 속도   13.2(수상), 21.3(잠항)노트

- 최대 심도　80(최대: 213)m
- 기관　　　디젤엔진, 1,800shp
- 무장　　　450mm 어뢰

| 일본 No. 71급, 고속 수중성능을 위한 Cigar 형상

　수중속력 문제를 극복한 함형들로는 독일의 Type 21형, 그 후에 출현한 미국의 알바코어형을 들 수 있다. 그보다 앞서 일본제국 해군에서 수중속력 문제를 해결할 수 있는 잠수함 최적 형상을 찾아 개발한 것이 바로 이 71번형이다. 당시 1, 2차 대전 시 모든 국가 잠수함들의 수중속력 문제는 제한된 2차 배터리 용량, 외부에 설치된 함포와 대공포로 인한 수중저항 그리고 잠망경, 안테나와 같이 저항을 발생시키는 돌출부에 의해 비롯되었다. 후에 다시 얘기되겠지만 당시 잠수함 상부갑판에 설치된 함포는 여러 해군에서 필수적인 무기로 간주되었다. 그 이유로는 당시 주로 수상항해를 주로 했으며, 비무장 선박에 대해 신뢰성이 낮은 어뢰보다는 갑판포가 보다 저렴하고 때에 따라서는 효과적으로 활용할 수 있다는 점이었다. 전시나포규정에 따른다면, 갑판포는 선박을 정선시키는

데 매우 유효했다.

태평양 전쟁 이전에 일본의 잠수함 개발팀이 수중저항을 최소화할 수 있는 방안을 고심하다가 시가 형상 함형을 개발한 것이 바로 71번급이다. 물론 다른 해군에서도 이 같은 노력이 없었던 것은 아니며, 71번급과 같은 형상을 개발한 것이 일본에 국한된 것은 아니나, 여기서는 일본 해군의 예를 제시하였다. 이 형상의 잠수함은 일본 해군의 대표적인 대양용 I-000급들과는 달리 2발의 어뢰를 장착하는 수중발진 소형 2인승 자살특공 잠수정 개발로 연결되었다. 시가형 외관은 유체역학적인 이점 외에도 여러 가지의 장점을 제공한다. 독일의 Type 21형은 주어진 배수량에 비해 내부공간이 협소하다는 문제가 있다. 반면 알바코어의 물방울 형상은 조타제어와 내부공간 문제는 해결되었으나, 직경이 변하는 상이한 원통의 연결과 내부 장비 탑재 구조가 복잡해짐에 따르는 건조비용 상승 문제가 남는다. 하지만 이 시가 형상은 앞서 거론된 문제들을 동시에 해결할 수 있다. 따라서 미 해군은 물방울 형상에서 벗어나 퍼미트급과 스터전급부터는 시가 형상으로 돌아섰다. 현재 몇몇의 함형을 제외하고 거의 모든 잠수함들은 시가 형상을 답습하고 있으며, 미 해군의 시-울프와 버지니아급도 이와 같은 면을 잘 대변해 주고 있다.

71번급은 연안방어용으로 당시로는 수중속력이 매우 높은 편으로, 2축 프로펠러가 대부분이었던 일반적인 잠수함과는 달리 1축 프로펠러가 적용되었다. 설계 시 의도되었던 25노트에는 미치지 못했으나 21.25노트로 당시로는 매우 높은 속력을 자랑했다. 하지만 그때의 속력으로는 비교적 긴 선체로 인한 조정 불안정성이 감지될 수준은 아니었다. 조정 제어 불안정성 문제는 물방울형의 짧은 선체로 해결될 수 있었다. 작전용으로 대량생산까지 도달하지 못한 이유로 함대에 대한 공세 위주 전술과 태평양을 무대로 작전 영역이 광범위하여, 우선적으로 긴 항속거리의 중대형 잠수함들이 주로 요구되었기 때문이었다. 빠른 수중속력은 대량의 2차 전지를 이용한 방식과 달리 단시간에 전지의 순간 출력을 높이는 방법을 채택하였다. 후에 전세가 불리해지면서 연안용 잠수함 배수량 493톤급이 다량 필요하다고 판단되었을 때 건조 척 수는 10에 머물렀고 작전에 투입되지 못한 채로 종전을 맞이하였다.

4.

수선하
전투의
전술과 무장

가. 전략잠수함

　현재 잠수함 수행임무는 역할과 함형에 따라 크게 구분된다. 전략잠수함은 기지에서 출격 후 수심이 얕은 해역을 포함, 초크 지점을 통과, 초계 해역에 도달하여 본격적인 임무수행을 개시하기 전에는 적의 감시위성이나 SOSUS와 같은 대잠 감시망에 대해 매우 취약하다. 특히 핵추진 전략잠수함은 대륙붕을 통과해 수심이 깊은 해역에 도달할 때까지 혹시 후미에서 추적할지도 모르는 수색/사냥Hunter/Killer 잠수함을 모든 수단을 동원해 따돌려야 하는 부담도 있다. 일단 초계 해역에 도달해서는 잠항속도를 3~5노트 정도로 낮춰 음향에 의한 피탐 기회를 최소화하는 방법을 일반적으로 취하고 있다. 하지만 주기적인 기지와의 통신 또는 천체항법이나 GPS 신호 포착 등을 통해 위치를 확인하는 과정에서 심도를 올릴 경우에는 탐지에 취약해지므로, 주변에 일반 상선/어선 등을 포함하여 상대방 군함과 초계기 유무를 반드시 확인해야 한다. 한편 재래식 잠수함의 경우에는 배터리 재충전을 위해 디젤엔진을 구동하여 발생되는 소음, 스노클 항적과 연소가스 배출로 위치가 노출될 기회가 늘어나기 마련이다. 또한 레이다에 의해 스노클이 발각되는 위험도 감수해야 한다.

| 2차 대전 당시의 U-boot Pen(Shelter)(출처: Internet 자료)

　　2차 대전 동안 독일과 미국 잠수함들은 집단적으로 병참선 차단
을 위한 공격을 실시해 통상파괴 전략적 목표를 추구하였다. 과거
에 주력함대나 기동함대와의 협동으로 작전하는 잠수함들과는 달
리, 현재 전략잠수함들은 피탐 기회 감소와 생존성 증대를 위해 주
로 단독으로 작전하는 것이 일반적이다. 또 이와 같이 단독작전을
주로 하는 이유로는 잠수함의 개별적인 공격능력 증가와 은밀성 향
상도 포함된다. 동일한 이유로 함대 호위를 제외하고 공격용 잠수
함도 적의 전략잠수함에 대해 일대일로 은밀한 추적을 위해 단독으
로 작전하는 것을 원칙으로 한다. 수상함정보다 높은 위험성에 노
출되므로, 초계임무를 수행하는 잠수함들을 제외하고는 나머지는
기지에서 정비, 보급, 수리 및 승무원 교체/휴식 등과 같은 활동을
엄격히 실시함으로써 전체적인 효율성을 유지하도록 해야 한다.

나. 순항 미사일 잠수함

순항 미사일SLCM: Submarine Launched Cruise Missile 잠수함의 경우, 러시아는 전용 잠수함들을 별도로 건조하여 운용하고 있다. 러시아 잠수함은 특히 미 항모 기동함대와 호위선단에 대한 공격을 위주로, 아군함대의 호위를 받는 안전한 해역으로부터의 장거리 공격을 위해서는 레이다 신호와 같은 중간유도 정보를 중계할 아군 항공기들이 요구된다. 특히 항모나 유조선, 상륙 강습함과 같은 주요 목표물에 대해 개별적으로 정확하고 선택적인 공격을 위해서 중계 항공기들은 각 함에 대한 식별능력도 동시에 갖추어야 한다. 하지만 대공 공격에 취약한 중간유도 항공기에 대한 공중방어도 염두에 두어야 하므로 대공구축함 또는 제공 전투기의 호위를 받아야 한다. 또한 순항 미사일을 발사하는 형태도 여러 가지가 있으나, 수중발사가 가능한 잠수함이 생존성에서 한결 유리하다. 서방 잠수함의 순항 미사일 공격에는 기존의 공격용 잠수함을 이용하거나, 노후 전략잠수함을 개조해 운용하고 있으며, 별도의 SLCM 전용 잠수함을 보유하고 있지 않다. 또한 이런 순항 미사일 공격은 내륙 목표에 대해 집중적으로 작전이 채택되고 있으나, 경우에 따라서는 적 함대에 대한 공격도 수행할 수 있다.

다. 공격잠수함

핵추진이건 재래식 추진방식이건 일명 수색/공격 겸용 잠수함들에 부여된 임무는 매우 다양하며 광범위하다. 수행임무로는 아군 전략잠수함의 엄호, 적 전략잠수함에 대한 탐색 및 추적, 아군함대 또는 호송선단 호위 및 해양지형, 기상조건 획득 등을 포함한다. 적 전략잠수함 탐지/추적 시에는 낮은 속도의 정숙항해로 음향신호 발산을 최소화한 상태에서 수동 소나만을 가동시키나, 공격 시에는 정확한 목표물의 방위, 거리 등의 확인을 위해서 아주 짧은 시간 동안만 능동 소나를 작동시킨다. 현재는 유선유도어뢰 도입과 향상된 수동 소나 덕분으로 굳이 능동 소나를 가동할 필요 없이, 수동 소나만을 의존해 공격할 수 있게 되었다. 다른 해역으로 긴급 출동 하거나 적으로부터의 위협이 없을 시에만 최고 속력으로 이동한 후, 해당 해역 도착 후에는 다시 정숙항해로 전환해 작전을 속행한다. 이미 앞에서 공격잠수함의 임무 형태에 대해서 자세히 언급한 바 있다.

라. 비밀 작전

오래전부터 은밀성에 기반을 둔 잠수함들은 적 연안에 대해 은밀한 접근이 가능하므로, 특수부대원 또는 비밀요원 침투/회수, 게릴라 대원들에 대한 보급물자 수송 등과 같은 비밀 작전에 많이 투입되었다. 한편 이태리와 일본은 야심 차게 중대형 잠수함을 이용하여 인간어뢰나 카이텐을 포함한 소형 공격잠항정을 운반해 이들을 기습공격에 사용할 것을 착안했다. 일본 해군의 경우, 잠수함이 일단 소형 잠항정을 목표지점까지 운반하는 역할을 성공적으로 수행했으나, 일부 예외를 제외하고 특공공격 자체 전과가 매우 저조했다. 러시아와 북한도 이러한 작전에 잠수함을 즐겨 구사하고 있으며, 또한 SOSUS에 대한 교란임무도 수행하는 것으로 알려지고 있다. 영국도 SBSSpecial Boat Service 대원과 같은 특화된 특수부대를 보유하고 있으며, 이 대원들을 침투시키는 데 운용하기도 한다. 미국의 경우 상륙작전에 앞서 사전 해안정찰을 위해 UDTUnderwater Demolition Team 대원들과 또 은밀히 적진에 투입되는 SEALSea Air Land 대원들도 잠수함을 이용하는 경우가 자주 있다. 2차 대전 시와 마찬가지로 냉전 시대에도 잠수함을 이용해 요원들을 침투시켜 정보수집에 활용한 사례가 다수 있다. 예로 미국 요원들이 소련 극동기지 프로비데니야Provideniya 만에 상륙해, 새로 건설된 활주로의 표면상태 조사를 통해 핵폭탄탑재 폭격기의 이착륙

적합 여부에 관한 정보를 획득하기 위한 작전을 펼치기도 했다. 여기서 얻은 정보를 바탕으로 전략적 상황을 다시 재수립하거나 작전계획을 수정하기도 하였다. 이러한 은밀한 침투작전은 냉전이 끝나기까지 지속되어 총 20,000건을 넘었으나, 모두 성공적인 결말을 본 것은 아니었다.

냉전이 격화되면서 동-서 잠수함들은 극권, 대서양, 태평양, 인도양, 지중해에서 총성 없는 전쟁을 수행했으며, 현재도 계속하고 있다는 것은 공공연한 사실이다. 실제 서로 어뢰를 교환하지는 않았으나, 상대방의 능력 분석과 취약점 파악을 위한 상대방 기지 침투와 잠수함 기술/전술적 능력과 관련한 정보수집 임무를 수행한다. 사실 교전 상태는 아니라서 직접적인 공격에 노출되지 않으므로, 이 같은 임무수행은 평소에 승무원들이 상대방 대잠능력에 익숙해지도록 훈련을 겸하는 의미도 있다. 위의 정찰과정에서 획득된 정보와 입수 자료들은 유사시를 위해 지속적으로 아군의 무기체계 발전과 전술의 진화에 활용된다. 따라서 평화 시에도 서로 상대방 잠수함 감시/추적과 같은 활동은 지속적으로 수행하며, 정보획득을 위해 잠수함뿐만 아니라 항공기/위성 정찰, 첩보활동 등의 다각적인 도움을 받는다. 가령 예를 들어 세베로드빈스크Severodvinsk 조선소에 설치된 무진Dust Free 환경용 배기구의 존재를 통해 원자로에 필요한 스테인레스강 배관이 제작되고 있는 것을 파악하고, 곧이어 소련에서도 핵추진 잠수함 진수가 멀지 않았음을 예측한 바 있었다.

상대방 잠수함 능력 및 성능 파악에는 역시 일대일 잠수함 추적이 가장 효과적이라고 하며, 물론 수상함에 대한 정보수집 분야에서도 잠수함이 탁월하다. 이때 능동보다는 수동 소나가 주로 사용되며 각각의 함종별, 동일 함종일지라도 각 함의 개별적으로 세밀한 음향지문 정보를 수집한다. ICBM 실험결과 또한 잠수함이 은밀하게 시험실시 장소에 접근해 관련 데이터를 모니터링하고 수집해 성능을 분석하는 임무를 수행한다. 더욱이 나토 잠수함들은 위험하지만 대담하게 적국 해군기지 근처 해역까지 접근해 관련된 정보를 수집하거나, 함대출격 등을 감시하는 등 조기경보 역할도 수행한다. 관련된 사건으로는 미국 재래식 잠수함이 블라디보스토크 해군기지 주변을 정찰하던 중 우연히 감시병에게 잠망경이 발각되어, 스노클링이 불가능한 상황까지 몰리면서 산소와 배터리 고갈로 결국 어쩔 수 없이 부상하여 패배를 인정한 경우도 있었다. 한편 공공연한 비밀이나, 미국 잠수함이 러시아 연안에 접근하여 해저통신 케이블에 도청 장치를 설치하고 회수하는 작전을 수행한 바 있다.

적의 적정 감시, 무기체계의 성능 파악 외에도 기상, 해양조건 관련 자료를 수집하는 점에서 잠수함은 매우 요긴하다. 이를테면 핵추진 잠수함의 등장으로 그동안 해상으로 접근이 불가능했던 극권에서 빙상두께, 해양조건, 기상 등의 관련 정보수집이 한결 수월해졌다. 한편 비밀 작전은 아니나, 수심 측정 소나를 이용해 해저지형을 작도해 민간에게 제공하기도 하며, 각별히 군사적으로는 잠수함의 해저산과의 충돌과 같은 사고를 미연에 예방할 수 있어 안전한 항로를 확보하는 데 아주 효과적이다. 또한 잠수함은 대잠훈련을 위한 대항군 역할을 할 수 있으며, 또 반대로 적 해역에 은밀히 침투하여 적의 소나와 레이다 성능 등과 같은 대잠능력 파악과 VLF나 ELF 장거리 통신 안테나 위치와 같은 중요한 정보획득을 위해 투입되기도 한다. 한편, 상대방 잠수함을 탐지하고 추적하는 임무를 수행하는 경우, 자신의 음향탐지 성능이 상대방보다 열악하거나 발산 음향이 크다면, 자신이 사냥꾼에서 오히려 먹이로 입장이 바뀔 수도 있으니, 이런 임무에 고성능 음향탐지장비를 갖춘 정숙도가 높은 잠수함을 투입하는 것은 당연하다.

A Silent Predator
Under The Sea

5.

잠수함
무기체계

가. 잠수함의 무기체계

    우선 잠수함이라고 하면 해양 포식자의 강한 인상을 주는 핵추진 공격용 혹은 전략 탄도 미사일 잠수함들을 먼저 뇌리에 떠올리게 된다. 하지만 해저탐사용을 제외하고 물론 평화적인 용도는 아니나 초창기부터 잠수함이 수송용으로 이용된 사례들이 종종 있었다. 1차 대전 시 독일의 도이칠란트나 브레멘호는 영국의 해상봉쇄망을 뚫고 참전하기 전까지 중립을 유지하던 미국으로부터 필수 전략물자를 수입하는 데 운용되었으며, 그 적재능력도 470톤 정도에 달했다. 그 이후로는 상업통상 수송용 잠수선을 건조한 실적이 없었으나, 핵추진으로 극권에서 원유 수송용 유조잠수선이 계획된 적은 있었다. 그 밖에도 미국과의 개전 시에는 유보트의 작전기간 연장을 위해 일부 잠수함을 개조해 젖소라는 별칭의 보급용 잠수함을 이용한 사례는 앞서 언급되었다. 그 밖에 심해 승무원 구조 및 특수부대 침투 겸용으로 개조된 러시아 인디아급과 미 해군 라파예트급 등이 있다.

    그렇지만 앞서 언급된 특수한 활용은 극히 예외적인 것들로, 거의 모든 잠수함들은 어떤 형태로든 공격능력을 갖추고 있다. 헌리나 터틀과 같이 승무원 목숨을 담보로 폭약을 장착하는 용도로 개발된 것 외에는 오랜 기간 동안 잠수능력과 수중 항진과 관련한 기술적 문제해결 노력에 비해서 탑재무기에 대해서는 큰 관심이 없던 시절이 있었다. 2차 대전 후에 순항 미사일, 전략 탄도 미사일이 무기체계로 탄생하긴 하나, 그때까지의 공격수단은 어디까지나 어뢰나 갑판포로부터 제공되었다. 사실 잠수함의 군사적 활용에 있어 가장 큰 장애물은 효과적인 무기의 부재였으나, 자가추진어뢰가 등장해 본격적으로 군사적으로 사용되기 시작해 잠수함은 역사상 두 번째 도약을 맞이한다. 화이트헤드Whitehead는 1868년에 실용적인 자가추진수뢰라는 것을 개발했다. 처음에 어뢰정 및 구축함과 같은 수상함 주요 무장으로 적용되었으며, 외형은 시가형으로 오늘날 어뢰의 형상과 기능이 유사하다. 이때부터 스파 토피도라는 용어 대신 어뢰Torpedo라는 명칭이 정식으로 사용되기 시작해, 목표물에 대해 안전거리 밖에서 공격이 가능해졌다.

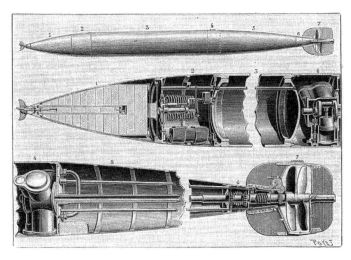

| Whitehead Torpedo(출처: Internet 자료)

최초 어뢰는 저장된 압축공기를 사용해 터빈 혹은 왕복 피스톤을 구동시켜 추진력을 얻는 냉어뢰Cold Torpedo로 사정거리는 불과 몇백 미터에 불과했다. 하지만 가열식 엔진 소개 등 지속적인 개량 과정을 통해 사정거리는 점차 증가하며, 더욱이 자이로스코프의 적용으로 방향/수심유지 성능도 점차 개선되어 갔다. 이후 어뢰 추진방식도 전기모터식과 연료 연소로 얻는 증기를 이용하는 열원식 방식Thermal Power 혹은 Hot Torpedo 등으로 크게 구분된다. 스팀 혹은 열원식의 경우, 압축공기경우에 따라 압축산소는 알코올과 같은 연료와 혼합하여 히터에 공급하며, 그 연소열을 이용해 물로 냉각하는 과정에서 생성되는 증기로 터빈 또는 피스톤을 구동하여 추진력을 얻는 반면, 전기식은 문자 그대로 배터리에 저장된 전기 에너지로 전기모터를 구동시켜 추진력을 얻는다. 과거에는 배터리 성능 부족으로 다수의 전지 셀이 요구되므로 어뢰가 길어져 잠수함 내 어뢰탑재량에 제약을 받기도 했다. 이 2가지 방식의 어뢰는 압축공기 추진방식보다 발사 후 거품항적이 작다는 면에서 유리하다. 한편 엔진 방식 어뢰 구동부는 완벽한 수밀구조는 아니라, 외부 해수 유입이 허용된다. 압축공기 추진방식에서는 유입 해수로 단열팽창으로 온도가 하강하는 엔진을 따뜻하게 유지하는 반면, 연료 연소 열원식 추진 경우 엔진을 냉각시키는 데 해수 유입이 이용된다.

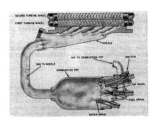 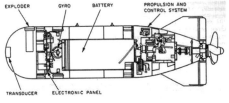

| 스팀식(Thermal Power) 어뢰 추진　　| 전기모터식 어뢰

19세기 말까지 직경 460mm18in 어뢰가 대표적이었지만, 시간이 경과함에 따라 1차 대전 시에는 533mm21in 어뢰가 등장해 오늘까지 대표적인 중형 어뢰로서 자리 잡고 있다. 하지만 어뢰 가격이 너무 비싸 개발과정과 훈련 시에는 어뢰에 부유장치를 달아 회수하여 반복적으로 재사용하기도 했다. 또한 어뢰 개발 시에 예산부족으로 완벽한 개발 사이클을 거치지 않은 경우도 많아서, 잠재적 문제를 모르고 그냥 지나치는 결함도 다수 있었다. 그 예로 1차 대전 초기 영국 어뢰는 실전 시에 세팅된 심도보다 깊게 항진하여 다수의 목표를 놓치는 일이 자주 발생했는데, 이는 개발시험 때보다 실전에 투입된 탄두가 생각보다 무거워서 발생되었다고 한다. 그 후 태평양전에서 미 해군도 이와 유사한 문제를 경험하게 되며, 설상가상으로 격발장치 불량으로 잠수함의 초기 전과가 미미했던 결과를 낳기도 했다.

더구나 기동하고 있는 잠수함에서 이동 중 또는 더 나아가서 뇌격을 회피하기 위해 지그재그로 항진하는 목표물을 어뢰로 명중시킨다는 것은 생각보다 쉽지 않다. 유도방식 어뢰가 소개되기 전 초기 비유도방식 어뢰는 직선으로만 항진하므로 목표물을 요격하는 위치와 깊이가 정확하게 산출되어야 명중될 확률이 올라간다. 더욱이 잠항 중 짧은 시간 내에 잠망경에만 의존하여 자신의 속도와 방향을 감안하고 동시에 목표물까지의 정확한 거리, 속도 및 방향을 추정하여 사격통제 데이터Firing Solution: 어뢰 자이로 방향를 계산한다는 것은 생각보다 어려운 과정으로 지적능력과 더불어 집중적인 반복훈련이 요구된다. 방향 및 수심을 제어하는 자이로스코프는 꼬리 부분에 위치하여 조종익을 제어한다. 또한 비록 비유도방식이라 할지라도 고가이면서도 좁은 함 내에 탑재할 수 있는 수량이 한정되므로, 뇌격 실시 여부에 신중함이 요구된다. 또한 어뢰가 발사관에서 사출된 후 안정심도를 유지하기까지 대략 225~270m 거리가 요구된다는 것도 감안해야 한다. 위의 모든 복잡한 계산 과정을 거치면 어뢰와 목표물이 동시에 도달하도록 정확한 시간에 맞춰 발사해야 한다. 뇌격 위치도 목표물과의 충돌 기회가 적으며, 거품항적이 발견되기 어렵고, 발사각도 면에서 유리한 후미방향이 위험성이 적다는 점에서 적합하다. 하지만 어뢰 타격 최적 위치는 당연히 목표물의 중앙 흘수선Water Line 하부이나, 앞서 언급되었듯이 사격통제 데이터 획득이 어려운 것이 단점이다. 사실 어뢰도 잠항탑이 없고 밸러스트 탱크 대신에 중량물을 대신 사용하는 점이 다를 뿐 세팅된 심도를 유지하는 일종의 소형 잠수정이라고 간주할 수 있으며, 거의 동일한 원리가 적용된다. 한편, 갑판에 설치된 함포와 더불어 어뢰가 해전에서 주요 무장으로 적용되면서 전함을 위시한 주력함들은 양 현 흘수선에 장갑강화, 어뢰 벌지Bulge로 보강함으로써 어뢰 피격에 의한 손해를 최소화하도록 개선되었다.

1차 대전 초기에 U-9에 의한 3척의 영국 장갑 순양함들의 격침 소식 등 초기 전과는 매우 화려했다. 이미 구식으로 전락한 3척의 장갑 순양함들은 어뢰에 대한 방어수단을 제대로 갖추지 못해 뇌격에 취약했으며, 승무원 대다수가 예비역이라, 훈련 부족으로 어이없게 유보트에 희생되었다. 잠수함에 대한 경험이 부족한 탓에 어뢰 피격을 기뢰와의 접촉으로 착각해 우왕좌왕하는 사이 U-9는 어뢰를 재장전하고 나머지 2척에도 다시 뇌격을 가할 수 있었다. 이미 오랫동안 잠수함의 존재와 효과에 대해서 알고 있었으나, 실제 직간접 뇌격 경험이 없는 상태에서 당한다면 순간적으로 패닉에 빠져 그릇된 판단을 내릴 수 있다. 반대로 정보가 사실이 아닐지라도, 잠수함 침투 소문만으로도 함대를 항구에 묶어두어 함대 기능을 전체적으로 마비시킬 수도 있다. 이러한 성과도 잠수함의 전략적 승리로 보는 게 맞을 것이다.

이에 주력함에 대구경 주포 외에도 속사가 가능한 소구경 함포를 다수 설치함으로써 어뢰로 무장한 소형 어뢰정 위협에 대비를 강화하는 한편 어뢰정에 대한 함대방어를 위해 중무장하고 원양 항해가 가능한 구축함원래 명칭: Torpedo Boat Destroyer, 간단히 Destroyer을 새로 등장시켜 대응하게 된다. 이러한 구축함은 어뢰정뿐만 아니라 후에 잠수함 방어에도 확대하여 운용된다. 또한 어뢰가 등장하자 19세기까지 해상봉쇄에 대해 민감한 반응을 보이는 프랑스 해군은 해안 및 항구 방어를 위해 다수의 어뢰정뿐만 아니라, 30톤급의 전기추진방식 잠수함에 1개의 어뢰발사관으로 무장한 짐노트를 우선 시험용으로 취역시킨다.

| Gustav Zede의 Gymnote급

  초창기 어뢰는 일부 2차 대전 일본의 장창Type 95 Long Lance 어뢰를 제외하고는 짧은 사정거리로 적 목표에 가까이 접근해야 된다는 한계가 있었다. 주간 공격 시에는 주로 잠항상태에서 잠망경을 통해 목표물의 속도, 방위 등을 측정하여 뇌격했다. 특히 잠항능력의 향상으로 잠수함들은 은밀히 항구 등과 같은 적진에 깊숙이 잠입해 뇌격을 실시한 후 탈출할 수 있는 능력도 갖추게 되었다. 또한 나중에는 어뢰항진 중 자이로스코프 방향을 변경하는 방법이 개발되어 더 이상 어뢰발사를 위해 잠수함이 목표물을 향해 정렬할 필요가 없어졌으며, 다수의 목표에 대한 뇌격 또는 1개의 대형 목표에 대한 다수의 어뢰발사가 가능해 명중 기회도 그만큼 높아졌다. 이런 방식 초기에는 기계장치들이 복잡해 어뢰 신뢰도가 다소 저하되기도 했지만, 나중에는 모두 해결되었다. 오늘날에는 유선유도, 자기장유도 또는 음향유도어뢰의 등장으로 대충이라도 굳이 목표물을 향해 정렬하는 방식을 고수할 필요가 없게 되었다. 한편 2차 대전 노르웨이 전역에서는 해저에 풍부하게 매장되어 있는 철광석에 의한 자기장 교란으로 자기유도어뢰가 제대로 작동하지 않아 목표물을 놓친 경우도 발생했다.

  잠수함의 대표적인 무장인 어뢰발사 과정은 다음과 같다. 어뢰는 기지 혹은 초계 중에 우선 발사관 후미로부터 장전 후 건조 상태로 보관되며, 예외적인 경우로 소형 잠수함들의 몇 종류는 기지로부터 출격 전에 과거 범선에 탑재된 함포들처럼 발사관 전장에서 장전되는 경우가 있다. 또한 기계식 혹은 전기식으로 연결된 상태에서 다양한 수단을 통해 획득된 사격통제 데이터, 즉 수심 및 방위를 입력하게 된다. 발사가 결정되면 발사 직전에 트림 탱크에 있는 해수를 발사관에 주입하여 내부/외부 수압의 균형을 맞추며, 이후 발사관 문을 개방한다. 외부 해수를 발사관에 주입하면 추가적인 중량 증가로 함수가 아래로 향해 트림 상태가 흐트러지고 조준도 흐트러지므로 미세 트림 조정으로 이를 보상해야 한다. 이때 함체 외부출구Torpedo Chip Door를 개방하는 과정도 잊어서는 안 된다.

어뢰 사출방식은 압축공기, 피스톤과 자가추진Swim Out 방식이 대표적이며, 특히 피스톤 및 자가 발사방식은 사출 시 거품을 발생시키지 않는다는 장점이 있다. 따라서 피스톤 사출방식은 2차 대전 독일 잠수함의 표준 사출장치로 채택되었다. 더욱이 현대에 와서는 어뢰 자체의 추진기관 향상과 아울러 와이어-유도의 채용으로 일정 거리까지 유선유도로 목표물의 교란을 피해 근접한 후 음향, 자기 등과 같은 능동유도로 변환함과 동시에 탄두를 활성화시켜, 과거보다 훨씬 안전하고 효과적인 뇌격이 가능하게 되었다. 한편 하푼 대함미사일과 토마호크 순항 미사일도 기존의 어뢰발사관을 이용해 사출할 수 있어, 어뢰에 비해 보다 더 원거리에서 수상함이나 지상목표를 공격할 수 있었다. 어뢰의 추진방식은 앞서 얘기된 바와 같이 크게 압축공기, 스팀엔진, 전기모터 방식 등이며, 중어뢰와 같은 경우 사정거리 면에서 보다 유리한 스팀엔진 방식이 선호된다. 더욱이 압축공기 추진방식은 해면에 항적을 남기는 단점이 있다. 이외에도 과산화수소수를 추진기관 산화제로 이용하려는 시도가 있었으나, 화재 및 폭발의 위험성으로 선뜻 채택을 꺼렸다. 그러나 최근 스웨덴이 본 방식을 이용한 어뢰를 개발해 실전배치 하였다.

압축공기 또는 피스톤 발사와 같은 임펄스Impulse 방식의 경우 초기 발사속도는 대략 10m/sec으로 발사관에서 사출되어 어뢰 초기 가속에 유리하며, 따라서 사거리 면에서 유리하다. 압축공기를 이용한 사출방식은 해면으로 거품이 노출되는 단점을 갖는다. 반면 피스톤 사출방식의 경우에는 발사관에서부터 사출속도를 유지하도록 피스톤이 이용되며, 거품이 발생하지 않는다는 장점이 있다. 하지만 자가 스윔아웃Swim Out 사출방식의 경우 어뢰 자체의 추진력으로 발사관으로부터 사출되어 피스톤 방식과 마찬가지로 거품이 생성되지 않는 장점을 가지며 또한 피스톤 혹은 압축공기 발생장치 등의 추가적인 장비들이 요구되지 않으므로 주로 소형 잠수함 및 잠항정에서 주로 적용된다. 하지만 임펄스 부재로 어뢰 발사 시 초기 낮은 가속으로 인한 사거리 제한과 같은 단점도 있다. 어뢰는 상당히 고가이므로 정확히 목표물에 명중함과 동시에 확실히 파괴되거나 적어도 기동 불능상태를 보장해야 한다. 사거리가 상대적으로 짧으나 가볍고 소음 수준이 낮은 전기 배터리-모터 경어뢰는 항공기에서 많이 사용되고 사거리에서 보다 유리한 알코올엔진으로 터빈을 구동시키는 중어뢰는 함정이나 잠수함에서 주로 사용되고 있다. 후자의 경우에는 에너지원으로 연료, 담수와 압축

공기또는산소를 포함하며, 최근 과산화수소를 산화제로 이용한 어뢰
도 개발되었다.

  잠수함 선체 높이보다 약간 전장이 짧은 SLBM 전략 미사일을
수직으로 적재하는 것과는 달리, 승무원이 겨우 1명씩만 출입하
는 정도로 작은 해치를 통해 긴 어뢰를 수평으로 적재하는 방법은
다음과 같다. 우선 어뢰를 비스듬히 기울여서 잠수함 내로 장입시
킨 후 다시 수평 방향으로 눕히면 된다. 한편 어뢰발사관을 다수
를 가지며 별도 예비 어뢰를 운용하지 않는 소형 잠수함의 경우에
는 출격 전에 외부로부터 수평으로 장입하거나, 소형 잠수정 제훈
트Seahund 어뢰정처럼 양 현에 어뢰를 장착할 경우에는 큰 문제가
되지 않는다.

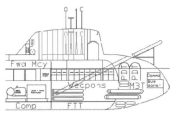

| 어뢰 잠수함 내부로의 수평 적재 방법
(출처: Internet 자료)

| Seahund 잠수정의 현측 어뢰 장착
(출처: Internet 자료)

  어뢰 외에도 잠수함은 1차 대전부터 다양한 무장능력을 갖추었
으며, 그중에는 기뢰와 함포를 들 수 있다. 기뢰의 경우 적 몰래 특
정 지역에 기뢰밭을 형성하여 적 함대에 피해를 주거나 기동을 제

한할 수 있다. 공세적으로는 적함이나 선박 예상항로에 부설하여 여기에 걸려들면 심대한 피해를 줄 수 있으며, 소극적으로는 함대의 기동 공간을 제한하거나, 적의 기뢰 제거 활동으로 작전을 지연시킬 수 있다. 어뢰는 포탄에 비해 대형이므로 탑재량에 한계가 있으나, 갑판포는 포탄을 적재하는 공간에 여유가 있어 보다 장기간의 초계가 가능하다는 점에서 유리하다. 하지만 낮은 잠항탑에 따른 제한된 시계와 초보적인 사격통제장비만을 갖춘 잠수함 함포사격은 사실 1,200m 정도의 근거리가 아니면 큰 효과를 기대하기 힘들다. 이와 같은 문제로 양차 대전 사이 관측항공기를 탑재한 대구경 함포 대형 순양잠수함을 다수 개발했으나, 전술적 용도가 애매해 모두 큰 효과를 보지 못했다.

1차 대전 개전 직전까지 다양한 기술 분야에서 상당한 진보가 이루어졌다. 앞서 언급된 디젤기관을 포함하여 잠망경 성능향상, 어뢰 그리고 간과되기 쉬우나 중요한 분야로는 무선통신을 들 수 있다. 이 같은 기술적 발전으로 기존 해전 양태를 크게 바꾸었을 뿐만 아니라, 대형 주력함에 충분히 대항할 수 있을 정도의 위협적인 존재로 성장했다. 이때까지만 해도 잠수함은 단지 국지적으로 전술적 공격무기에 지나지 않았다. 1차 대전 중반에 진입하면서, 주력함대 간의 결전에 자신감을 잃은 독일 해군이 그 대안으로 무제한 통상파괴 작전에 돌입했다. 독일 잠수함 전대는 그동안 주 공격 목표였던 군함에서 상선으로 전환함에 따라 잠수함이 국지적 공격용 무기에서 벗어나 해상 병참선을 차단할 수 있는 전략적 무기로 성장하게 되었다. 초기 통상파괴 전투에서 독일 잠수함은 단독으로 항해하는 상선에 대해 힘들이지 않고 양호한 성과를 올렸다. 하지만 호위선단 편성으로 각기 항해하는 수송선의 경우보다 발견기회가 크게 줄어들게 되며, 대잠작전의 능력 향상으로 말미암아 보급선 차단이라는 궁극적인 목표를 달성하기 전에 1차 대전은 이미 종전을 맞이했다.

2차 대전 당시의 유보트와 관련된 스토리는 너무나 유명해서 전술의 교과서로 불릴 수 있다. 아마 이 당시부터 유보트라는 명칭 때문에 잠수함은 배가 아닌 그냥 보트로 불리게 된 것으로 알려진다. 보트라는 명칭에 대한 다른 기원은 초기 잠수함들이 일반 전투함에 비해 배수량도 작고 동시에 수면 위로 노출된 실루엣이 낮은 덕분에 유래된 것으로 보는 이들도 있다. 가령 예로 순양전함에 필적하는 수중 배수량 2만 톤을 상회하는 오하이오급과 심지어는 3만 톤을 넘는 타이푼급조차도 잠수함 승무원 사이에서도 속칭으로 미사일 보트로 불린다. 일화로 퇴역 해군 제독이 외부 인사들에게 해군기지를 견학시켜 줄 때 일어난 일로, 방문객이 5만 5,000톤 아이오와급 전함을 보고 보트라고 하자 대노하면서 그것은 배라고 정정해 주었다가, 질책받은 방문객이 다시 로스앤젤레스급 잠수함을 보고 다시 배라고 했고 이때 제독이 아주 정색을 하면서 그런 것들은 모두 보트라고 정정했다고 한다.

할리우드 영화의 영향으로 유보트 대원들을 포함한 대부분의 잠수함 승무원들은 잔인무도한 해적들로 묘사되기도 하나, 사실 해군 중에서 가장 유능하며 강도 높은 훈련을 받은 용맹한 장병들이며, 또한 각 분야에서 특화된 고도의 기술자들이라고 해도 큰 무리가 없다. 승무원들 간의 완벽한 팀워크와 순발력 있는 개개인의 정확한 판단이 요구되는 장비운용능력은 심해를 운행하는 잠수함과 승무원들의 생존과 직결되므로 강조될 수밖에 없다. 대개 잠수함 승무원들은 자원병들로 구성되며, 선발과 훈련과정에서도 탈락하는 비중이 타 병종에 대해 높은 편이다. 잠수함의 고유 성능과 능력도 중요하지만, 그러한 장비들을 운용하는 승무원들은 수선하 전투의 승패를 좌우하는 만큼 가장 중요한 요소 중 하나이다.

초기 잠수함의 승무원들은 협소한 함 내 공간, 곳곳에 돌출된 핸들/레버, 뜨거운 장비와의 접촉화상, 어두운 조명, 견디기 힘들 정도의 높은 습도, 역한 냄새, 거친 흔들림 등의 열악한 환경에서 근무해야 했으므로 그 고충은 이루 말할 수 없었다. 더군다나 잠항 중 변기배출에 외부 수압보다 높은 압력을 요구하는 화장실 이용은 거품과 부유물 발각 위험성을 이유로 사용에 제한이 많았으며, 함장의 허가를 받아야 하는 경우도 적지 않았다. 복잡한 변기조작은 간혹 실수로 절차를 빼먹거나 순서가 바뀌면 배설물이 역류해 내부로 유입되는 불쾌한 경험을 겪는 사례가 다수 발생하기도 했다. 더욱이 초기 잠수함에서의 배출은 수압이 낮은 얕은 수심에서만 가능했다. 하지만 현대 대형 핵추진 잠수함은 위치 노출에 취약한 배출방식 대신 저장탱크를 별도로 마련해 기지 귀환 시 이를 처리한다. 핵추진 잠수함을 제외하고, 초계 중 목욕은 식수부족으로 거의 사치수준이며 기지로 귀환해서만 가능했다.

특히 충전 배터리에 해수가 유입되어 유독 염소가스가 발생하기라도 하면, 승무원 생명에 큰 위협이 될 수 있다. 사소한 조작 실수만으로도 큰 재앙이 될 수 있는데, 유보트 1척은 실수로 레버를 반대 순서로 조작한 결과, 역류로 유입된 해수가 배터리와 접촉해 어쩔 수 없이 급속 부상으로 연합군 초계기 공격에 노출된 사례도 있었다. 그 밖에 장시간의 함 내 생활로 승무원들이 여러 가지 질병에 노출될 수 있다. 냉장시설이 사치였던 시절, 장기간 초계 중 식품 부패로 전 승무원이 초계기간 내내 이질과 설사에 시달린 적도 있다. 또 추운 북대서양의 밀폐된 공간에서 임무를 수행하는 건장한 유보트 대원들도 최고의 부식보급으로 양호한 영양 상태에도 불구하고, 가난을 상징하는 질병인 결핵에 걸리기 십상이었으며, 거의 직업병 수준이라 해도 과언이 아닐 정도였다. 또 오늘날과는 달리, 기계류와 어뢰가 대부분의 공간을 차지해, 좁아터진 함 내에 의료시설을 갖출 여유는 거의 없었다.

탈출곡예 전문마술사 후디니와 다르게 대부분의 일반인들은 장시간 물속에서 좁은 금속상자에 갇혀 있다는 것을 상상만 해도 몸서리치게 된다. 이에 혹자는 승무원이 되기 위해서 인성검사를 통해 폐소공포증을 견딜 수 있는 특별한 기질을 갖추어야 한다는 주장도 설득력을 갖는다. 수상함 승무원에 비해 수행임무가 한층 더 복잡하고 위험하므로 전투원이라기보다 오히려 고도의 숙련 전문기술자에 보다 가깝다고도 볼 수 있다. 더군다나 초기에는 한정된 주거공간으로 동일 분야에 보조로 투입될 수 있는 인원이 거의 없어 승무원의 부담이 더 가중된다. 또 2~3명이 동일한 침대나 침구를 공유해야 했으므로, 근무교대 후 침구에 이전 근무자의 체온이 그대로 남아 있어 이를 핫벙크Hot Bunk라 부르기도 했다. 더군다나 어뢰실 승조원은 어뢰를 소모해야 비로소 잠자리가 해결되는 경우도 허다했다. 하지만 이러한 고된 함 내 생활, 강도 높은 요구조건에도 불구하고 엄격한 선발기준을 통과하고 맹훈련을 받은 잠수함 승무원들은 해군 내에서 엘리트 의식으로 무장되어 있으며, 자부심 또한 대단하다. 복잡한 장비운용으로, 잠수함 작전 성패 사이 마진은 종이 한 장 차이로 극히 작다. 전후 사상자 통계를 살펴보면 수상함에 비해 부상자의 비율이 현저히 낮으며, 기능상실로 적전에서 부상해 약간의 포로가 발생하기도 하나, 실제로는 격침과 침몰로 인한 전사가 거의 대부분을 차지한다. 한편 현대에서는 심리학에 근거하여 우울감을 최소화하고 사기 진작을 위해 과거 회색 도장 대신 밝은 색이나 흰색 페인트를 잠수함 내부에 칠하기도 한다.

장교와 사병이 각기 별도의 식사공간을 이용하더라도, 사생활이 전무한 근무환경과 장비운용 전문화 덕분에 수상함과 비교해 장교/사병 간의 간극은 거의 없거나 상당히 좁다. 장교/사병의 지위를 막론하고, 특성상 각자 목숨이 서로의 의사결정과 수행임무 결과에 직결되므로 고도의 전문성과 긴밀한 상호유대관계는 매우 중요하다. 따라서 현재는 징병에 의한 대원 모집보다는 지원제 또는 다른 병과에서 이미 검증된 인원을 선발하는 방법이 더 선호된다. 지원병들은 개인적 소양이나 배경에 따라 전자, 소나, 기계, 경우에 따라 원자로 계통 등의 개별분야로 전문적인 훈련을 받게 된다. 따라서 다른 병과에 비해 전문성을 갖추고 있으므로, 제대 후에도 관련 분야에서 직업으로 연장되는 사례가 높은 편이다. 과거에 좁은 공간으로 인해 발생하는 열악한 근무조건 문제는 핵추진 잠수함의 대형화와 재래식의 경우 장비 자동화 덕분에 해소되기 시작했다. 오늘날 독일 소형 Type 206급 소수 승무원은 전원 전문장교와 준/부사관으로 이뤄졌으며, 다른 현대 잠수함들도 장비의 고도화/전문화로 장교/부사관 비율이 과거보다 현저하게 높아지는 추세이다.

한편 잠수함 탑승 장교들에 대한 훈련과정에서 미국과 영국 해군은 그 근간을 이루는 철학에 큰 차이를 보인다. 미 해군의 경우 잠수함 장교 훈련은 무기체계, 추진기관, 원자로, 통신, 보급 등의 각 분야에서 일정 기간의 근무를 통해 다양한 경험을 쌓은 후 부함장XO: Executive Officer 근무를 거쳐 최종적으로 함장 지위를 얻는 것을 기본으로 하고 있다. 이 과정에서 SSN과 SSBN을 번갈아 가며 근무하기도 하며, 때론 지상근무도 경험하게 된다. 반면 영국 해군도 물론 각 분야를 거치는 것은 동일하지만, 항법사 다음에 각 부서 감독 등의 단계별로 오르면서 잠수함 작전과정과 리더로서의 역할에 대한 훈련에 더욱 집중한다. 또 일단 잠수함 함대에 한번 배치되면 끝까지 잠수함에서 복무를 마치며, 지상근무 기회는 거의 없다. 한편 넬슨의 범선 시대부터 교전 중 각 함의 난투전과 같은 긴박한 상황하에서 함장들의 순간적인 명확한 판단력 및 독단적인 주도권을 중시하는 영국 해군에서는 위급상황 대처 능력과 순간적으로 냉철한 판단을 강조하는 'Perisher' 교육과정을 운용 중에 있다. 이 과정에는 가상 적군 프리깃에 대한 모의 뇌격/회피, 특수부대원 해안침투와 해안정찰 훈련, 끝으로 가상 전시 상황에서의 잠수함 작전 훈련 등이 있으며 이 모든 소정의 과정에 대한 수료와 평가를 통해서만 함장이 될 자격을 얻게 된다. 이때 정신적인 스트레스가 가장 많은 것은 물론 탈락률도 가장 높다. 이처럼 각국의 승무원 훈련 과정에는 다소간의 차이가 있으나 잠수함전에서의 확고한 승무원 자질을 갖추는 것을 강조하는 것은 마찬가지이다. 또 승무원의 자질은 운용 장비의 성능이나 효용성만큼 중요한 위치를 차지한다.

다음은 잠수함 적용 무기체계에서 주요한 기술의 혁신적 진보나 전술이 적용된 잠수함들을 중심으로 간략하게 정리하였다.

유보트(Unterseeboot) Type 7A

- 독일, 1936년, 디젤 공격잠수함
- 배수량　　769(수상), 871(수중)톤(후속형 개량에서 차츰 증가)
- 속도　　　17~19(수상), 4~8(잠항)노트
- 최대 심도　120m
- 기관　　　디젤엔진 2기 1,400shp, 전기모터 2기 375shp
- 무장　　　533mm(4: 함수), 1(함미) 105 혹은 88mm 갑판포

2차 대전 중 북대서양 전역에서 가장 많은 전과를 올린 수중 배수량 800톤의 Type 7형 유보트는 복각선체구조를 갖고 있다. 내부 내압선체는 수압에 잘 견딜 수 있는 실린더 형상이며 외부 선체는 통상 함정들과 같이 수상항해에 적합하도록 상부갑판이 비교적 넓게 설계되었으며, 밸러스트 탱크는 내압선체 외부에 위치하였다. 이런 넓은 상부갑판은 수상항해에 유리하므로 이 같은 외형은 비단 유보트에만 국한된 것은 아니라 영국을 제외한 당시 재래식 잠

수함들의 일반적인 형상이었다. 유보트 7형은 항속거리와 어뢰 적재량 및 추가 장비의 증가로 후속형에서는 배수량이 더 커지고 기관출력도 향상되었다.

| 독일 해군의 대표적인 U-7형(출처: Internet 자료)

대전 초부터 북대서양에서의 유보트 활약이 증가하면서 전과도 화려했지만, 그렇다고 해서 초기부터 전술교리가 성숙 단계에 이른 것은 아니다. 이는 대전 초까지만 해도 보수적인 전술개념을 가진 수뇌부 요구로 주로 전투함에 대한 공격집중과 선단에 대한 공격이 1척의 잠수함 단독작전으로 수행되었기 때문이다. 이때까지만 해도 큰 배수량의 소수 대형 Type 9형 또는 10형 순양잠수함이 유리한지, 아니면 항속거리가 제한적이지만 보다 적은 배수량의 다수 Type 7형 잠수함이 적합한가에 대한 논쟁에 결론이 나지 않은 상태로 개전에 임했다. 확실히 큰 배수량의 순양잠수함은 어뢰 및 연료 적재량, 항속거리, 갑판포 구경 면에서 유리한 반면, 상대적으로 소수밖에 건조될 수 없으므로 수색범위가 감소하며, 특히

대형인 관계로 발각 시 급속잠수 면에서 불리하다. Type 7형이 올린 전과는 대략 90% 정도로 매우 효과적인 것으로 판명되었다. 반면, 광활한 태평양 전역에 작전해야 하는 미 해군과 일본 해군은 항속거리에서 보다 유리한 중대형 잠수함을 더 선호하였다.

한편, 되니츠 제독은 1차 대전의 경험과 포로 시절 중에 구상한 전술을 바탕으로 당연히 배수량이 작은 다수의 중형 잠수함들을 선호했다. 독일 해군수뇌부 입장에서는 능동 소나의 일종인 아즈딕 등과 같은 음향탐지기술 도입과 호송선단 방식의 채택으로 유보트에 장래 희망이 없다고 판단해, 함대정찰과 전투함에 대한 공격으로 한정하려고 하였다. 이에 대해 되니츠 제독은 잠수함의 단독작전보다는 집단으로 공격하는 것이 더욱 효과적이며, 특히 아즈딕에 대한 대항수단으로는 야간공격으로 전환해 낮은 실루엣 이점을 최대한 살려 기술적인 제약을 극복할 수 있다고 판단하였다. 따라서 초계선에 배치된 잠수함들이 호송선단을 포착했을 때 바로 공격을 개시하지 않고 계속 접촉을 유지하면서 잠수함 사령부와의 긴밀한 통신으로 지정한 해역에서 집중적으로 야간에 이리 떼 집단공격 하는 것을 기반으로 했다. 후에 집단공격 방식이 공격뿐만이 아니라 방어 측면에서도 유리하다고 판명되었다. 이는 공격 시 호위함들의 방어능력이 한도 이상으로 분산되므로 잠수함 1척이 공격 후 회피하는 과정에서 호위함이 추적에 나서면, 이윽고 다른 1척이 선단 중앙까지 깊숙이 침투하여 계속적으로 뇌격을 속행해 나갈 수 있었기 때문이다.

레이다가 대잠전에 투입되기 전에는 선단을 파고든 잠수함에 대한 반격은 오로지 조명탄에 의지할 수밖에 없어 호위함의 어려움은 더욱 가중되었다. 이리 때 전술은 구체적으로 다음과 같다. ① 예상되는 호송선단 진로에 대해 유보트들을 초계선에 넓게 아치형으로 전개시킨다, ② 선단을 발견한 유보트는 선단의 진로, 속도, 구성과 함께 자신의 위치를 사령부에 보고한다, ③ 발견한 유보트는 계속 접촉을 유지한 채 뇌격을 자제하고 지속적으로 선단의 속도와 진로변경을 보고한다, ④ 사령부는 통신을 통해 근처에 전개한 유보트를 선단 주변으로 집결시킨다, ⑤ 충분한 수의 유보트들이 집결하면 최초 발견한 유보트와 연계하여 어두워지는 것을 틈타 모든 방향으로 뇌격에 돌입한다, ⑥ 해가 뜨면 1척만이 추적을 위해 남고 나머지는 공격을 중단하고 안전한 곳으로 후퇴해 배터리 충전과 어뢰를 재장전한다, 마지막으로 ⑦ 다시 밤이 오면 공격을 재개한다. 또 잠수함 건조가 급증해 급속히 성장한 결과로 노련한 승무원 비중이 낮고 신참 승무원들이 많이 섞여 있는 상태라서 숙련도가 한층 요구되는 단독작전보다 집단공격이 부담이 적어 이런 전술이 오히려 효과적이었다. 오늘날 개별 잠수함은 주로 단독적으로 작전하므로, 위와 같은 전술개념을 연장하여 수상함정들과 지상기지 항공기 또는 함재기들과의 협동을 통해 적 함대의 대함, 대공 방어 능력을 포화시켜 혼란을 가중시킨 후, 그 틈을 이용해 잠수함 방어력 분산 허점을 이용, 순항 미사일이나 어뢰로 공격을 집중적으로 실시한 후 퇴각하는 방법으로 응용될 수 있다.

지상기지 장거리 대잠초계기와 소형 호위항모의 등장과 확장에 따른 사각지대의 상쇄 및 대잠 기술과 전술의 발전과 더불어 호위함 규모증가로 대전 중반부터 유보트 전술에 허점이 점차 노출되기 시작했다. 더욱이 항공 레이다의 출현은 수시로 급속잠수를 강요함과 동시에, 초계기간 중 호위선단 발견 및 접촉 기회도 이로 인해 감소하였다. 일단 대잠초계기를 피해 잠수하면 느린 수중속력으로 발견된 선단을 계속 추적하기란 거의 불가능에 가까웠다. 증대되는 대잠초계기 위협에 대해 대공 무장을 강화해 보기도 하지만, 이와 같은 조치로 오히려 전술적 이점보다는 취약점이 더욱 노출되었다. 일단 초계기에 발견 및 피격 시 급속잠항 대신 대공무기로 반격하게 된다면, 초계기와 접촉을 유지하던 근처 호위함들에 대해서 회피기회를 상실해 결국 속수무책으로 당할 수밖에 없었다. 또한 대공무장 강화는 수중저항 증가에 따른 잠항속력의 감소를 동반해 더욱 불리하게 만들었다. 그 후 대공포는 유선형으로 탑재한 Type 21형까지 유지되다가, 격납형 소형 대공미사일로 현재는 그 자리를 옮기게 된다. 하지만 현재 대잠초계에는 항공기뿐만 아니라 구축함이나 프리깃 등의 호위함들을 동반하고 있을 수 있으며, 대공미사일 발사로 필연코 자신의 위치가 노출될 수 있으므로 발사 여부는 신중하게 판단되어야 한다.

유보트의 활약으로 잠수함이 단순한 국지적 전술적 공격무기의 지위에서 해상 병참선 차단 및 해안봉쇄에 기여할 수 있는 전략무기로서의 가능성을 시사했다. 이런 전략적 무기로서의 지위 전환은 미국 잠수함들에 의해 태평양에서도 흡사하게 나타났다. 혹자는 전쟁물자 생산능력에 대한 직접적인 파괴나 원료 생산지 점령이 부재한 상태에서 병참선에 대한 공격만으로 전략적 공세가 이루어질 수가 없을 것이라고 주장했으나, 장거리 항속거리의 폭격기를 보유하지 못했던 독일에게는 V-2 탄도 미사일을 제외하고는, 잠수함만이 위의 전략적 공세를 펼칠 수 있는 유일한 수단이었다고 볼 수 있다.

Type 209

- 독일, 1971년, 디젤 공격잠수함
- 배수량   1,105(수상), 1,230(수중)톤 외에도 도입국
            다양한 요구사양에 따라 장비 및 배수량 변경
- 속도   11(수상), 22(잠항)노트
- 최대 심도   요구사양에 따라 결정
- 기관   디젤엔진 4 MTU 12V493 TY60 각 600bhp,
            전기모터 1기 Siemens 5,000shp 등 포함 다양
- 무장   533mm(8: 함수) 도입국 요구사양에 따라 변경 가능

| Type 209급(출처: Internet 자료)

Type 209형을 포함한 파생형들은 재래식 잠수함으로는 현재 세계적으로 가장 많이 수출되고 있으며, 도입국의 요구사양에 맞게 다양한 설계와 장비 탑재가 가능하다. 한편, 수출량으로 보면 러시아의 킬로Kilo급이 바싹 그 뒤를 쫓고 있다. 2차 대전 말기 독일은 대양용 Type 21형 외에 연안용으로 실린더 형상에 가까운 단각 Type 23형을 설계하고 건조한 바 있다. 나토의 요구에 따라 전후 독일은 Type 23형과 유사한 연안용 Type 201, 205 및 206급을 성공적으로 취역시킨 후 수출형과 자국방어용 대양용 잠수함 건조 계획을 수립하게 된다. IKL 디자인팀은 우선 걸작인 Type 205형을 대형화하여 Type 209의 기초를 마련했다. 초기에 어뢰발사관은 통상적인 압축공기 혹은 피스톤 사출방식에서 탈피하여 자가 사출 방식을 채택한 것도 다수 있다. 추진력은 1축 5엽 프로펠러를 통해 얻으며, 함수타익은 기존의 접는 방식 대신에 내부로 수납할 수 있도록 설계되었다. 주 추진력은 전기모터를 통해 얻어지며, 디젤기관은 프로펠러와 직접 연결되지 않고, 단순히 2차 전지를 충전하는 기능만 한다. 어뢰무장도 533mm SST-4와 같은 유선유도대함어뢰와는 별도로, 요구에 따라서는 SUT 유선유도 대잠/대함 겸용 어뢰를 패키지로 함께 수출하는 것으로 알려져 있다. 이런 겸용 어뢰는 재장전의 여유가 부족한 Type 209형과 같은 소형 잠수함에 매우 유용하다.

초기 209형은 발트 해역과 같이 해저가 복잡하고 수심이 낮은 연안에서의 작전을 염두에 두고 민첩한 기동성을 강조해 최적화된 잠수함이다. 또한 다수 목표에 대해 동시다발적인 뇌격이 가능하며, 이는 적재된 어뢰 수에 비해 어뢰발사관이 다른 잠수함들에 비해 많다는 사실에 잘 반영되어 있다. 또 다른 특징은 정숙도 면에서 동급의 타 잠수함에 비해 매우 우수하다는 점과 어뢰발사 시 압축공기나 피스톤으로 사출하는 기존 사출방식에 비해 항적이 매우 적다는 점이다. 발표된 성능에 비해서 실제 포클랜드전에서 영국 해군에 대한 전과가 보잘것없었던 원인으로는 아르헨티나 함장의 소극적 자세, 대잠경계망이 상상외로 두터웠던 점과 불량어뢰로 인한 신뢰성 상실 등이 지적되곤 한다. 그러나 보다 중요한 점은 209급이 영국함대의 대잠경계망을 뚫고 내부로 침투하는 데 성공했다는 점이며, 비록 불량어뢰라 할지라도 발사 후 무사히 기지에 귀환할 수 있었던 점에 더 주목해야 한다.

오스카(Oscar)급

- 소련, 1980년, 핵추진 순항 미사일 잠수함
- 배수량   12,000(수상), 16,500(수중)톤
- 속도   32(잠항)노트
- 기관   Pressurized Water Cooled Reactor 2기 60,000shp
- 무장   SS-N-19 cruise missile, 533 & 650mm 어뢰,
             SS-N-16 anti-sub missile

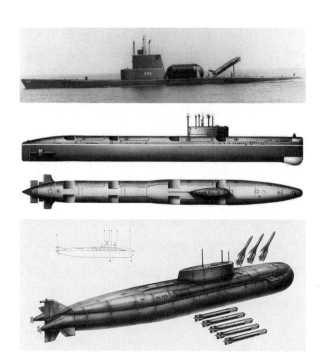

| 잠수함 발사 순항 미사일: 상) USS Tunny와 Regulus I,
중) Echo II급, 하) Oscar급과 SS-N-19 missile
(출처: 개인 소장 및 Internet 자료)

각국의 해군들은 지상, 함상, 항공기 등 다양한 플랫폼을 갖는 대함미사일과 순항 미사일의 배치로 큰 효과를 보자, 이를 잠수함에 적용하는 것도 고려해 순항 미사일 탑재는 단지 시간문제였다. SLBM의 성공적인 도입 바로 전까지도 순항 미사일에 대한 관심이 계속되었다. 최초의 순항 미사일 발사는 1947년 독일 V1 펄스제트 미사일 개량형 KUW-1을 이용해 실시되어, 잠수함 발사 순항 미사일의 모체가 되었다. 본격적인 잠수함 발사 순항 미사일 개발은 미 해군 터니 재래식 잠수함으로부터 레굴러스Regulus: SSM-N-8A Ⅰ 발사로 1950년에 시험이 실시되었으며, 갑판 일부를 개조해 잠항탑 후면에 미사일이 격납되었다. 부상상태에서 발사하며, 발사 후에는 잠망경 심도를 유지하면서 원격으로 순항 미사일을 유도한다. 하지만 막대한 예산이 소요되는 폴라리스 탄도 전략 미사일과 핵추진 잠수함 개발계획으로 예산경쟁에서 밀려나면서 더 이상 관심을 끌지 못해 레굴러스 계획은 곧 중단되었다. 또 다른 개발 중단 이유로는 당시 순항 미사일은 부상하여 발사하기까지 많은 시간이 소요되며 유도를 위해 목표에 도달할 때까지 장시간 잠망경 심도를 유지해야 했으므로, 1940년대 과거 항공기 탑재 대형 잠수함과 마찬가지로 초계기 등 대잠체계에 매우 취약하다는 점도 들 수 있다. 그보다 근본적인 이유로 4,000톤급 핵추진 잠수함이라 할지라도 겨우 2기만의 레굴루스 미사일 적재가 가능해, 16기 폴라리스 탄도 미사일을 적재하는 6,000톤급 잠수함에 비해 비용과 화력 경쟁에서 훨씬 불리하기 때문이었다.

후에 토마호크 및 서브-하푼의 등장으로 기존 시스템에 대해 큰 변경 없이 잠수함이 수면 밑에서 발사할 수 있는 순항 미사일 계획이 부활했다. 소련도 역시 유사한 전철을 밟은 듯하였으나, 해안으로 접근하는 적 함대, 특히 미 항모 기동함대에서 함재기들을 발진시키기 전에 최대 사정거리에서 대함미사일로 적 함대를 제압할 필요성이 강조된 점에서 차이가 있다. 이러한 장거리 대함미사일은 Tu-26 백파이어 육상기지 발진 초음속 폭격기와 키로프Kirov급과 같은 유도 미사일 대형 순양전함 중심 수상함대뿐만 아니라, 별도의 순항 미사일 전용 잠수함도 포함된다. 하지만 적 함대의 발견과 미사일유도를 위해 Tu-95 파생형인 Tu-142 정찰기, 위성 또는 레이다와 같은 외부 중계수단해안에 위치한 지상사령부로 교신된 위치정보를 다시 교신하는 방법에 상당히 의존하고 있다.

미 해군은 보통 스터전이나 로스앤젤레스급과 같은 통상 SSN을 이용해 기존의 어뢰관 또는 별도의 수직발사관을 이용, 순항 미사일을 발사하는 방법을 취하는 데 반해서 러시아는 순항 미사일 전용 잠수함을 별도로 건조하여 운용하는 전통을 유지하고 있다. 오스카Oscar급은 대형 핵추진 잠수함으로 디젤 줄리엣Juliet급과 핵추진 에코Echo Ⅱ급, 찰리Charlie급에 이은 후속 신예함이다. 에코 Ⅱ급까지만 해도 탑재 미사일 수의 제한 및 발사를 위해 부상해야 하는 제약, 또 미사일 보관 구역 주변 각진 부분에 의한 수중 잡음 등의 불만을 느낀 소련은 개선된 순항 미사일 잠수함을 요구하게 되었다. 이를 만족시키기 위해 찰리급과 후속형 오스카급을 개발했으며, 본 급은 잠항상태로 순항 미사일 발사가 가능하다. 따라서 부상상태로 발사하고 유도하는 에코 Ⅱ와 달리 그만큼 발사 전까지 탐지가 어려우며 동시에 목표물에 대해 수월하게 기습적 선제공격을 할 수 있다. 서방 신예 잠수함은 앞서 언급된 토마호크 순항 미사일 외에도 서브-하푼 대함미사일도 발사 가능해 전술 잠수함들은 어뢰보다 원거리에서의 적함에 대한 공격이 가능하다. 하지만 추가적인 대함 및 순항 미사일의 탑재로 기존의 어뢰탑재량이 크게 감소하는 문제가 생겼는데, 별도의 수직발사관들을 마련하여 무장탑재량 문제가 해결될 수 있었다.

| Sub-Harpoon 발사장면(출처: Internet 자료)

　복각 함체를 갖는 오스카는 서방측의 핵추진 공격잠수함의 3
배 정도의 배수량을 가진 타이푼급 다음으로 대형이며, 24기의 대
형 SS-N-19 순항 미사일 발사관은 외부와 내부 선체 사이 양 현
측에 45도 경사각으로 설치되어 있다. 하지만 대부분의 공간은 순
항 미사일 발사관들이 차지하고 있어 내부공간은 타이푼급에 비
해서 상당히 좁은 것으로 알려진다. 25노트의 속력으로 호송선단
이나 기동함대에 대해 기습공격의 전술을 구사할 수 있으므로, 서
방에서는 매우 치명적인 상대로 간주하고 있다. 그중 1척 쿠르스
크Kursk호는 노르웨이 해역에서 추정으로는 어뢰정비 도중 내부
폭발사고로 손실되었다.

쉬르코프(Surcouf)급

- 프랑스, 1929년, 디젤 순양잠수함
- 배수량   3,252(수상), 4,300(수중)톤
- 속도   18(수상), 10(잠항)노트
- 기관   Sulzer 디젤 2기, 3,400shp
- 무장   50 구경장 203mm 2연장 수밀포탑, 37mm 캐논,
            13.2mm Hotchkiss 기관총, 어뢰발사관 다수
            Besson MB seal plane(2차 대전 직전 철거)

| Surcourf급 항공기 탑재와 주포 무장

잠수함의 갑판포는 1차 대전 바로 직전에 등장해, 지상목표 또는 단독항해 비무장상선을 포격하거나 나포 시에 매우 유효하게 활용되었다. 연합군이 무장상선 또는 위장상선Q-ship을 투입함에 따라, 유보트도 갑판포 구경을 증대시켜 이에 맞서며 나중에는 구경이 150mm까지 증대되었다. 상황이 이런 식으로 전개되자 대구

경 함포를 장비한 대형 순양잠수함의 필요성이 대두하기 시작했다. 사실 상선의 철판 두께는 그리 두껍지 않으므로 갑판포 구경은 105mm 정도면 충분하며, 설사 대구경 함포가 설치된다 하더라도 낮은 잠항탑으로 사격통제 능력이 떨어져 장사정 함포사격은 별도의 관측수단이 없는 이상 큰 의미가 없다.

갑판포는 2차 대전 직후까지 사용되다가 대잠초계기들이 대규모로 투입되면서 자취를 감추게 되었다. 대구경 갑판포를 갖춘 순양잠수함은 무장상선을 상대하기보다는 소형 대잠함에 대해 보다 원거리에서 반격능력을 갖추는 의미가 더 크다. 왜냐하면 수상함이 어느 정도 피해를 입더라도 계속 임무를 지속할 수 있는 것에 반해 소구경 포탄일지라도 잠수함 어느 곳에든 피격되면 곧바로 잠수능력을 상실하기 때문이다. 따라서 갑판포로 대잠함이 추격을 중단시킬 정도의 피해를 입혀야 잠수함이 생존할 수 있다는 사상이 지배적이었다. 처음 독일은 수송전용 잠수함 도이칠란트급을 이용, 2개의 어뢰발사관과 함께 150mm와 85mm 함포 각 2문씩을 장착한 순양잠수함으로 개장했다.

1차 대전 동안 북대서양에서 독일 유보트에게 상선단의 참담한 손실을 겪은 연합국들은 종전 이후 이 교훈을 토대로 잠수함의 전술적 운용 개념을 재조명하며, 보다 적합한 전술교리를 모색하는 과정을 거친다. 하지만 경우에 따라서는 바람직하지 못한 방향으로 추진된 사례가 다수 있으며 물론 실험적 의미도 담았지만, 그중의 하나가 바로 이 쉬르코프급이다. 독일 해군은 잠수함을 잠수할 수 있는 대형 어뢰정으로 보는 시각을 가진 것과 달리, 영국과 프랑스는 함대나 선단 보호를 위한 정찰수단을 갖춘 잠수함이나, 원거리 식민지 주요 기지 및 시설 방어를 위한 긴 항속거리의 대형 순양잠수함이 요구된다고 판단했다. 물론 이런 전술교리가 연합국 해군수뇌부 전체를 지배하고 있던 것은 아니었지만, 당시 잠수함의 전술적 용도와 가치에 대한 의문에 명쾌한 해답을 찾지 못하고 있던 점은 분명했다.

　본격적으로 군사용 잠수함 탄생과 함께 거의 역사를 같이한 어뢰가 최선의 무기임에는 의문의 여지가 없었지만, 당시 고가이면서도 사정거리가 짧은 어뢰와는 별도로 저렴하고 융통성을 갖는 대체무기에 대한 갈망은 끊이지 않았다. 그 이유로 당시 어뢰는 기술적인 문제로 신뢰도가 성숙하지 않았으며, 탑재량 면에서도 포탄에 비해서 화력 측면에서 확실히 불리하기 때문이다. 또한 실제로 2차 대전까지만 해도 단독항해 하는 비무장상선에 대해서 함포사격이 매우 경제적이었다. 특히 양차 대전 사이에 운용되던 폭격기 능력이 매우 제한적이라, 대신 함포가 연안 20km 이내의 지상목표물에 대해서는 효과적일 수 있었다. 하지만 이내 항공모함의 등장으로 내륙 목표물에 대한 함포사격은 그 의미가 퇴색되었다. 잠수함에서 소형 잠수정과 대공포를 제외하고 갑판포가 완전히 사라지게 된 것은 독일의 21형부터이며 더 이상 부상한 채로 함포사격 하는 것은 거의 자취를 감추게 되었다. 하지만 양차 대전 사이, 항모 위주 혹은 전함 위주 교리의 대립과 같은 수뇌부 내에서의 마찰만큼 잠수함의 최적무장에 대한 갈등은 핵심적인 논쟁거리 중 하나였다.

당시 식민지를 다수 보유한 영-불 상층부는, 앞서 언급되었듯이, 효과적인 함포를 장비한 장거리 항속거리 순양잠수함을 선호했으며, 태평양과 같이 넓은 해역을 대상으로 작전해야 하는 일본과 미 해군도 입장을 같이했다. 이에 대구경 함포는 수중저항과 무게중심에 대한 악영향에도 불구하고 잠수함의 주무장으로 다시 거론되었으며, 어뢰는 단지 보조 수단으로 간주하는 견해가 고개를 들었다. 이 같은 교리를 반영한 잠수함으로는 영국 해군의 102mm4인치 함포가 탑재된 K급, 305mm12인치 포가 포탑방식으로 설치된 M급, 또 132mm5.2인치 함포를 갖춘 X-1급 등을 들 수 있다. 대구경 갑판포를 갖춘 잠수함 운용교리에 따르면, 수중에서 조용히 대기하고 있다가 적 선단이 사정거리에 진입하기를 기다려 뇌격이나 소구경 포로 공격하는 소극적인 방식에서 벗어나, 대구경 함포를 이용, 원거리에서 적 목표물과 교전할 수 있도록 한다는 것이었다. 또한 양차 대전 사이에 팽배했던 거함거포주의 사상이 당시 잠수함 운용 사상에 영향을 미쳤다는 점도 부정할 수 없다. M급에 설치된 함포는 워싱턴 해군조약에 따라 철거되고, 일반적인 순양잠수함으로 개장된다. 이와 같이 각국의 주요 무장계통 차이는 당시의 전술 사상을 반영한 결과이다.

대구경 함포라고 해서 모든 문제가 해결되는 것이 아닌 점은 잠수함의 낮은 잠항탑으로는 목표에 대한 거리 측정과 탄착지점 확인이 어렵다는 점이다. 따라서 잠수함 발진 항공기에 대한 다수의 시험이 각국에서 행해지고 있었는데, 그중의 하나가 쉬르코프급이다. 당시 203mm8인치 함포는 24km의 사정거리를 갖고 있어, 이론적으로는 상선을 개조한 경무장 보조 순양함이나 경무장 호위함과의 교전이 가능하다고 하지만, 수면에서 11km의 가시거리의 제한은 곧이어 접이식 정찰용 수상비행기의 탑재 요구로 이어졌다. 이렇게 잠수함의 항공기 탑재가 가능했던 것은 양차 대전 사이, 엔진을 비롯해 항공기술의 비약적인 발전도 한몫했다. 어뢰무장에 있어서도 함수 발사관 외에도 현측 어뢰발사관을 갖추고 있었으며, 이런 현측 발사관은 1차 대전 영국 J급에서도 이미 시도된 바 있었다. 항공기 탑재 사례로는 3기의 수상비행기를 탑재한 일본 해군 배수량 6,500톤의 STO I-400급도 있으며, 이 경우 함포사격을 위한 보조적인 관측 용도보다는 장거리 정찰과 파나마 운하와 같은 전략적 목표에 대한 기습공격을 위한 것이라는 점에서 차별성이 있다.

| IJN I-400 잠수함 및 단면도(출처: Internet 자료)

이런 사상이 반영된 것들로는 미 해군 S-1과 영국 해군 M-2급을 들 수 있으나, 시험운용 경험상 모두 만족스러운 결과를 얻지 못했다. 그 원인으로는 항공기와 같은 대형장비 및 격납고 설치 등에 따른 배수량 급증, 무게중심 이동에 따른 항해 불안정성 증가, 급속잠

항 저해 및 수중성능 저하 등을 들 수 있다. 항공기발진 방식도 2가지로, 격납고에서 꺼낸 다음 날개와 기체를 조립하거나 날개를 편 다음, 크레인을 이용해 해면에서 발진시키는 방식과 경사갑판에서 바로 사출하는 방식으로 구분된다. 전자가 항공기 사출에 시간이 많이 걸리며, 후자는 준비시간이 좀 짧다는 장점이 있다. 정찰용도 외에도 잠수함 발진 항공기는 나름 용도가 있었는데, 1차 대전 시 항속거리가 짧은 폭격기를 대신해 영국은 E-22에 솝위드Sopwith 복엽기를 발진시켜 독일 비행선 제페린을 격추하는 데 이용하려고 했다. 하지만 복엽기의 상승속도가 낮고 또 이함/회수 시 발생하는 위험성으로 결국 포기했다. 하지만 이런 아이디어는 항공모함 개발 동기를 부여했다. 이처럼 잠수함 발진 항공기의 적용은 각국의 전술적인 요구에 따라 용도와 탑재항공기 성능에 차이가 있다.

그 후에도 잠수함의 낮은 함교 실루엣 한계를 극복하기 위한 노력은 계속되었다. 한편 호송선단 편성으로 선단 발견기회가 줄어든 유보트 입장에서도 높은 고도에서의 정찰 필요성이 대두되어 1915년 1월에 U-12에서도 소형 수상비행기를 이용한 바 있다. 또한 2차 대전 시에는 순수 정찰용 무동력 회전식 날개 연 FA230은 유보트에 탑재해 괜찮은 성과를 얻은 바 있다. 이는 완강하고 고집 센 공군 총사령관 헤르만 괴링으로부터 독일 해군이 충분한 장거리 초계기 확보에 실패한 대신 그 대안으로 개발된 것이다. 현재같이 정찰위성이 없었던 시절에는 호송선단을 포함한 적 함대나 지상목표에 대한 정보를 얻을 수 있는 항공정찰이 잠수함에 가져다주는 이점은 두말할 필요가 없다.

오하이오(Ohio)급

- 미 해군, 1981년, 핵추진 탄도 미사일 전략잠수함
- 배수량   16,764(수상), 18,750(수중)톤
- 속도   20(잠항)노트
- 기관   자연순환식 원자로, 60,000shp
- 무장   Trident-I C4(24기), 21 in 어뢰관 6

현대 잠수함의 대명사는 역시 전략 탄도 미사일 탑재 핵추진 잠수함SSBN일 것이다. 하지만 본래 탄도 미사일 잠수함 아이디어는 2차 대전 후에 착안한 전혀 새로운 개념이 아니라, 이미 유보트에 의해 원시적이지만 처음으로 시도되었다. 당시에 비교적 단거리 사정거리의 비유도식 로켓으로 적 연안에 접근하여 잠항상태에서 주요 군사목표에 대한 로켓 포격이 계획되었다. 한편 V2 로켓을 수밀 컨테이너로 견인하다가 특정 위치에서 발사한다는 발상이 있었으나, 기술적 난제로 실현 가능성은 처음부터 그리 높지 않았다. 핵공격 삼각체계 중의 하나인 SSBN은 전면적인 핵전쟁 상황에서 주로 선제공격수단으로 이용되는 ICBM이나 핵폭탄탑재 전략폭격기와 달리 적의 핵공격 후 핵반격 능력을 잔존시켜 전략적 보복을 수행하는 것이 주 임무이다. 하지만 꼭 이런 상황에만 국한된 것은 아니라, 경우에 따라서 전략잠수함도 선제 핵공격수단으로 운영될 가능성이 없는 것은 아니다.

최초의 탄도 미사일 잠수함은 소련의 골프Golf급으로 3기의 SS-

N-4 미사일들을 잠항탑 후면 연장부에 탑재하였으며 모함으로 재래식 디젤잠수함이 이용되었다. 그다음 등장한 호텔급도 동일한 탑재방식을 채택하였으나, 핵추진이라는 점만 달랐다. 위의 두 잠수함들은 모두 부상상태에서 미사일과 발사대를 잠항탑 위로 들어올려 외부에서 발사하는 방식으로, 시간이 오래 걸리고 대잠 반격에 취약해 전략적 가치는 비교적 떨어지는 편이다. 후에 이런 방식에서 탈피해, 현재 보편적인 수직발사관 방식 이용, 선체 내부에 탑재하는 방식으로 전환해 양키Yankee, Ⅰ~Ⅱ급, 델타Delta, Ⅰ~Ⅳ급, 타이픈Typhoon급으로 이어진다. 한편, 델타급은 타이픈 배치 이후에도 한동안 계속 건조되었던 사실로 봐서 상호보완적 개념으로 운용되는 것으로 서방측은 분석하고 있다. 델타 Ⅳ의 흡입구에 의한 수중소음과 상갑판 위로 불거져 나온 미사일 구획으로 발생하는 소음은 정숙항해에 지장을 준다. 하지만 비교적 장사정의 SS-N-8을 갖춘 델타 Ⅳ급은 노르웨이나 극권과 같이 안전한 해역에서 해안목표나 북미에 대한 핵공격이 가능하더라도 ICBM 강화 격납 사일로에 대한 공격은 완벽하게 이루어진다는 보장은 100% 장담할 수 없으므로 보복 공격의 여지는 남는다. 따라서 보다 장사정의 SS-N-20 MIRV를 탑재한 타이픈급이 따로 존재하는 이유이다.

| 잠수함 발사 전략 탄도 미사일
(SLBM: Submarine Launched Ballistic Missile)의 종류(출처: Internet 자료)

　　미 해군의 경우, 핵폭탄투사 수단으로 처음 항모 함재기에 주로
의존했으나, 항모 기동함대 동태는 항상 감시/추적당하고 또 함재
기에 항속거리 제한이 따르므로, 은밀한 핵투사를 위한 다른 방안
을 모색하고 있었다. 잠수함 발사 핵탄두 미사일 소요가 제기된 후
개발은 신속하게 진행되어 폴라리스Polaris 미사일이 등장했으며,
기존 SSN 스킵잭 설계를 바탕으로 중간에 미사일 구획을 추가적
으로 끼워 넣는 방식으로 SSBN이 개발되었다. 핵추진 전략잠수함
은 최초 조지 워싱턴급을 거쳐 트레셔급과 이선 일른Ethan Ellen급으
로 진화하며, 그중에서도 설계 시부터 전략 탄도 미사일 탑재를 염
두에 두고 건조된 것은 Ethan Ellen급이 대표적이다. 이전 SSBN들
은 공격잠수함 SSN에 기반하고 있어, 선체의 일부분에 추가적으로
SLBM 격납부를 중간에 끼워 넣는 방식을 사용하고 있었다. 개발과
개량을 지속한 결과, 잠수함은 정숙도 향상, 탄도 미사일은 사거리,
탄두위력, 탄두 수가 지속적으로 증대되었다.

한편 몇 개월씩 잠항상태를 유지하므로 SLBM 발사를 위해 자신의 위치를 정확하게 파악해야 하며, 수상함처럼 잠망경 심도에서 육분의나 라디오 전파 같은 기존 항법에 의존할 수는 없다. 이 문제를 해결한 것은 관성항법장치SINS: Ship Inertial Navigational System이다. 현재는 대용량 컴퓨터 연산속도의 비약적인 발전으로 항법과 정확도가 향상되어, 전략잠수함은 더욱 치명적인 존재로 변모하고 있다. 그렇다 하더라도 이따금 잠망경 심도로 올라와 위성 통신으로 누적된 오차를 수정하는 과정은 필요한 것으로 알려져 있다. 라파예트Lafayette급에서는 HY80 강의 적용으로 경량화와 더불어 잠항심도 증가 등이 목격된다. ICBM과 비해서 SLBM은 IRBMIntermediate-range Ballistic Missile 정도의 사거리만 가지면 되나, 사거리가 늘어날수록 상대방 대잠부대의 위협이 낮은 해역에서 초계할 수 있고, 또 자국 해군의 호위를 받을 수 있으므로 생존성 측면에서 더욱 유리해진다.

물은 비압축성 유체이므로 SLBM은 수중에서는 보조 사출수단이 요구되며, 수면 위로 상승한 후에 주 추진기관 로켓부스터를 점화시킨다. SLBM 사출방식도 처음 압축공기를 사용하다가, 탄도 미사일의 중량이 증가함에 따라 별도의 고온가스 발생기로 초임계 증기를 발생시켜 사용해 사출하는 방식으로 발전하게 된다. 이렇듯 잠수 및 미사일 성능이 증대됨에 따라 경우에 따라서는 보복수단에서 벗어나 선제공격까지도 가능해졌다. SLBM 장사정화를 위해 미국은 ULMSUnderwater Long range Missile System 계획을 통해 트라이던트Trident 미사일이 개발되었다. 미 해군의 경우, 1970년대 이후 탄도 미사일도 폴라리스를 거쳐, 성능이 개량되면서 이어 포세이돈Poseidon이나 트라이던트 SLBM으로 대체된다.

| SLBM Trident-1 발사 장면(좌), Ohio급의 SLBM 격납고(우)

오하이오급 개발 동기는 함령이 20년이 경과해 노후화된 조지 워싱턴급과 Ethan Ellen급을 교체하고, 노후 잠수함들로는 후속개량 대형 포세이돈이나 트라이던트 SLBM 탑재를 위한 개수가 불가능했기 때문이다. 또한 러시아의 대잠능력, 특히 속속 진수되는 핵추진 공격잠수함 배치와 성능개선으로 미 해군은 기존 핵추진 전략잠수함 보다 한층 강화된 정숙도와 고성능의 SSBN들을 요구하였다. 마침 장사정의 트라이던트 C-4 탄도 미사일7,400km의 등장으로 초계 해역이 넓어졌기 때문에 또한 적 해역에 접근할 필요성도 감소한 것이 사실이다. 당시 오하이오 개발단계에서 자연순환 원자로의 도입에 따른 설계가 이루어졌으며 기존 대비 소음억제 기술은 타의 추종을 불허한다. 따라서 기지에서 출격 후 초계 단계

를 들어가면 향상된 정숙도 덕택에 당시 탐지기술로 탐지는 거의 불가능했다고 알려졌다. 한편 24기의 탑재 미사일 수량도 잠수함 길이가 기동성을 저해하지 않는 수준에서 결정되었다. 외형은 로스앤젤레스급과 마찬가지로 시가형이며, 정숙도가 한층 향상된 추진기관은 개별적으로 고속과 저속의 2개의 터빈을 구동시킨다. 특히 탄도 미사일의 추진기관은 3단의 고체연료 로켓으로 이루어지며, 8개의 100kton MIRVMultiple Independent Reentry Vehicle를 운반하며, 교란탄두MaRV: Maneuverable Reentry Vehicle 미사일도 적재할 수 있다. 미국은 오하이오급 이후 당분간 차세대 SSBN 개발계획이 없는 것으로 발표하였으며, 당초 개발 시부터 오하이오급에 추가적인 개량을 위한 여유를 두고 설계되었기 때문이라고 한다. 하지만 차세대 SSBN에 대한 개념연구는 계속 진행되고 있다고 한다.

하지만 재래식이든 핵추진 잠수함이든 간에 탄도 미사일 발사를 위해서는 잠망경 심도에서 호버링해야 하므로 부상해 발사하는 방식보다는 안전하지만, 그래도 이때가 대잠공격에 가장 취약하다는 점을 항상 염두에 두어야 한다. 또한 발사하는 데 비교적 긴 준비시간이 요구되는 액체추진보다는 고체추진 로켓이 한층 유리하다. 하지만 소련의 경우 고체추진 탄도 미사일 개발이 다소 지연되어, 1980년대까지는 취급이 위험한 액체추진 로켓모터에 의존하다가 뒤늦게 고체추진 SLBM으로 교체되었다. 한편 잠수함의 관성항법과 유도 컴퓨터의 비약적 발전으로 종전보다 발사에 필요한 준비시간 대폭 감소했다. SLBM의 정확한 발사를 위해 다음 6가지 요소들이 필요하다. ① 관성항법SINS: 위치정보와 사격통제정보 제공, ② 사격통제 컴퓨터: SINS 정보로 현재 위치 및 진북true north과의 관계 계산, ③ 미사일 준비 상태 점검 장비MTRE: Missile Test and Readiness Equipment, ④ 발사제어: 발사 직전 발사관 외부압력과 균등하게 유지, ⑤ 미사일 기억장치: 사격통제로부터 입력 궤도정보 저장, ⑥ 발사통제 제어판: 미사일 상태 및 발사절차 통제 등이다. 은밀성과 기습적 요소 때문에 핵공격에 있어 수상함보다 핵추진 잠수함을 운용하는 것이 유리한 점이 많다.

크랩(Krab)급

- 러시아, 1912년, 휘발유엔진 기뢰부설 잠수함
- 배수량   512(수상), 740(수중)톤
- 속도   11.8(수상), 7.1(잠항)노트
- 심도   45.7m
- 기관   휘발유 기관 4기, 1,200shp
- 무장   기뢰 60

잠수함은 어뢰나 미사일 발사 기능과는 별도로 좁은 해협이나 만 입구와 같이 선박의 왕래가 잦은 초크 포인트에 은밀하게 침투해 상대방 몰래 기뢰밭을 형성할 수 있다. 기뢰는 설치된 이후에 대기 모드에서 근처를 항해하는 선박이나 잠수함을 타격할 수 있으므로 비교적 소극적인 무기체계이긴 하나, 어뢰와 달리 잠수함이 목표물 근처로 접근할 필요가 없으며 전혀 눈치채지 않게 부설할 수 있는 장점이 있다. 현대 해전에 있어 수상함과 잠수함에 대한 기뢰의 위협은 그 어느 때보다 높다고 말할 수 있으며, 결코 간과해서는 안 될 무기체계 중의 하나이다. 우선 기지를 출격하는 함정이 기뢰밭에 어처구니없게 희생당할 수도 있으며, 본격적 아마겟돈이 시작되기 바로 직전 전략잠수함 기지 입구를 손쉽게 봉쇄할 수단으로 아주 요긴하다. 기뢰밭을 형성하는 방법으로는 방어적인 수단으로 항공기나 수상함에 의한 것으로 아군기지 보호하기 위한 것과 잠수함이나 항공기로 적 해역까지 진출하여 부설하는 공세적인 방법으로 구분된다. 또 종류도 크게 계류식과 모바일 방식이 있으며, 계류식은 일반 기뢰들과 작동원리가 비슷하나, 모바일 방식은 경량어뢰를 캐니스터canister 안에 보관상태로 대기하다 목표를 감지하면 어뢰를 사출해 공격하는 형식을 일컫는다. 또한 기뢰는 어뢰, 대함미사일, 수항 미사일보다 크기가 작아 잠수함 탑재량에서 유리한 면도 있다. 물론 적함에 직접적인 피해를 주지 않는다 하더라도 기뢰밭으로 기동을 제약하거나, 기뢰밭 제거를 위한 노력과 시간을 소모시켜 우군에게 반격 기회를 제공할 수도 있으며, 예상 해안상륙 지점에 대한 공간적 제약을 가져올 수도 있다.

한편 기뢰부설 해역의 수심이 낮은 것이 일반적이라, 이런 측면에서 중소형 잠수함을 이용하는 것이 보다 적합하다. 따라서 잠수함의 기뢰부설 능력은 기존에 기뢰의 수세적 적용으로부터 탈피해, 기뢰를 공세적으로 활용할 수 있는 기회를 제공하며, 이는 수상함정이나 항공기와는 달리 기뢰부설이 은밀히 이루어질 수 있기 때문이다. 이와 아울러 부설위치 접근을 위해 정밀한 항법이 요구되며, 조수로 인해 기뢰가 발각되지 않도록 정확한 수심을 사전에 파악하고 있어야 한다. 한편 부설위치를 해도에 정확한 기록해 놓거나, 일정 시간이 경과하면 자폭하는 기뢰를 이용, 아군이 피해를 받지 않도록 하는 조치도 당연히 필요하다. 1차 대전 시 독일 UC-2 기뢰부설 잠수함은 자신이 부설한 기뢰와 접촉해 침몰한 것으로 추정된다. 한편, 기뢰투하에 따른 급격한 중량변화를 보상할 수 있는 트림 장치도 요구된다.

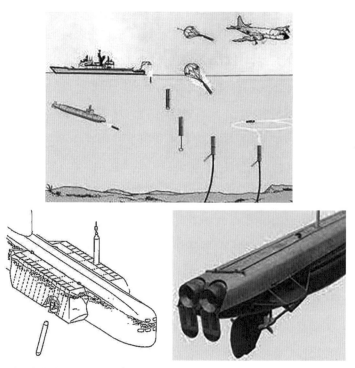

| 잠수함의 기뢰부설 방식: 상) 각종 기뢰부설: 수상함, 항공기 및 어뢰발사관, 좌하) package 이용 수직 기뢰부설, 우하) Krab급의 수평 기뢰부설 장치

1차 대전 시 잠수함에 의한 기뢰전은 연합군과 추축군 쌍방 대규모로 실시했으며, 러시아가 선도적인 역할을 했다. 독일은 어뢰발사관을 이용해 기뢰를 부설하는 방안을 처음 적용하였으며, 다른 해군도 흡사한 방식을 따랐다. 다만 이러한 부설 방법은 적재될 수 있는 어뢰 수량에 제한을 가져오는 단점이 있어 어뢰발사관과는 별도로 기뢰부설이 가능하게 할 장치를 요구하게 되었다. 기뢰부설 전용 잠수함에서의 기뢰탑재 방법들에는 여러 형태가 있으며, 다수의 기뢰를 각각의 튜브나 선반을 이용 수직 혹은 수평으로 갑판이나 함 내에 적재하는 방법이 있다. 함 내에 위치한 수직부설 장치는 기뢰 적재 시 위에서 아래 방향으로 기뢰를 적재하고 목표지점에서는 반대로 밑에서부터 기뢰를 방출하는 것으로 독일 외에도 다른 나라들이 많이 이 방법을 애용했다. 또 별도로 잠수함의 양 현에 임시 기뢰부설 전용 패키지를 달고 적 해역에 설치하는 방법을 들 수 있다. 후자의 경우 모두 기뢰탑재로 인한 내부용적에 미치는 영향이 적다는 장점이 있으나, 한편으로는 수중저항과 중량이 늘어나므로 수중속력 및 기동성에 악영향을 미치며 소음 발생도 증가한다.

　크랩Krab급이 기뢰부설에 최초로 사용된 잠수함은 아니나, 부설 방식에서 혁신적인 측면이 있었다. 당시 일반적으로 적용되었던 상갑판과 같이 외부에 적재한 것과는 달리, 잠수함 함미 내부에 적재해 별도의 사출장치를 통해 기뢰를 부설하는 방안이 철도 기술자였던 Nalyetov에 의해 설계되었으며, 기뢰부설 전용 크랩급이 건조되었다. 본 함의 기뢰부설 장치는 함미 상부에 위치하며, 전기구동 컨베이어 벨트에 의해 일렬로 적재된 원통 형상의 기뢰를 차례로 배출하는 방식을 이용하였다. 첫 번째 크랩 급은 노일 전쟁 시 여순항의 함락으로 일본 손에 노획되는 것을 방지하기 위해 자폭시켰다. 크랩 급 건조를 계속하려 했으나, 시공의 지연으로 기뢰부설 전용 잠수함의 첫 영예는 독일의 배수량 183톤의 UC-1 수직 기뢰 탑재방식에게 돌아갔다.

나. 대잠무기체계 및 전술

1) 대잠작전 경과 및 전술

본격적인 대잠작전의 탄생은 1차 대전 대서양 전역에서 유보트 통상파괴 작전과 병행한 것은 익히 아는 바이다. 개전 초에는 일반 상선으로 위장한 'Q-ship'이라는 비교적 고속 상선에 함포로 중무장하여 잠수함에 대항하였으며, 주로 단독으로 항해하면서 전시나포규정을 충실히 따르는 유보트를 유인해 부상하게 유도하고 위장한 함포를 이용하거나 충돌로 격침시키는 방법을 활용했다. 초기에 얼마간 성공을 거두었으나, 전술이 수동적인 것과 시간이 경과함에 따라 수법이 노출된 후에는 그 효과는 크게 감소하기 시작했다. 더욱이 전시교전규정을 위반한 정당한 방법이 아니므로, 일단 발각되면 잠수함 승무원으로부터 자비를 기대할 수 없었으며, 또 그 존재가 알려지면서 희생도 만만치 않았다. 또 영국 해군은 잠항 상태의 잠수함을 어선으로 견인하면서 유보트를 유인하는 방법으로, 유보트가 정지하면 그 틈을 노려 뇌격하는 방법도 시도했다. 이 또한 Q-ship 전술과 마찬가지로 처음 2척의 유보트를 격침한 것을 제외하고 그 이후로는 성과는 거의 없었다. 그다음에는 호위함과 구축함들이 개별적으로 단독 초계 하면서 유보트를 사냥하는 것으로, 수색범위가 너무 넓어 이는 꼭 마치 짚단 속에서 바늘 찾는 것처럼 잠수함을 발견하고 공격하기란 또한 여간 쉽지 않았다. 이윽고 일반 상선에 함포로 무장시켜 유보트 방어에 사용하기도 하나, 오히려 이런 조치로 무제한 통상파괴 작전을 정당화하는 구실만 제공하는 꼴이 되었다. 1917년까지 모든 수단을 강구하나, 교전 지역을 통과한 상선 4척당 1척이 격침당했다는 통계가 나왔다. 미국 참전 시점에는 영국이 보유한 식량 재고는 겨우 6주분밖에 남지 않은 최악의 상태였다고 한다.

다른 대안으로 예상되는 유보트 진로에 기뢰밭을 형성하는 것으로 이를 위해서는 막대한 양의 기뢰가 요구되므로 이 방안도 역시 현실적이지 않았다. 하지만 1917년 연합군은 새로운 전기-화학 기폭장치 기뢰를 개발하여, 유보트들이 오가는 길목에 선제적으로 기뢰를 부설한 결과, 기뢰부설용 잠수함 UC급에 대해 상당한 효과를 보았다. 한편 뇌격에 호되게 당한 주력함들은 그로 인해 구축함 호위 없이는 거의 모든 기동을 자제했으며, 이 같은 조치로 주력함들이 뇌격당하는 일이 크게 감소했다. 하지만 함대 호위가 우선시됨에 따라 호송선단을 위해 배치할 수 있는 구축함들은 당연히 부족한 상황이었다. 이에 기뢰소해함 플라워Flower급을 전용해 구축함들과 함께 선단호송에 투입했으나 아무리 다수의 호위함들이 투입한다 하더라도 수색범위가 너무 광대하고 효과적인 탐색장비 없이는, 잠수함을 탐지하고 장비한 함포만으로 효과적으로 반격하기에는 한계가 있다는 것으로 이윽고 깨달았다.

드디어 수압 감지센서가 부착된 폭뢰가 투입됨에 따라 대잠작전은 크게 개선되기 시작했으며, 더 이상 호위함들은 잠수함이 부상하기를 기다려 함포 또는 충돌로 공격할 필요 없이, 대신 수중에 있는 목표물을 공격할 수 있게 되었다. 특히 수동 소나의 원조인 청음 마이크로폰도 이때 도입하여 잠수함의 프로펠러나 기관에서 발생하는 음향을 감지함으로써 비로소 수중의 잠수함 탐지가 비로소 가능해졌다. 수중음향 청음기가 전투에 투입되자마자, 1916년 7월에 초계함이 UC-7을 격침하는 성과를 내기 시작했다. 또한 비행선을 포함하여 항공기들도 대잠초계에 투입한 결과, 상공에서 보다 넓은 해역을 수색할 수 있었으며, 경우에 따라서는 가끔 항공폭탄으로 잠수함을 공격하기도 했다. 항공초계의 추가적인 효과로는 잠수함들이 함부로 부상하지 못하고 잠수상태를 유지하게 만들어, 선단 발견기회를 대폭 감소시키는 것이었다. 또 항공기는 통신을 이용해서 근처 호위함이나 선단에 잠수함 존재를 미리 사전경고를 할 수도 있었다.

그중에서도 가장 효과적인 대잠 방안으로는 호송선단 편성을 들 수 있으며, 최소한의 호위함으로 가장 효율적으로 선단을 보호할 수 있다는 것이 큰 장점이다. 사실 다수의 상선을 모아 전투함으로 보호하는 호송선단 편성은 그 역사가 길어 14세기부터 나폴레옹 시대까지 큰 전쟁이 있을 때마다 수시로 채용되어 왔다. 특히 적 함선은 물론 해적, 사략선 등에 대한 방어에도 효과적이었다. 하지만 20세기에 들어서면서 과학기술에 대한 의존도가 높아지고 맹신하면서, 호송선단의 효용성과 교훈을 쉽게 망각했다. 1차 대전 당시 호송선단 편성의 가시적 효과는 바로 나타나는데, 호위선단 편성 전후를 비교하면 25%에서 0.24%로 손실이 급감했으며, 독일의 손쉬운 상선공격은 이로써 물 건너갔음이 확실해졌다. 또한 부수적인 효과로는 잠수함의 갑판포는 이제 거의 무용지물이 되었으며, 공격수단은 전적으로 뇌격 밖에는 남지 않았으므로, 어뢰탑재량이 잠수함 능력과 초계기간을 결정하는 중요한 요소가 되었다. 저 멀리 수평선에 연기가 발견되면 곧 10~20척의 화물선과 이를 둘러싼 구축함, 프리깃, 초계정 및 경우에 따라서는 비행선을 동반하고 있어, 잠수함 단독으로는 공격이 거의 불가능했으며 거의 무모에 가깝다고 보는 것이 옳다. 또한 호송선단 규모가 클수록 대잠방어에 유리한 것으로 밝혀졌다. 여기에다 각 선박들은 불규칙적인 패턴 위장을 적용했으며 이로 잠망경으로 목표물의 방향이나 속도를 추정하여 사격통제 데이터 획득하는데 더 많은 시간과 노력이 소요되었다.

| 선박 위장 패턴, 어뢰 사격 데이터 획득이 어렵게 됨

물론 호송선단의 편성으로 물류비용 증가와 수송시간의 지체는 어쩔 수 없었으나, 이로 격침 선박 척 수는 대폭 감소한 것 또한 사실이며, 경우에 따라서는 1척의 손실도 없이 목적지에 무사히 도착하기도 했다. 하지만 효과적인 호송을 위해서는 충분한 호위함들의 확보가 우선되어야 한다. 그렇지 않으면 오히려 잠수함들에 의해 대규모 손실을 가져올 수도 있다는 것이 대서양 전투에서 자주 노출되었다. 이러한 호위함 확보문제는 미국의 참전으로 호위함이 충분히 건조됨에 따라 차츰 해결되었다. 위에 언급된 모든 대잠 수단을 동원한 결과, 1918년 중반까지는 무제한 통상파괴전이 실패로 돌아갔다는 것이 명백해졌다. 그러나 1차 대전 전 기간 중 잠수함 전을 통해 연합국과 중립국들은 10척의 주력함전함, 순양전함, 18척의 순양함과 5,078척의 상선을 잃었으며, 15,000명의 인명 피해를 보았다. 이에 대해서 독일은 178척의 유보트와 5,300여 명의 승무원을 잃었다.

2차 대전 시 영국은 독일 해군 주력함들이 큰 위협이 되지 않는다는 것을 인지하고는 대잠작전을 위한 전용 중소형 호위함들을 대량으로 건조하기 시작했다. 또한 다수의 상선개조를 개장한 호위항공모함을 포함, 300척 이상의 호위함을 건조해 호송전력이 크게 증강되었다. 여기서 소형 호위항공모함이란 비교적 속력이 높은 상선에 함재기 이착함이 가능하도록 비행갑판과 격납고를 설치한 것으로 곧이어 대잠방어에 매우 효과적인 것으로 판명되었다. 반면 CAM은 선박의 함수에 낡은 1인승 항공기, 예로 허리케인 전투기를 이함할 수 있게 캐터펄트를 설치해 유사시 사출하여 잠수함이나 FW-200 같은 해상 정찰-폭격기를 요격할 수 있도록 했다. 하지만 CAM 선 경우, 전투기를 회수할 방법이 없어 사출된 전투기는 일회용으로 조종사는 낙하산으로 탈출해 바다에 착수한 후 구조하는 방법을 썼다.

더구나 1940년 10월 영국이 본토 항공전Battle of Britain에서 승리함에 따라 독일의 영국침공 가능성이 제거되자, 침공에 대비했던 일부 항공기들을 본토방어 대신 대잠초계용으로 전환한 것과 아울러 새로 등장한 장거리 폭격기들을 대거 투입시켜 대잠방어를 강화했다. 이러한 노력의 결실로 대서양전을 승리로 이끄는 데 중요한 역할을 했다. 한편 영불 해협, 캐나다 동부해안, 아이슬란드, 아일랜드, 지브롤터와 아프리카 서부 해안에 추가적으로 확보한 항공기지들의 활용도 대독 잠수함전에서 승리하는 데 크게 기여한 것은 말할 필요도 없다. 특히 소형 호위항모와 장거리 초계기들은 대서양 중간 공중공백 해역Mid Air Gap을 메꾸며 선단항로의 사각지대를 거의 완벽에 가깝게 제거하는 데 일조했다. 충분한 코르벳 등의 호위함을 보유하게 되자 기존처럼 선단 주변에 밀착해 호위하는 대신 일부는 접근해 오는 잠수함으로 기동해 적극적으로 대잠 공격에 나섬과 아울러 유보트가 잠수한 곳에 남아서 탐지된 유보트를 끈질기게 추적하고 사냥해 선단에 대한 위협을 제거함에 큰 효과를 보았다.

한편으로는 24발의 접촉신관장착 폭뢰를 전방으로 한꺼번에 발사하는 신형 헤지호그Hedgehog 폭뢰투사기, 가라앉는 속도가 빠른 개량 폭뢰, 항공기용 폭뢰와 음향유도어뢰 등의 도입으로 선단 호위는 거의 완벽에 가까워졌다. 이상적인 폭뢰공격 방식은 5개 폭뢰를 한꺼번에 목표물 주변에 투하해 에워싸는 형태로 함미 후방에 1, 함미 측방 2, 양 현에서 2발을 투척, 동시폭발로 생성되는 압축 압력으로 목표물에 큰 손상을 입히는 전술도 발전시켰다. 반면 헤지호그는 접촉신관을 사용하므로 수중폭발이 없으면 다시 목표물을 탐색해서 보다 정확한 위치에서 재공격을 실시하므로, 확실하게 잠수함 위협을 제거할 수 있었다. 또 헤지호그의 장점은 비교적 원거리에서 투사할 수 있으므로, 소나 접촉을 계속 유지한 상태에서 공격을 속개할 수 있다는 장점도 있다.

아울러 전파 방향 탐지 및 암호해독도 큰 몫을 차지했으며, 이런 정보를 통해 유보트 위치가 파악되면 선단은 즉시 항로를 변경하거나, 혹은 보다 적극적 수단으로는 호위함 및 초계기들이 해당 해역에 진출해 사전에 위협을 제거할 수도 있었다. 일단 잠수함이 초계기에 발견되면 신속한 공격으로 비록 피해가 없더라도 잠항상태를 유지시켜 근처에서 대기하는 호위함들이 아즈딕과 폭뢰를 이용해 격침시키는 전술도 구사했다. 설사 초기 폭뢰공격이 실패하거나, 폭뢰를 소모했다하더라도 잠항상태에서 평균 30시간 정도 경과하면, 배터리 전력고갈과 산소결핍으로 부상할 수밖에 없었으므로 함포 또는 충돌 전술로 격침이나 나포가 가능했다. 더욱이 대서양 전역 중반 이후부터는 소형 레이다가 보편화됨에 따라 항공기용 레이다가 대잠전에 투입되어 유보트 입지는 더욱 축소되었다. 하지만 연합군도 급격하게 성장한 호위함의 규모로 우군 잠수함에 대한 오인사격과 같은 사고가 빈번히 발생하기 시작했으며, 그 결과 영국은 4척, 폴란드는 1척, 프랑스는 1척의 잠수함을 오인공격으로 각각 상실했다. 이러한 불행한 교훈은 훗날 대잠전 교리를 발전시키는 데 반영된다. 언급된 대잠 전술은 수색과 공격기능이 따로 분리되어 있어, 각 무기체계 간의 긴밀한 협조와 더 나아가서는 이에 합당한 훈련이 요구된다. 한편, 오늘날에는 탐지장치 소형화 및 어뢰위력 향상으로 현대 잠수함들은 2가지 기능을 모두 갖출 수 있어, 수색/공격의 두 기능을 모두 수행할 수 있다.

미국도 2차 대전에 본격적으로 참전하기 전에 유보트를 상대로 대잠전을 잠시 경험한다. 표면적으로 중립을 유지하나, 미국은 형제국 영국을 포함 연합국에 대해 보다 우호적이었다는 것은 공공연한 사실이었다. 영국은 그동안 열세를 면치 못했지만, 미국의 무기대여법Lend-lease 덕분에 차츰 대잠전력을 알차게 구비할 수 있었다. 또한 미국은 영국으로부터 식민지 기지 사용권을 받는 조건으로 영국에 50척 구식 구축함을 인도해서 연합국에 큰 도움을 주었다. 여기에 더해 1941년 9월 루스벨트는 미 해군에게 미국선적 선박들이 중간지점 아이슬란드에 도달할 때까지 호위할 것과 이를 공격하는 잠수함들에 대해서는 반격할 것을 명령했다. 이 지침에 따라 미국 구축함 그리어Greer는 소나로 탐지된 유보트 위치추적 정보를 영국 초계기에 통보해, 결국 유보트가 영국 호위함에 폭뢰 공격을 받게 되고, 이윽고 유보트가 미 구축함에 어뢰를 발사해 반격하는 사태까지 번지고 말았다. 쌍방 손실은 없었으나, 거의 교전 직전 상태까지 가서 위기감을 고조시켰다. 그럼에도 불구하고 히틀러는 미국 참전 가능성을 의식해 유보트의 미 해군에 대한 반격을 자제할 것을 명령했다. 같은 해 10월 유보트는 미국 구축함을 영국 호위 구축함으로 오인하고 뇌격해 대파한 사건이 발생했다. 이렇게 상황은 악화일로를 달려 이윽고 유보트가 미구축함을 격침하기에 이른다. 그럼에도 불구하고 루스벨트, 히틀러 모두 아직 전쟁을 원치 않았으므로, 외교적으로 마무리하는 것으로 일단락되었다. 하지만 이런 애매한 상황은 일본의 진주만 공습까지 지속되다가, 12월 9일 독일 대미 선전포고와 함께 미국에 대해서도 무자비한 통상파괴 전투에 돌입했다.

대서양에서의 연합군 잠수함 활약은 일본을 상대로 한 태평양에 비교해 규모가 그리 크지 않았다. 반면 유럽과 태평양 대잠전 분야에서는 전술, 무기, 탐지 면에서 괄목할 정도로 성장과 발전을 거듭했다. 처음에 미국은 영국의 대잠수함 전투 경험과 조언을 귀담아듣지 않은 탓에 초기 동부해안에서 유보트에 의해 단독항해 선박이 당한 피해는 6개월간 무려 500여 척을 상실하는 참담한 수준이었다. 이 같은 피해 원인으로는 해안도시에서의 야간등화관제 미실시, 선박항해등에 의한 노출, 예측 가능한 규칙적인 구축함 초계

패턴, 전 방향으로의 구축함 전개하는 등 체계적인 초계작전 부재, 무분별한 통신남용에 따른 위치노출을 들 수 있다. 또 자존심이 센 구축함 함장들이 상선속도에 맞추어 10노트로 항진하는 것과 방어적인 전술을 못마땅하게 여긴 점도 한몫했다. 특히 구축함 함장들이 소나 성능을 과대평가하고 이를 과신한 영향도 물론 있었다. 미국은 초기 호송선단의 효용성에 대한 의구심으로 시행치 않다가, 피해가 예상 밖으로 커지자, 영국 조언에 따라 호송선단을 편성하기 시작했다.

참전 직후 이렇게 선박 피해가 속출하자, 경험이 풍부한 영국과의 긴밀한 협조로 그동안 검증된 기술과 전술을 적극적으로 도입해 미 해군도 이후 대잠전에서는 큰 성과를 내기 시작했다. 또한 대잠전 전용 호위함 필요성이 조기부터 대두되어 호위 구축함DE: Destroyer Escort을 대량으로 건조하며, 또 영국 리버River, 1,800톤, 150 폭뢰적재급을 거의 복사하다시피 해, 후에 프리깃이라고 불리는 호위함들을 다량으로 장비하기에 이른다. 여기서 호위항모의 대량건조와 대잠초계기로 전용된 장거리 폭격기 B-24 투입도 승리로 이끄는 데 크게 기여했다. 한때 연합군은 다수의 호위항공모함들을 북아프리카 침공 토치Torch 작전에 투입해 대서양 선단이 큰 피해를 입을 뻔한 실수를 범하기도 하나, 대서양 기상악화로 잠수함 활동이 크게 제한된 덕분에 다행히 큰 손실은 면할 수 있었다. 호위항공모함들은 다시 선단 호위에 재투입되어 더 이상의 큰 피해를 막을 수 있었다.

미국이 본격적으로 전시체제로 들어서며 거대한 공업생산력이 막대한 군수물자 생산에 전용되기 시작하더라도, 실전 배치까지 다소간의 시간이 요구되기 마련이라 개전 초기에는 실제로 호위함 부족에 시달리게 된다. 이 기간 동안 호송선단 SC-122저속선단 52척와 HX-229쾌속선단 25척는 40척의 유보트 이리 떼를 상대로 격전을 치른 결과, 12척이 뇌격당한 반면 유보트 손실은 1척뿐이었다. 하지만 이런 상황은 충분한 호위함이 투입됨에 따라 그리 오래 가지 않았으며, 다시 유보트 피해는 특히 야간에도 급증했는데 그 원인은 10cm 파장의 레이다의 출현이었다. 이 레이다의 출현으로 유보트에 장착된 대레이다 감지장치Metox는 무용지물이 되었다. 유보트들이 특히 야간에도 쉽게 발각된다는 함장들의 잦은 보고에, 독일 해군은 관련 과학자들에게 10cm 파장 레이다 투입 가능성에 대해 자문했으나, 독일 과학자들은 영국의 당시 기술수준으로는 불가능하다고 판단해, 결국 이 레이다의 존재를 무시하는 과오를 저질러 유보트의 손실은 속절없이 계속 늘어나기만 했다.

2) 각종 대잠 기술

효과적인 대잠전을 위해서는 우선 잠수함 존재 파악과 정확한 위치추적이 선행되어야 한다. 앞서 언급되었듯이, 수상함 장착 음향탐지장치를 포함해 잠수함 기관 음향을 탐지할 수 있는 소노부이와 잠수함에 의한 자기장 교란을 탐지할 수 있는 MADMagnetic Anomaly Detector도 개발되었다. 잠수함은 대형 철제구조물로 볼 수 있으므로, 수면 밑으로 항진할 때 이로 인해 발생하는 지구 자기장의 교란은 꽤 큰 편이다. 이 같은 신호는 항공기나 수상함 MAD 장비로 탐지한다. 항공기나 함정 자체 전자장치에서 발생하는 자기장 영향을 최소화하기 위해 항공기 꼬리 부분에 연장 붐이나 케이블 끝에 본 장치가 장착된다. MAD의 탐지거리가 매우 짧으므로 영역 탐색보다는 정확한 국지적 위치를 파악하는 데 더욱 효과적이다. 하지만 타이타늄 재질이나 비자성 강철로 제작된 잠수함을 탐지할 수 없다는 단점이 있다.

음향 정보에 기반을 둔 탐지 외에도 다양한 방법이 존재하며, 현재 개발이 진행 중인 잠수함 탐지기술에 대해서 잠시 알아보도록 하겠다. 잠항 중에 잠수함 함미에서 발생한 난류가 해면에 도달하면 해면에 파도 형태의 미세한 변화가 발생하는데, 이를 감지하는 것도 그중 1가지로 이때 백스캐터 레이다Backscatter Radar가 이용되며, 아직은 실험 단계인 것으로 전해지고 있다. 물론 잠항심도에 따라 차이가 있으나 잠수함이 항진할 때 발생하는 파동에 의한 난류는 저온의 해수를 비교적 고온의 해표로 상승시켜 수면에서 미세한 온도 차이로 인해 나타나는 항적을 위성이나 항공기로 추적할 수 있는 것으로 알려졌다. 한편 수면 가까이 항진할 때 선체에 의해서 해면이 아주 미세하게 상승하는데, 이를 위성을 통해 탐지에 활용하는 연구 분야도 있으며, 이때 대략 10cm의 정확도를 갖는다고 한다. 바닷물의 빛, 전파 흡수율이 매우 높으나, 좁은 구간의 청-록 레이저Blue-green Laser 파장영역이 존재하며, 통신 분야와 마찬가지로 이를 활용하기 위한 노력을 계속하고 있는 것으로 전해진다.

현대의 대잠 전술과 무기도 1차와 2차 대전 시에 착안된 거의 모든 종류의 기술과 원리에 기반을 두고 있으며, 연장선 위에 있다고 봐도 과언이 아니다. 대잠전은 크게 플랫폼에 따라 크게 잠수함, 수상함, 항공기, 기타 수색 장치의 4가지 영역으로 분류된다. 한편 대잠공격은 탐색, 접촉, 접근, 공격, 근접 전투, 이탈의 6단계를 거치게 된다. 앞서 언급되었듯이 잠수함은 수상함대와 호송선단 방어에도 투입된다. SOSUS 또는 위성 정찰을 통해 얻은 정보의 도움을 받아 항공기, 수상함, 잠수함을 출동시켜 정밀한 탐색이 이루어지며, 탐색 단계에서는 목표물의 함종, 함형, 방위를 밝혀낼 때 음향 신호 분석이 광범위하게 사용된다. 잠수함의 경우, 접근 단계에서는 수동 소나를 이용, 목표물에 발각되지 않도록 접근하여 위치정보를 획득함과 동시에 최적 공격위치로 기동을 실시한다. 공격 단계에서는 목표물에 대한 확실한 타격을 위해 어뢰의 경우 사격 정보를 입력한 후 발사하며, 만약 최초 공격이 실패하면 근접 각개 전투단계로 들어간다. 마지막으로 목표물을 격침하면, 본래 위치로 돌아와서 선단 또는 함대 호위 등과 같은 본연의 임무를 속행한다.

최초로 등장한 효과적인 대잠무기로는 폭뢰를 들 수 있으며, 투하식 폭뢰의 경우 현재는 수상함에 투사하기보다는 헬기에 탑재하여 탐지된 잠수함의 정확한 위치에서 투하하는 방법이 주로 이용된다. 다수의 수상함정에는 과거의 투하식 폭뢰와 달리, 대잠 로켓 발사형을 장비하며, 종전 함상 폭뢰보다 비교적 원거리에서 투사할 수 있다. 대잠 로켓도 사실 폭뢰를 탄두로 하며 후미에 로켓 추진기관을 연결한 로켓탄의 일종으로 볼 수 있다. 대잠 로켓보다 장거리 로켓모터를 이용, 보다 원거리에서 발사하는 스탠드 오프형의 폭뢰재래식 또는 핵탄두나 어뢰가 잠수함 사냥에 운용되기도 한다. 잠수함과 마찬가지로 호위함, 헬기를 포함한 대잠 항공기에서 대잠무기로서 어뢰도 이용한다. 항공기 탑재 어뢰의 경우 탑재 중량 한계 문제로 비교적 직경이 작고 탄두위력이 작은 경어뢰가 주로 쓰인다. 기뢰는 대잠작전에서도 일반적으로 알려진 것보다 활용도가 높으며, 종류도 수중에서 닻에 의해 고정하는 계류식Mooring과 침좌식Bottom Sitting 기뢰 등이 있다.

지상에서보다 수중 핵폭발에 대한 도덕적/정치적 부담이 상대적으로 적으므로 대잠무기로서 핵탄두가 사용될 가능성은 지상에 비해서 높은 편이라고 말할 수 있다. 잠수함의 격침 또는 그 기능을 저하시키고 치명적인 수준의 파손을 위해서는 충분한 폭발력을 갖는 탄두를 갖추고 또 근거리까지 근접시키는 것이 관건이다. 하지만 잠수함 잠항속력의 증가로 대잠무기 도달 속도가 이에 못 미치거나, 탐지가 어려워 목표물에 정확한 접근이 불가능한 상황이 다수 발생하게 되었다. 만약 수중에서의 5 내지 10kton의 핵폭발이라면 굳이 재래식 탄두 대잠무기만큼 근접할 필요가 없으므로, 동일한 효과를 기대할 수 있으며, 대표적인 로켓보조 핵탄두 폭뢰로는 미 해군의 서브록Sub-roc이 있다. 그 밖에 원격 폭뢰 외에도 재래식/핵탄두 장착 대잠어뢰도 존재한다.

다음으로는 함상 발진 함재기들로, 항공기 탑재 수상함으로는 함대형 항모, 경항모, 호위항모, 순양함, 구축함, 프리깃 등이 있으며, 대잠전용 고정익기 및 회전익기들이 모두 여기에 해당한다. 지상기지 대잠초계기와 달리 위의 항공모함 및 수상함들은 전 세계 해역으로 진출할 수 있으므로 함재기는 해당 지역에서 대잠작전을 구사할 수 있는 장점이 있다. 대표적인 수상함 발진 대잠 고정익 항공기들로 미 해군 S-3 바이킹, 프랑스 해군 알리제Alize 및 회전익 헬기로는 러시아 Ka-32 헬릭스Helix, 미 해군 SH-60 계열들이 있다. 수상함 대잠 항공기 요구조건은 모함으로부터 작전수역으로의 신속한 전개, 장시간 체공시간, 탐색/탐지/식별/위치파악 능력, 충분한 무장능력 등이다. 여기에는 레이다, 전방 적외선, 자기장 탐색용 MAD, 소노부이, 입수 소나 등과 같은 다양한 탐색장비들이 필요하다. 오늘날 이런 탐지장비들에서 획득된 정보량이 방대하므로 이 데이터를 전달받는 수상함들은 이를 효과적으로 처리할 수 있는 컴퓨터는 필수적이다. 목표 잠수함에 대한 공격은 탐지한 플랫폼에만 국한된 것이 아니라, 해당 정보를 전달받은 호위함 또는 별도 항공기에서도 실시할 수 있다. 오늘날 대잠 회전익기에는 자체적인 센서와 탑재 무장으로 직접 공격을 하는 것이 보편적이다

대표적인 대잠무기로는 대함미사일, 로켓추진식 폭뢰, 로켓모터식 어뢰, 재래식/핵탄두 어뢰 또는 일반 폭뢰 등이 있다. 초기 회전익기들은 소형에다 경량인 관계로, 고정익 항공기와 비교해 항속거리, 체공시간, 속도, 탑재량에 있어 불리한 것은 사실이었다. 이후 회전익기의 성능이 대폭 향상되어 중형 헬리콥터들은 자체적인 탐지능력과 무장능력이 증대되고 굳이 대형 항모가 아니더라도 구축함이나 프리깃에서 발진하거나 좁은 공간에 격납할 수 있으므로 오늘날 그 용도가 확대되고 있는 추세다. 특히 회전익기들은 고정된

위치에서 호버링 능력을 갖추고 있어 다양한 깊이로 입수 소나를 전개해 변온층 밑으로 숨는 잠수함에 대한 탐지능력에서 탁월하다.

일반적으로 함상발사 대잠 로켓 폭뢰 사정거리는 음향탐지거리에 비해 짧은 것이 단점이나, 회전익기가 목표물 근처에서 유도어뢰나 폭뢰를 투하한다면 이런 한계는 쉽게 극복할 수 있다. 미 해군은 이런 용도로 1950년대 처음으로 DASHDrone Anti-Submarine Helicopter를 개발하나, 현재 드론과 달리 조작이 어렵고 요동치는 갑판에서 이착함이 쉽지 않아 비전투 손실이 60%에 달해 종래는 포기하고 말았다. 이윽고 경량 유인헬리콥터LAMP: Light Airborne Multi Purpose를 이용해 상당한 효과를 본 후에 본격적으로 중형 대잠헬리콥터를 개발해 주요 호위함에 배치하기에 이른다. 대잠헬기의 가장 큰 문제점으로는 기계적 신뢰성과 체공시간 부족으로 항상 공중에서 대기할 수 없으므로, 어뢰 혹은 폭뢰를 탄두로 하는 아스록Asroc 같은 로켓모터 장착 무기를 등장시키며 회전익기는 중간유도를 담당해 부족한 사거리 문제를 해결하였다. 대표적인 회전익기들로는 SH-3, SH-60, Super Felon, Ka-25, Lynx 등이 있다. 아스록의 또 하나의 장점은 날씨에 상관없이 전천후로 사용할 수 있다는 점이다. 하지만 항공기 및 수상함들의 대잠능력은 날씨에 크게 영향받는 반면, 잠수함은 기상과 해면 상태와 무관하므로 반복되는 얘기지만 가장 효과적인 대잠무기는 잠수함이다.

| 각종 센서와 대잠어뢰 장착 Lynx(좌),
Dipping Sonar 전개하는 Sea King Helicopter(우)(출처: Internet 자료)

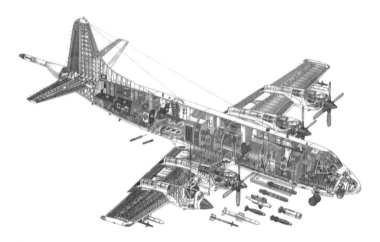

| Lockheed PC-3 Orion 대잠초계기 내부 구성도

　지상기지 대잠 항공기들의 주요 임무는 대잠초계를 비롯해 선단 호위 등으로 다양하며 미국은 지상기지 초계기를 해군에서 운용하는 반면 영국은 공군에 사령부를 두고 있다. 대표적인 지상기지 대형 대잠초계기로는 미국 P-3 오리온Orion, 영국 님로드Nimrod, 프랑

스 다소 애틀랜틱Dassault Atlantic, 중국 Il-18 메이May, 일본 가와사키 P-2J, 러시아 일류신Illyushin Il-38, Tu-95 베어Bear 등이며, 대형 민간기 또는 폭격기를 기반으로 한 것들이 대부분이다. 지상기지 대잠초계기는 대형이므로 당연히 수상함 발진 대잠기에 비해서 항속거리, 체공시간이 길며, 아울러 센서, 무장탑재 능력에서도 탁월하다. 탐색/탐지장비도 레이다, 전방 적외선, 야간 텔레비전, 고도로 정교한 ECM, MAD, 소노부이 및 어뢰, 폭뢰, 대함미사일 등 무장계통으로 구성되어 있다. 또한 각 분야의 승무원도 다수가 탑승해 교대하므로 효율성이 우수하다. 이와 아울러 대형 고정익기 대잠초계기를 운용하기 힘든 상황에서는 대신 회전익기를 지상기지에서 출격시켜 초계에 임하는 경우도 있다.

A Silent Predator
Under The Sea

6.

문헌상에서
살펴본
잠수함 전투

여기까지는 추진기관별, 형상별, 무장별로 그 발달과정을 중심으로 잠수함에 대해서 언급했지만, 과연 실전에서 어떤 식으로 수선 하 전투를 수행할지는 또 다른 차원의 얘기이다. 물론 모든 무기체 계들이 그러하듯 잠수함도 의도된 것과는 달리 설계된 성능과 기 능을 발휘할 수 없는 상황에 처할 수 있다. 따라서 잠수함 함장은 될 수 있는 한 유리한 전술적 상황을 조성하거나, 그렇게 조성된 상 황을 유지하는 데 최선의 노력을 경주하려고 할 것이다. 만약 그렇 지 못하다면, 사정이 허락된다면 교전을 피하고 다음 기회를 노리 게 될 것이다.

오늘날, 잠수함에 부여된 임무는 실로 다양하며 2차 대전 잠수함 능력을 훨씬 상회한다. 부여된 임무로는 수상함 및 선단 공격, 적 SSBN에 대한 추적과 감시, 적 공격잠수함 공격, 아군 SSBN 호위, 아군함대 호위, 지상목표물에 대한 원거리 공격, 기뢰나 뇌격을 통 한 해역 봉쇄, 정보수집, 특수대원들의 양륙과 회수 등이 포함된다.

지금부터는 잠수함들이 처할 수 있는 몇 가지의 상황에 대해, 의사 결정과 잠수함 운용에 의해서 어떠한 결과를 초래하게 되는지에 대해 가능한 몇 가지의 사례를 통해 알아보겠다.

가. 재래식 디젤잠수함 vs 구축함
(Kilo vs USN Spruance)

여기서 소개되는 킬로급은 러시아의 재래식 잠수함으로, 구축함과 같이 대잠작전에 특화된 수상함에 대한 공격이 잘 묘사되고 있다. 비록 스프루언스급이 대잠용 구축함이나, 주로 대서양과 태평양과 같이 비교적 수심이 깊은 해역에서 작전하는 항모 기동함대나 호송선단 호위를 염두에 두고 설계되었다. 이 때문에 탑재된 장비는 원거리 탐색에 보다 적합한 심해용 저주파 소나 등으로, 해저지형이 복잡한 연안에서는 제대로 기능을 발휘할 수 없다는 단점을 안고 있다. 반면 킬로급은 재래식 디젤잠수함이지만 외부의 고무타일 코팅과 대용량 배터리 및 정숙항해 능력, 사격통제장치의 컴퓨터 등으로 연안 조건에서는 발견되기 어려워 상대적으로 유리한 입장에 있다. 재래식 잠수함과 대잠전용 구축함과의 교전을 예로 소설《붉은 불사조: Red Phoenix》Larry Bond 저의 내용이 약간 각색되었다.

“구축함 퀸시가 단독으로 방금 기지를 출항하여, 현재 지상전에서 고전을 겪고 있는 지상군에 대한 지원 병력과 군수물자를 수송하기 위해 편성될 선단의 호송임무를 위해 군도들 사이의 좁은 해협을 15노트로 항진하고 있었다. 다수의 적 디젤잠수함들이 근처 해역에서 활동하고 있다는 정보가 입수되었기 때문에 함장은 P3C 오라이언 초계기의 항공지원을 요청했으나, 1차 기습 공습에서 생존한 모든 투입 가능한 초계기들은 보다 위급한 해역에서 작전 중이라 도저히 지원을 기대할 수 없는 상황이었다. 현재 구축함은 레이다와 수동 소나를 가동시키고 있었으나, 능동 소나는 위치 노출을 우려해 가동 대기상태를 유지하고 있다. 이 해역의 강한 조류, 얕은 수심, 염도 변이 등 모든 해양조건이 구축함에 불리하게 작용하고 있으며, 또 2차 대전 중 근처에서 격침된 다수의 난파 수송선들에 의한 수중 잡음으로 인해 수동 소나의 탐지능력을 한층 악화시키고 있었다. 그렇지만 함장은 이 해역에서 작전 중일 것이라고 예상되는 구식 로미오급들도 동일한 조건에 처해 있으므로, 본 함을 발견하고 어뢰 사격통제 데이터를 얻기 위해서는 잠망경에 의존할 수밖에 없다고 판단하고 있었다. 스프루언스가 대잠작전이 위주인 만큼 그나마 대잠헬기 2기를 탑재하고 있는 것을 다행으로 여겼다. 섬들이 산재해 있는 좁은 해역을 벗어나 수심이 깊은 해역에 도달할 때까지 대잠탐색은 주로 대잠헬기가 임무를 수행하고 있어 큰 문제는 없을 것으로 판단했다. 마지막 관문인 암초지역으로 들어서면서, 좌현으로 변침할 때 예상했던 로미오급이 아닌 킬로의 소나에 이미 자신이 접촉 당하고 있는 것은 꿈에도 상상치 못했다.

킬로의 함장이 320도 방향에서의 소나 접촉 보고를 받은 것은 바로 이때였다. 이에 함장은 해저지형과 수중소음 이점을 최대한 활용하면서 목표물이 함정에 들어오기를 숨을 죽이고 기다리고 있었다. 배터리 상태가 90% 이상이라는 것을 확인함과 동시에 5노트로 정숙항해를 유지하면서 뇌격 후 회피기동을 구상하였다. 좌현으로 240도 변침한 후 대략 5분이 경과한 시점에 목표물이 스프루언스급으로 판명되고 속도가 15노트라는 것을 확인했을 때, 부함장이 잠망경으로 확인을 제안했으나, 불필요하게 위치를 노출시켜 기습기회를 놓치지 않기 위해 어뢰 사격통제 데이터는 전적으로 수동음향신호에 의존하기로 했다. 이윽고 어뢰의 목표까지 도달 예상시간이 90초라는 것을 보고받고, 유선유도어뢰는 발사관을 떠나 전속력으로 목표로 향해 달리기 시작했다.

바로 이때 구축함 CICCombat Information Center에서 35도 방향에서 다가오는 어뢰음 감지라는 청음원의 외침은 함교에 있던 승무원들과 함장의 심장을 멈출 만했다. 곧이어 함장은 예인 미끼를 작동시키라고 명령했지만, 수심이 너무 낮아 큰 효과를 기대하기 어려웠다. 예인 미끼가 1발 내지 2발의 어뢰를 유인할 것을 기대하면서, 어뢰 반대 방향으로 전속 항진 하기 시작하는 동시에 공격받고 있다는 사실을 함대사령부에 급히 타전한 다음 목표물에 대한 위치확인이 안 된 상태에서 다가오는 어뢰 방향으로 어림잡아 Mk 46 어뢰를 능동유도 모드로 발사했다. 하나 수심이 너무 낮아 제대로 성능을 발휘하지 못해 목표물을 명중시킬 가능성은 매우 희박했다. 다가오는 어뢰는 제어선 절단 후 능동 모드로 전환하여 맹렬한 속도로 거리를 점차 좁혀오고 있었다.

　이때 잠수함 함장은 33도 방향에서 다가오는 Mk 46 어뢰의 접근음향을 보고받았으나 이미 예상된 바이며, 완벽한 기습이었으므로 위치를 탐지 못 한 상태에서 발사된 것이 확실해서 큰 위협이 되지 않는다는 것을 익히 알고 있었다. 어뢰를 유선에서 자체능동유도로 전환하고 우현으로 급속변침 함과 동시에 15노트로 회피기동을 개시하여 얼마 지나지 않아 안전 해역에 도달할 수 있었다.

　한편 구축함은 비록 적 잠수함 위치를 파악했다 하더라도 계속되는 급속변침과 전속력 기동으로 사격통제장치에 필요한 정확한 데이터를 입력할 수 있는 상황이 도저히 허락되지 않았다. 어뢰 도달까지 2분, 회피기동 공간부족으로 결국 함미 좌현에 어뢰가 명중했다. 어뢰 2발 중 1발은 미끼를 추적했지만, 나머지 어뢰의 270kg 탄두는 좌현에 직경 7m 구멍을 내고 말았다. 그 바람에 스패로우 대공미사일이 유폭되며 근처 연료를 만재한 SH-60에도 인화되어 전투피해를 만회할 기회는 영영 사라졌다."

　위에서 인용된 바와 같이 재래식 잠수함은 낮은 수역에서 그 자체로 위력을 충분히 발휘할 수 있다. 하지만 1가지 덧붙이자면 스푸르언스급 구축함과의 일대일 회전은 결코 공정한 싸움이라고 할 수 없다. 본 함의 취지는 중부유럽에서의 전면전 발생 시 대서양을 횡단하는 호송선단이나 기동함대 호위가 주 임무이므로 그러한 전투에 특성화되어 있기 때문이다. 수심이 깊은 대양에서의 잠수함 탐지능력은 탁월하지만 조류 장애물이 많은 연안과 같이 낮은 수심에서의 성능은 일반 구식 구축함들과 크게 다른 바가 없다.

나. SSN vs 순양함

(HMS Conqueror vs Argentine Belgrano)

1982년 포클랜드전에서의 궁극적인 승패는 영국 해병대가 본섬에 상륙하기 전 일련의 해전으로 이미 결론이 났다고 얘기해도 과언이 아니다. 영국 해군 SSN 활약은 아르헨티나 순양함 벨그라노Belgrano의 격침으로 잘 대변된다. 당시 영국 본토와 멀리 떨어진 포클랜드에 기동 및 상륙함대를 편성해 출격시키기 훨씬 이전에 이미 3척의 SSN을 급파했으며, 기동함대의 접근로에 배치해 함대 호위와 아르헨티나 해군에 대한 저지임무를 수행하고 있었다. 제한된 항공전력과 함대함미사일 부족으로 영국 해군은 접근해 오는 아르헨티나 기동함대에 대한 저지를 초기부터 전적으로 SSN에 의존할 수밖에 없는 상황이었다. 아르헨티나 해군은 3개의 함대로 나눠 포클랜드섬을 중심으로 먼 해상에서 포위하는 형국을 유지하는 데 주력했다. 북쪽으로부터 항모 베인티싱코 데 마요Veinticino de Mayo: 전신 영국 항모 콜로서스를 중심으로 다수의 구축함으로 이루어졌으며, 서쪽으로 진출한 아르헨티나 함대는 엑조세 대함미사일로 무장한 여러 척의 프리깃들로 편성되었으며, 아울러 항진해 오는 영국함대에 대해서는 가장 위협이 될 수 있는 남쪽 전투단은 전신 2차 대전 미국 경순양함을 인도받아 개명된 벨그라노를 중심으로 엑조세 무장 구축함들로 편성하였다. 이들 아르헨티나 각 함대들에 대해서 영국 해군은 각 1척씩의 SSN을 배치하여 대응하였다.

벨그라노 소속 기동함대에 대한 접근로는 수심이 낮아 HMS 컨쿼러Conqueror가 작전을 수행하기에 다소 어려웠지만, 영국이 선언한 배타수역TEZ: Total Exclusion Zone에 진입하기 전에 아르헨티나 각 기동함대에 대한 저지를 위해 각 SSN에 공격명령 지령이 이미 하달된 상태였다. 최초 공격에 나선 컨쿼러의 함장은 신형 유선유도어뢰에 전적으로 의존하는 대신 5개의 어뢰발사관 중 3개의 발사관에는 2차 대전 유물인 Mk 8 어뢰들을, 나머지 2기의 발사관에는 혹시 있을지도 모르는 적 잠수함에 대비하여 타이거-피시Tiger-fish Mod 1로 각각 장전하였다. 이는 Mk 8 어뢰가 비교적 장갑이 두꺼운 벨그라노 측면에 더욱 효과적이라고 판단하였으며, 탄두 작약이 363kg으로 주로 대잠어뢰로 사용되는 타이거-피시의 91kg에 비해 더 효과적일 것이라고 판단했기 때문이다. 타이거-피시는 순양함 벨그라노 공격 후 회피기동, 뇌격이 실패할 경우, 혹은 호위함에 대한 추가적인 공격이 필요하게 될 상황을 대비하여 예비로 남겨두었다. 하지만 당시 순양함 벨그라노를 격침시킨 어뢰에 대해서는 어떤 종류가 실제로 사용되었는지에 대한 것이 확실히 공개되지 않았다.

1982년 5월 2일 16:00에 12,000야드에서 3발의 Mk 8들이 어뢰발사관을 떠나 항적을 그리며 벨그라노를 향해 질주하기 시작하고, 곧이어 그중 2발의 어뢰가 명중하였다. 얼마 안 있어 벨그라노는 좌현으로 기울면서 침몰하기 시작했다. 이 비보를 접한 아르헨티나 수뇌부는 이제 취약한 목표로 전락해 버린 항모 기동함대에 대해 회항을 명령함으로써 포클랜드 주변 제해권과 주도권은 영국으로 넘어가게 되었다. 따라서 이 시점부터 아르헨티나는 영국함대에 대한 공격은 전적으로 육상기지 항공기에 의존하게 되었으며, 포클랜드섬까지 거리가 멀어 지상기지에서 발진한 공격기를 통해 대함미사일과 항공폭격으로 다소간의 손실을 영국함대에 끼치긴 했으나, 상륙을 저지하고 전세를 뒤집을 만큼의 피해를 주는 것은 실패했다. 또한 이미 상륙한 영국군을 저지할 수 있는 해상병력을 철수시켜 스탠리섬 주변 해역의 주도권을 회복할 기회도 거의 상실하였다. 사실 섬에 대한 소유권은 그 섬에 깃발을 꽂기 전 주변 해역에서의 주도권이 누구에게 돌아가느냐에 달려있었으므로 컨쿼러의 뇌격으로 이미 결정되었다고 해도 무리가 없다. 결과적으로 1척의 SSN에 의한 순양함 격침 전과로 전쟁 승패에 직접적인 역할을 하게 된 것과 마찬가지인 셈이 되었다.

다. SSN vs SSBN(Typhoon vs Los Angeles)

SSBN들은 지금 현재도 심해에서 숨죽이고 정숙 항진 하면서, 항상 언제 하달될지 모르는 미사일 발사 명령에 대기하고 있으며, 상대방 SSN은 이를 저지하기 위해 SSBN을 추적 중이다. 함장조차도 탑재한 핵탄두 탄도 미사일의 구체적인 목표가 어디인지 전혀 알 길이 없다. 아마 북미 어느 대도시이거나 아니면 우랄 동쪽에 위치한 ICBM 사일로일지도 모른다. 단지 그가 오로지 할 수 있는 것은 VLF 또는 ELF 전파를 타고 전달되는 목표 패키지를 담은 통신에 따라 암호메시지가 보관된 금고개방 번호와 미사일 열쇠를 콘솔에 끼고 발사 버튼을 누르기만 하면 되는 것이다. 냉전이 끝났다고 해서 전략잠수함들에는 초계지역과 공격목표가 다양해졌다는 것 외에는 주어진 임무 성격 자체에는 큰 변함이 없다. SSBN의 임무는 심해에서 발각되지 않고 대기하고 있다가, 발사수심에 도달하여 발견당하기 전에 탄도 미사일을 발사하고 생존하면 되는 것이다. 반면 SSN의 임무는 이런 SSBN들이 탄도 미사일을 발사하기 전에 탐지하고 격침시켜야 한다는 것이다.

비록 SSBN의 초계 항로가 비교적 알려진 지역을 통과하고 해저에 위치한 SOSUS 소나망의 도움을 받더라도 SSN이 광활한 대양에서 초계하다가 SSBN을 수색해 탐지단계까지 도달하는 것은 결코 쉬운 일이 아니다. 따라서 주로 SSN이 취하는 방법은 상대방 전략 미사일 잠수함기지 근해에서 대기하고 있다가, SSBN이 출격하는 것을 기다려 정숙 항진을 하면서 추적을 개시하는 이른바 일대일Man to man 추적을 하는 것을 일반적으로 더 선호한다. 하지만 정찰위성, 지상 초계기 등에서 확보한 정보로 이를 아는 전략잠수함사령부도 SSBN을 출격시킬 때 아군의 SSN과 호위함들도 함께 출격시켜 요란한 소음을 발산하며, SSBN 출격을 위장함과 동시에 SSBN이 안전 해역에 무사히 도달할 때까지 호위하기도 한다. 한편일단 심해에 도달하면 갑자기 예기치 못한 때에 급속변침과 유턴 기동으로 수동 소나 사각지대에서 추적하고 있을지 모르는 상대방 SSN을 탐색하기도 한다. 이때 신속하게 대치하지 못하면 추적하는 SSN의 존재 여부와 위치를 노출시킬 수도 있다. 다음의 얘기는 《Submarine Hunter/Killers & Boomers》 책의 일부를 발췌하여 번역한 것이다.

- 00:00 hours Zulu: SSBN

타이픈 급 리버레이션Liberation호는 부빙으로 덮여 있는 바렌츠Barents 해역을 막 통과, 진로 207로 항진하고 있었다. 타이픈 함장은 노르웨이와 영국 사이에 걸쳐 있는 나토 대잠경계망을 이미 빠져나왔다고 판단했다. 나토는 당연히 북미 동쪽 해안과 캐나다에 접근하기 위한 통과지점인 그린란드와 아이슬란드를 연결한 덴마크 해협을 철통같이 경계하고 있을 것이다. 그렇지만 리버레이션 함장은 이 지역을 통과할 의도가 처음부터 없었다. SLBM의 목표는 나토의 예상과는 달리 북미에 위치한 노라드Norad가 아니라, 남부의 휴스턴과 캔자스시티를 겨냥하고 있다. 아직 전략잠수함 사령부는 SLBM 발사 여부를 놓고 최종적인 결정을 미루고 있는 상태이다. 하지만 나토와의 개전이 임박해지고 있다는 것을 모두 느끼고 있었으며, 그때를 대비해 공격위치를 미리 확보하라는 것이 사령부 지령전문의 내용이었다. 아울러 함장은 덴마크 해협 부빙 MIZMarginal Sea Ice Zone에서 위치를 잡고 ELF 통신을 기다리기로 했다. 그동안 2척의 델타 IV와 2척의 타이픈은 나토 해군의 대잠부대를 유인할 미끼로서 기동하며 GIUK 해협을 통과하려고 할 것이다.

- 01:00 hours Zulu: SSN

바로 이 순간 미 해군 로스앤젤레스급 덴버의 함장은 방금 함수 소나에서 탐지된 목표물에 대한 식별을 기다리고 있었다. 하지만 또 근해에 다른 잠수함의 존재 가능성도 배제할 수 없으며, 또 지금의 아주 미약한 신호로 식별에 어려움을 겪고 있었다. 물론 이런 음향신호는 복잡한 염도와 복잡한 조류, 변온층에 의해 왜곡된 것일지도 모르나, 전쟁이 임박한 때인 만큼 그냥 지나칠 수는 없었다. 더 이상 추가적인 음향신호를 탐지할 수 없어 함장은 정숙항해를 유지하면서 견인 소나를 전개했다. 얼마 지나지 않아 탐지된 음향으로 타이픈급 리버레이션이라는 것을 파악할 수 있었다. 복잡한 해양조건 외에도 부빙의 이동과 부빙끼리 서로 충돌하는 소음으로 접촉유지가 매우 힘들었으며, 어뢰발사통제를 위한 거리 측정도 엉망이었다. 하지만 타이픈도 부빙과의 충돌 방지를 위해 미약하게 능동 소나를 작동시키고 있다는 것이 감지됐다. 부정확하지만 대충 타이픈의 위치를 계산하니 북미 목표에 대해 SLBM을 발사할 수 있는 위치에 이미 도달해 있다는 것을 파악하고는 마음이 편치 않았다.

한편 부빙 지역으로 진입하면서 다시 타이픈의 명확한 위치파악을 위해 또 다른 음향신호를 기대했다. 함장은 타이픈이 취할 2가지의 가능성을 생각했다. 이 해역에서 타이픈이 잠망경 심도에서 통신 안테나를 올리거나 아니면 더욱 깊이 잠항하여 ELF 신호를 대기하거나 둘 중에 하나라고 생각했다. 우선 타이픈을 감지하고 추적하고 있다고 잠수함 사령부에 데이터 버스팅Bursting을 이용해 통신하고 싶었으나, 혹시 있을지도 모르는 적의 초계기나 정찰위성에 의해 포착될 위험이 도사리고 있어 망설일 수밖에 없었다. 그렇게 되면 상대방 타이픈에 자신이 SSN에 의해 추적되고 있다는 사실을 알려주는 셈이나 마찬가지이며, 또 그렇지 않더라도 우군의 대잠 병력을 필요 이상 끌어들이게 된다면, 적이 눈치채고 보다 깊은 심해로 잠수하여 추적을 놓칠 가능성도 있다.

- 10:45 hours Zulu: SSBN

한편 리버레이션 함장은 사령부로부터 경계령 2를 수신하면서 승무원들 사이에서 긴장감이 한층 고조된 것을 쉽게 느낄 수 있었다. 함장은 당초 계획대로 부빙 지역을 벗어나 80마일 정도 떨어져 있는 덴마크 해협으로 함수를 돌려 변침하기로 마음속으로 결정했다.

- 13:00 hours Zulu: SSN

SSN 함장은 견인 소나로부터 목표물이 새로 방위 159도로 변침기동을 시작한다는 접촉보고를 받고는 또다시 긴장하기 시작했다. 컴퓨터에 따르면 지금의 탐지 소음은 타이푼 표면에서 진동저감 외장타일 중 몇 개가 박리된 후의 음향신호와 일치함을 나타내고 있다. 함장은 덴버의 항로를 약간 수정하여 타이푼을 요격할 수 있는 위치로 기동하기 시작했다. 곧이어 통제실을 떠나 직접 정확히 상황을 파악하기 위해 소나실로 달려갔다.

- 18:05 hours Zulu: SSBN

덴마크 해협은 기뢰밭의 밀도가 높은 곳 중의 하나이긴 하나, 러시아 함장들에게는 여러 차례 이 해역을 통과한 경험이 있으며, 또 그 위치도 해도에 비교적 상세하게 기록되어 있어 별다른 어려움은 없었다. 아직까지 나토의 새로운 기뢰밭에 대한 정보는 아직 없었으나, 그동안 새로운 기뢰밭이 형성되었을 가능성은 전혀 없는 것은 아니다. 그는 미 해군의 캡터 기뢰Captor Mine는 이럴 때 가장 위협적인 존재라는 것을 알았지만 별로 두렵지 않은 것은 타이푼의 두꺼운 복각선체는 50kg의 캡터기뢰 탄두에는 거의 불사신에 가깝기 때문이다. 지금 소나는 수동상태로 전환해 부빙을 탐색하면서 8노트로 항진하고 있다. 청음실에서는 약 900마일 남쪽에서 대잠활동이 활발하게 진행되고 있다는 것은 보고해 왔다. 이런 조건에서 폭뢰폭음이나 어뢰음향이 여기까지 전달되는 것은 불과 18초면 충분하다. 리버레이션 승무원들에게는 이런 소음이 무엇을 의미하는지 잘 알고 있으며, 결국 미끼로 출동한 타이푼과 델타 IV들이 미국이나 캐나다 대잠부대와 조우하고 교전하고 있는 것이 분명했다. 따라서 함장은 현재 기뢰보다는 근처 해역에 잠입하고 있을지도 모르는 핵추진 공격잠수함들에 대해 더 걱정되었다.

- 19:15 hours Zulu: SSN

덴버의 함장은 타이푼이 어떤 방식으로 SLBM 발사위치로 접근할지 파악하려고 했다. 그는 전에 미 해군의 디젤잠수함 본피시Bonefish에서 근무할 때 러시아의 대잠훈련 중에 살짝 잠입해 위스키급 잠수함들이 순양함에 대해 모의공격 하는 것을 모니터링한 경험이 있었다. 2척의 위스키 잠수함이 대잠헬기와 구축함을 50마일 밖으로 유인하는 동안 나머지 1척은 성공적으로 대잠경계망을 침투해 순양함에 대해 성공적으로 모의뇌격 한 것을 목격한 바 있다. 덴버의 함장은 지금 러시아가 그와 유사한 전술을 사용하고 있을지도 모른다는 생각이 뇌리를 스쳐 갔다. 함장은 소련이 2척 정도의 타이푼이나 델타를 남쪽 해역에서 희생시키면서 지금 리버레이션으로 하여금 SLBM 발사위치에 도달하게 하고 있을지도 모른다.

- 21:00 hours Zulu: 소강상태

타이푼의 부함장은 신경질적으로 청음실 장교의 보고를 듣고 있었다. 결국 가장 우려하던 적 SSN 존재가 거의 확실시 되고 있었으나, 아직 상대방의 함형은 확실치 않았다. 캐나다 혹은 미 해군이건 간에 모두 위협적이지만 아직 캐나다 해군 경험은 미 해군보다 미숙하기 때문에 캐나다 해군이 상대하기 비교적 용이하다. 하지만 이런 악조건에서 발견되었다는 것은 물론 운도 따라야 하겠지만, 경험이 풍부하고 장비성능 면에서 우월한 미국 잠수함일 것이라고 판단했다. 적 잠수함과의 거리는 약 5마일 정도라고 보고를 받았다. 타이픈 함장으로서는 이미 정숙속도로 항진하고 있어 더 이상의 뚜렷한 추가적인 조치가 생각나지 않았다. 원자로도 펌프의 작동을 중지시키고 냉각수는 강제순환에서 자연순환으로 전환한 지 이미 오래다. 함장은 적 공격잠수함이 증원부대를 요청했는지 아니면 접촉상황을 사령부에 타전했는지에 대해서도 전혀 알 길이 없었으므로 우선 기다리기로 마음먹었다. 만약 적이 어뢰발사관에 물을 채우거나 발사관문 개방하는 소리나 한 번의 핑음을 듣는다면, 그때 가서 어뢰사격통제 데이터를 입력해 발사해도 결코 늦지 않고 해저 무덤까지 적 SSN이 동반자가 되어줄 것을 확신했다.

- 21:20 hours Zulu: SSN

덴버의 함장은 타이픈이 이미 자신의 존재를 파악했다는 확신이 들었지만, 미사일을 발사하려고 할 때까지는 타이픈이 결코 먼저 어뢰 공격에 나서지 않을 것이라고 생각했다. 그래서 그는 지금 3가지의 선택 안을 생각하고 있다. ① 사고로 위장하고 타이픈에 충돌하는 방법최후의 방법, ② 능동 소나를 이용 정확한 상대방에 대한 사격통제 데이터 획득 및 입력자신의 위치 들통, ③ 타이픈이 미사일 해치를 개방할 때까지 대기. 위의 선택지들 중에서 세 번째가 위치를 노출시키지 않으면서 안전하므로 가장 타당한 선택으로 판단했다. 1가지 불행한 사실은 Mk 48 어뢰가 목표물에 도달하기 전에 이미 다수의 미사일은 목표를 향해 비행궤적을 시작한다는 것이다. 따라서 미사일 해치 개방 전에 타이픈의 위치를 입력하고 격침시켜야 한다. 그러나 말처럼 그리 쉽지 않아 그의 머리는 여러 방안에 대한 장단점을 생각하느라 고심이 깊어졌다. 또 타이폰이 미리 정해진 계획에 따라 탄도 미사일을 발사할 것인지 아니면 상부의 발사명령을 기다릴 것인지, 아니면 통신부양 장치를 이용할 것인지 만약 청록 레이저 통신이 이용된다면, 타이폰 함장은 보다 용이하게 발사정보를 수신할 수 있을 것이다. 만약 ELF 통신이라면 부빙 밑에서 놓칠 가능성도 있다. 만약 통신위성이 이용된다면 미국 전략사령부도 이를 바로 알게 될 것이다.

- 23:05 hours Zulu: SSBN

리버레이션이 기관음향 모사 프로그램이 입력된 미끼를 사출한 지 25분이 경과했다. 사출될 때 3노트 조류를 따라 이동하기 때문에 미끼가 작동할 때는 잠수함의 위치와 상당히 원거리로 떨어졌을 것이다. 그러나 미 공격잠수함이 미끼에 넘어갈지에 대한 여부는 확신할 수가 없었다. 미끼에 유인되어 상대방이 어뢰발사관문을 개방한다면, 자신의 어뢰가 먼저 미국 잠수함을 수장시킬 수 있게 될 것이다.

- 23:05 hours Zulu: 공격잠수함

덴버의 소나실에서는 지금 탐지된 음을 분석한 결과, 원자로의 냉각수 순환으로 발생하는 음향이라고 파악했다. 하지만 함장은 이 음향이 진짜인지 아니면 미끼에 의한 것인지 먼저 확인하고 싶었다. 소나 조작원은 그 음향이 미끼라는 것을 알려와 어뢰발사 준비를 진행하던 중에 일단 중단시켰다. 리버레이션 소나 조작원은 자신의 미끼에 대해 적 잠수함이 전혀 반응하지 않고 있다는 실망스러운 보고를 하지 않을 수 없었다. 그것은 적 잠수함이 미끼에 속아 넘어가지 않았거나, 상대방 소나 조작원이 졸고 있음이 확실하기 때문이다. 함장은 대담하게도 다시 미끼로부터 어뢰발사관 개방소리 프로그램을 작동시키고 미끼 연결줄을 끊어 버리도록 명령했다. 덴버의 소나 조작원은 다시 긴장함과 동시에 그 음향 진원지를 항해사에게 전달해 주었다. 함장은 전의 음향과의 거리가 120m 떨어져 있어 잠수함의 반대편 함수 쪽이라는 것과 그 음향이 어뢰발사관 개방 소리라고 알려왔다. 창자가 뒤틀렸다. 타이픈이 우릴 먼저 발견하고 어뢰발사통제 데이터를 입력했나? 벌써 어뢰를 발사한다고? 어뢰발사관에 물을 주입하지 않은 상태에서? 여기까지 생각이 미치자 뭔가 석연치 않은 점이 있음을 눈치챘다. 물론 두 음향 사이의 거리는 타이픈 원자로에서 함수까지의 거리와 일치하나 이치에 맞지 않는다는 생각이 들었다. 그때 이 해역에서의 조류속도를 감안하니 두 소리 사이의 간격이 조류와 일치한다는 것을 깨닫게 되었다.

바로 그때 타이픈 함장은 새로 도착한 ELF 전문이 해독되기를 기다리고 있었다. 다행스럽게도 현재의 임무를 종료하고 급거 기지로 귀환하라는 지령이었다. 승무원들 사이에서 무언의 환호성이 들리는 것 같았다. 그리고 덴버에서도 같은 장면이 연출될 것이라고 상상하면서 서서히 타이픈은 기지를 향해 변침하기 시작했다.

라. SSN vs 재래식 잠수함
(HMS Trafalgar vs Algeria Kilo)

여기까지 잠수함에 있어 정숙도는 생존을 위한 필수조건 중에서 가장 중요하다고 해도 과언이 아니다. 하지만 잠수함에 탑재되어 있는 센서 중에서 핑음을 발생시켜 자신의 위치를 노출시킬 수 있는 능동 소나의 유용성에 대해 의심을 가질 수밖에 없다. 물론 능동 소나가 정확한 상대방과의 거리를 측정하거나 위급한 경우에는 유용하게 사용될 수 있으나, 과연 근접해 있는 적 잠수함과 조우하는 상황에서 능동 소나가 과연 필요할까라는 질문에 대답은 다음의 시나리오에 찾아볼 수 있다.

킬로나 209급과 같은 중형 재래식 잠수함은 개발도상국이 제한된 국방예산 내에서 비교적 쉽게 장비할 수 있는 잠수함이다. 또 이런 현상은 냉전 시대의 종결로 외화를 절실히 필요로 하는 국가들에 의해 급격히 확산되었다. 킬로는 중형이지만 강력한 무장과 우수한 탐지장비를 갖춘 함형으로 아주 효율성이 높은 데다가 매우 정숙하여 수동 소나로는 탐지가 매우 어려우며, 따라서 좁은 해협이나 초크 지점에서 작전하기에 아주 적합하다.

만약 테러국가 중의 하나가 지브롤터와 같은 원유수송로를 봉쇄하기 위해 킬로를 출격시킨다면, 원유를 전적으로 수입에 의존하는 서방국가들에게는 아주 치명적인 위협이 되지 않을 수 없다. 이런 위협에 대처하기 위해 파견될 수 있는 영국의 이상적인 잠수함으로는 아마도 트라팔가급이 선택될 가능성이 높으며, 단독작전이 아니라 님로드와 같은 대잠초계기의 도움도 필요할 것이다. 그러나 대잠부대가 직면한 문제는 이 해역에서의 수중소음과 변온층 등이며, 따라서 수동 소나 효력이 크게 감소한다. 하지만 트라팔가급과 같은 대형 SSN은 수동 소나 외에도 강력한 능동 소나를 장비하고 있다. SSN의 능동 소나를 작동시키기에 앞서 대잠초계기의 투하 능동 소노부이나 대잠헬기가 전개한 입수형 능동 소나를 작동시켜 적 재래식 잠수함을 SSN이 배치된 해역까지 몰아올 수 있다. 이때 미리 대기하고 있던 예비전력이 충분한 SSN은 능동 소나로 적 잠수함의 추정위치에 대해 비교적 단단하고 평평한 해저바닥에 음향파장을 반사시키는 방법을 이용, 적 잠수함의 위치와 거리정보를 수동 소나보다 더 정확하게 판별할 수 있다. 이런 방식으로 10,000m 반경 내에서 정숙항해 중인 재래식 잠수함을 탐지할 수 있다. 하지만 디젤잠수함의 경우 해저를 통해 반사되는 소나 음으로는 상대방 SSN의 위치와 방위조차도 어림하기조차도 어렵다. 지원을 제공하던 대잠초계기는 여기서 능동 소나만을 작동시킨 채로 적 잠수함의 기동을 제한하고 한편 공격은 자제한다. 이는 아군 잠수함에 대해 오인사격 할 가능성을 배제하기 위함이다. 한편 시간은 SSN의 편이다. 왜냐하면 킬로는 언젠가 산소와 배터리 소모로 인해 선택의 폭이 줄어들며, 어떤 조치를 취하지 않을 수 없게 압박당하여 이로 인한 기동은 SSN에게 적절한 공격의 기회를 제공하기 때문이다. 이미 배터리를 바닥까지 소모한 디젤잠수함으로는

SSN 트라팔가에서 발사한 스피어 피시Spearfish 어뢰를 회피하기엔 너무 탈진한 상태로 무리하게 속력을 올릴 수 없으므로 이로써 게임은 끝나고 만다.

마. SSN vs SSN(Sturgeon vs Akula)

여기서는 두 핵추진 공격잠수함들이 직접 교전하는 것을 예로 든 것으로, 호위함의 핑음과 대잠초계기기 투하한 능동 소노부이를 이용해 잠입한 잠수함의 기동 공간을 제한한 다음, 대기하고 있던 아군 잠수함이 이런 상황을 이용해 공격하는 얘기로 소설《붉은 불사조Larry Bond: Red Phoenix》가 인용되었다.

"USS 스터전급 산타페는 러시아 해군기지 입구에서 초계하면서 주요 함정들의 출격/귀환을 감시/추적하다가, 대규모 작전 징후가 관찰되면 즉각 태평양사령부COMSUBPAC에 보고하는 임무를 수행 중이다. 하지만 대규모 함대 출동 탐지는 긍정적으로는 성공적인 임무수행을 의미하지만, 다른 한편으로는 3차 대전 개전의 가능성을 목격한다는 부정적인 측면도 있다. 따라서 함대출격을 빠짐없이 탐색하기를 바라는 마음 다른 한구석에는 또 그런 일이 없길 바라는 심정도 사실 있다. 산타페가 본 해역에 배치된 지 얼마 되지 않아 부함장으로부터 수상함들이 빠져나오고 있다는 보고를 받자마자, 속력은 심도를 겨우 제어할 수 있는 3노트로 감속시켰다. 더욱이 현재 해상 파고 3m와 20노트의 강풍으로 탐지될 위험이 줄었지만, 한편 자신의 소나 탐지능력도 그만큼 저하되었다. 대부분 러시아 공격잠수함은 스터전급에 비해 소음이 크므로 먼저 발견할 가능성이 높지만, 적 해역인 만큼 안심할 수는 없다. 현재 태평양에서 러시아 초계기의 격추와 재래식 잠수함 격침 등 일련의 미-러 간 조우는 산타페 임무를 더욱 절실하고 위험하게 만들고 있었다.

얼마간의 시간이 경과했을까. 290도 방향에서 능동 소나 핑음이 발생하고 있는 것을 보고받았다. 함장은 곧이어 함종을 파악하라고 지시한 결과, 수상함이라는 것과 저주파 소나에서 발생하고 있다는 보고가 연이었다. 이런 조건에서 수동 소나에만 의존해 함종을 파악하는 것은 매우 어려운 일이다. 단지 알 수 있는 것은 반사되는 핑음을 통해 몇 가지 가능한 함종을 파악하는 수밖에는 없다. 얼마 지나서 295 방향에서 핑음을 발신하는 또 다른 접촉이 감지되었으며, 산타페의 함장은 2척 이상의 구축함이 만 입구에서 능동 모드로 탐색하는 걸로 보아 뭔가 큰 것이 출동해 나올 것으로 예상했다. 곧이어 청음실에서 다수의 접촉보고가 들어오기 시작했고, 다급해진 소나 장교는 함장을 청음실로 호출했다.

그것은 평시와 상이한 능동 소나 패턴의 핑음을 발산하는 수상함정들의 규모도 평소보다 매우 크기 때문에 함장은 가장 위협적인 저주파 핑음에 더욱 주의를 기울이라고 지시했다. 러시아 해군

의 대규모 훈련조짐은 사전에 접수된 적이 없었기 때문에 실전배
치라는 점이 설득력이 있었지만, 그보다 더 걱정인 점은 몇 척의
공격잠수함이 이 출격에 포함되어 있는지가 문제였다. 이때 무기
담당 장교가 모든 승무원들이 전투위치에 배치되었으며, Mk 48
어뢰 4발이 준비되어 있다고 보고해 왔다. 함장은 이 해역에서 벗
어나기 전에 전략잠수함의 출격 여부를 먼저 확인하기로 했다. 그
다음에 출동하는 함대에서 멀리 벗어나 규모와 함정 종류에 대한
보고를 하기로 결심했다. 바로 그때 함대 중심에 키예프급 준항공
모함 프로펠러 음향이 감지되면서, 기지를 빠져 출항하고 있다는
보고를 받았다.

대규모 함대의 요란한 잡음을 이용해 전략잠수함이 분명 출격할
것이 틀림없기 때문에 확실하게 전략잠수함의 출격 여부를 확인하
기 위해 보다 가까이 기동하기 시작하면서, 함 내 스피커와 불필요
한 장비들을 모두 끄고 정숙상태를 유지했다. 기동을 시작한 지 얼
마 지나지 않아, 소나는 델타 Ⅱ의 프로펠러 음을 잡아내고 전략잠
수함 출격이 확인되자, 이 해역을 벗어나기 위해 변침을 시작했다.
이때 소나는 남동쪽에 능동 소노부이 경계선이 형성된 것을 확인
했다. 거리가 멀어 직접적인 위협은 되지 않지만, 소노부이를 투하
한 대잠초계기의 존재가 또한 부담되었다. 한편 북쪽과 북동쪽에
또 다른 소노부이 경계선이 발견되었으나, 그 사이에서 간격을 발
견하고, 그쪽으로 기동을 시작했으나, 대잠헬기의 소나 핑음이 감
지되어 점차 회피기동 공간이 좁혀져 오는 것을 느꼈다.

미국 잠수함이 소나 망을 회피해 빠져나가려고 기동할 즈음, 아

쿨라급 잠수함이 351 방향에서의 수동 소나 음향을 탐지했으며, 접촉 위치는 러시아 SSN들에게 할당된 해역은 아니었다. 그렇다면 가능성은 하나. 침입자, 즉 여기에 배치된 미국 공격잠수함이 포착된 것으로 지금 현재 출격 중인 전략잠수함을 호위하는 그로서는 미국 잠수함의 탐지와 격침은 최우선 목표이므로 바로 공격을 결심했다. 설사 그가 발사한 어뢰가 미국 잠수함에 명중하지 않더라도, 결국 미국 잠수함은 부득불 급속변침과 전속력으로 회피할 것이므로, 그렇게 되면 아군 구축함들이 이를 감지하고 미국 잠수함의 위치를 파악하고 사냥을 대신 맡게 될 것이다.

아쿨라가 어뢰를 발사하기 직전 산타페도 아쿨라를 감지했으며, 스터전의 함장은 모든 것을 중단시키고 아쿨라에 대한 어뢰발사통제 데이터를 얻기 위해 온 신경을 쏟았다. 급격한 청음 방향의 변화는 아쿨라가 생각보다 아주 근거리에 있다는 것을 의미했다. 우선 아쿨라의 사각지대를 발견하고 빠져나가기 위해 계획을 세우기도 전에 아쿨라로부터 어뢰발사음이 들려오기 시작했다. 함장은 우선 급한 대로 거품 발생 미끼를 사출하고 우현 급속변침을 명령함과 동시에 능동 음향유도로 어뢰를 4도 간격 방사형으로 어뢰발사를 지시했다.

아쿨라도 미국 잠수함의 어뢰발사음을 감지했으며, 어뢰를 수동에서 능동으로 변환시키고 미끼를 사출함과 동시에 자신도 급속변침 하기 시작했다. 두 잠수함 모두 생존을 위해 변침과 미끼사출을 반복했다. 속도 면에서 앞선 Mk 48 어뢰 2발이 먼저 아쿨라의 허리와 함미에 명중하여, 선체에 큰 구멍을 내면서 아쿨라의 운명을 결정했다. 산타페는 용케 2발의 어뢰를 피했으나 나머지 2발의 어뢰는 단각 선체에 유도되고 그중 1발이 함미에 명중하여 모든 예비 압축공기까지 불어 넣었지만 침수를 막을 수 없어 결국 아쿨라의 뒤를 쫓아 해저 무덤으로 서서히 침몰하기 시작했다."

결 어

　적성국가와 국경선을 맞대고 있는 대한민국은 독특한 안보상황
에 처해 있다. 또 지정학적으로는 반도에 위치하여 경제와 국방이
바다와 밀접하게 연결되어 그만큼 해양 의존도가 높은 편이다. 해
군의 전력이 양과 질적인 면에서 지속적으로 성장하고 있는 것은
사실이나, 시시각각으로 급변하는 국제적 정세를 감안한다면 그렇
게까지 안심하기에는 부족한 점이 많다. 과거의 상대적 열세의 해
군력을 보유했던 독일이 그러했듯이 잠수함을 전술적 공격무기에
서 전략물자와 병참선 차단이라는 전략무기로의 전환 가능성을 보
여준 점을 상기할 필요가 있다. 21세기에도 20세기와 마찬가지로
대잠능력의 성장과 발달에도 불구하고 향후에도 핵추진과 재래식
잠수함은 주력무기로서의 자리매김이 확실할 것으로 보인다.

　특히 이미 핵탄두 SLBM을 탑재한 잠수함을 취역시킨 북한에 대
해 감시와 만약의 경우를 위해 적어도 장시간의 잠항이 가능한 AIP
기관이나 나아가서는 핵추진기관을 갖춘 잠수함이 절대적으로 필
요할 것으로 보인다. 더욱이 냉전의 종식 후에도 다시 동서 양대 진

영으로 세력이 재편되는 과정에서 이제 상대해야 할 가상적국이 늘어났다는 사실도 잊어서는 안 될 것이다. 오히려 예측 불가능한 시나리오들이 큰 폭으로 증가해 잠수함은 과거보다 더 다양하고 위험한 임무를 수행해야 할 필요가 있을 것이다. 이제는 초강대국 간의 대양에서 주력함대 사이의 충돌 가능성보다는 오히려 연안에서의 일련의 소규모 도발과 교전이 주를 이룰 것이라고 예측된다. 따라서 재래식 잠수함 SSK의 역할은 더욱 중요해질 것이다. 잠수함 함대 보유의 역사가 비교적 짧은 대한민국이라는 상황을 반영하여 잠수함과 그와 관련된 전술 및 당위성에 대해 이해를 돕고자 본 글을 준비하였다.

미래에는 이렇게 될지도 모른다. "이 세상에는 오로지 두 종류의 군함만이 존재한다. 잠수함과 목표물."

참고문헌

» David Mason, 《U-boot》, 이창록 역, 동도문화사, 1975

» T. Clancy, 《Submarine a guided tour inside a nuclear warship》, Berkley Book, New York, 1993

» D. Miller and J. Jordan, 《Modern submarine warfare》, Military press, New York, Salamander Books Ltd., 1987

» Bryan Ford, 《German Secret Weapons》, Ballantine's Illustrated History of World War II, 1977

» Time-Life Books eds., 《Wolf Packs》, Time-Life Books Inc., Richmond, Virginia, 1992

» 《Shark of Steel》, Diiscovery cable TV, 1994

» D. Miller, 《Submarines of the World》, New York, Salamander Books Ltd., 1991

» 《포클랜드 전쟁》, 민평식 역, 병학사, 1983

» Anthony Preston, 《Submarines》, Gallery Books, New York, 1982

» L. Weber, 《Submarines Hunter/Killers & Boomer》, Lincolnwoods, Illinois, 1990

» 이정수,《대해전》, 정음사, 서울, 1986

» G. Galuppini, 《Warships of the world an Illustrated Encyclopedia》, Times Books, Milan, Italy, 1986

» 《Atlas of Maritime History》, Gellery Books, Brompton Books Co., 1987

» D. Miller and C. Miller, 《Modern Naval Combat》, Salamander Books Ltd., New York, 1984

» T. Clancy, 《The Hunt for Red October》, fiction, Berkley Books, New York, 1984

» T. Clancy, 《Red Storm Rising》, fiction, Berkley Books, New York, 1986

» L. Bond, 《Red Phoenix》, fiction, A Warner Communication Co., New York, 1989

» U. Gabler, 《Submarine Design》, English pub. by Bernard & Graefe, Munich, 1986

- **Acoustic Underwater Telephone**: 수중음향 전화
- **AIP**: 공기 불요 추진 체계(Air Independent Propulsion)
- **Anti-submarine Rocket**: 대잠 로켓 발사기
- **Aperture**: 해수 입출구
- **Area Search**: 영역 탐색
- **ASDIC**: Allied Submarine Detection Investigation Committee의 약자

- **Ballast**: 밸러스트 탱크
- **Battle-cruiser**: 순양전함
- **Battleship**: 전함
- **Boomer**: 핵추진 탄도 미사일 잠수함(Ballistic Missile Submarine) 혹은 SSBN
- **Boundary Layer**: 유체역학적 경계층
- **Bubble Decoy**: 거품 발생 미끼
- **Bulk-head**: 격벽

- **Cavity**: 진공 발생에 따른 끓는 현상(Boiling)과 거품 떠짐 (Bubble Burst)
- **CIC**: Combat Information Center

- **Closed-cycle**: 폐쇄 사이클

- **Commission**: 취역

- **Conning Tower**: 잠항탑(Fin 혹은 Sail이란 용어도 사용)

- **Continental Shelf**: 대륙붕

- **Contra Rotating Screw**: 이중 반전 스크류

- **Convoy**: 호송선단

- **Crash Dive**: 급속잠항

- **Cryogenic**: 극저온

- **Cruise Missile**: 순항 유도 미사일

- **CSS**: 남부 연합국 소속 군함(Confederate State Ship)

- **DE**: 호위 구축함(Destroyer Escort)

- **Deactivated**: 퇴역(혹은 Decommissioned)

- **Decoy**: 미끼

- **Dead Reckoning**: 추측 항법

- **Direction-finding**: 방위-탐색

- **Dive Bomber**: 급강하 폭격기

- **Diving Bell**: 잠수종

- **Depth Charge**: 폭뢰

- **Double Hull**: 복각

- **Drag**: 유체역학 저항

- **Dynamic Pressure**: 동적압력
- **DSRV**: Deep Submergence Rescue Vehicle의 약자

- **ECM**: 전자적 대응수단(Electronic Count Measure)
- **EMT**: Electrodynamic Thrust의 약자
- **Electro-magnetic Propulsion**: 전자기 추진기관
- **Escort**: 호위함

- **Frigate**: 프리깃(호위함의 일종), 나폴레옹 시대까지는 순양함 용도로 운용

- **G.P.S.**: Global Positioning System의 약자

- **HF**: 고주파(High Frequency)
- **HMS**: Her(His) Majestic Ship의 약자
- **Hovering**: 호버링
- **Hull**: 함체 또는 선체
- **Hunter/Killers**: 공격용 잠수함(Attack Submarine, SSN)
- **Hydrodynamic Log**: 유체역학 로그

- **ICBM**: Inter-Continental Ballistic Missile의 약자
- **IJN**: Imperial Japan Navy(일본제국 해군)
- **Inertia**: 관성

- **Kerosene**: 케로신
- **Krieg Marine**: 독일 해군

- **Launch**: 진수
- **LF**: 저주파(Low Frequency)

- **MaRV**: Manoeuverable Reentry Vehicle의 약자
- **MIZ**: Marginal Sea Ice Zone의 약자
- **MHD**: Magneto Hydro Dynamic의 약자
- **MIRV**: Multiful Independent Reentry Vehicle의 약자
- **Midget**: 잠항정

- **NM**: Nautical Mile의 약자

- **Passive Sonar**: 수동 소나
- **Periscope**: 잠망경
- **PPT**: Part Per Thousand의 약자
- **Pressure Vessel**: 압력용기
- **Prize Regulation**: 나포규정
- **Pump Jet**: 펌프 제트

- **Rotor**: 로터

- **Royal Marine**: 영국 해병대
- **Royal Navy**: 영국 해군

- **Sail**: 돛 혹은 범장 가끔 잠항탑을 표현하는 용어로도 사용됨
- **Salinity**: 염도
- **SBS**: Special Boat Service의 약자
- **Sea Mine**: 기뢰
- **SEAL**: Sea Air Land의 약자
- **Semi-submerged**: 반잠수
- **Silence Drive**: 정숙항해
- **Ship of Line**: 전열함
- **Snorkel**: 스노클
- **Solidification**: 응고
- **Sonar**: 음파탐지장치
- **Sonobuoy**: 자동 전파발신 부표
- **SOSUS**: Sound Surveillance System의 약자
- **SSBN**: Strategic Submaine Ballistic Nuclear의 약자
- **Stealth**: 은밀성
- **Stern**: 함미
- **Submerged Displacement**: 수중 배수량
- **Submersible**: 잠수정

- **Teardrop**: 물방울

- **Thermal layer**: 온도층

- **Thermocline**: 변온 경계층 수온약층

- **Titanium**: 타이타늄

- **Total Pressure**: 전압력

- **Torpedo**: 어뢰

- **Torpedo chip**: 어뢰발사관 문

- **Turbo-prop**: 터보프롭

- **Towed Passive Sonar Array**: 견인 수동 소나

- **UDT**: Underwater Demolition Team의 약자

- **USN**: United State Navy의 약자

- **VLF**: Very Low Frequency의 약자

- **VLS**: Vertical Launch System의 약자

- **Water Seal**: 수밀

- **Water Pressurized Reactor**: 가압수압형 원자로

바닷속
침묵의 포식자

초판 1쇄 발행 2024. 8. 30.

지은이 윤수진
펴낸이 김병호
펴낸곳 주식회사 바른북스

편집진행 김재영
디자인 양헌경

등록 2019년 4월 3일 제2019-000040호
주소 서울시 성동구 연무장5길 9-16, 301호 (성수동2가, 블루스톤타워)
대표전화 070-7857-9719 | **경영지원** 02-3409-9719 | **팩스** 070-7610-9820

•바른북스는 여러분의 다양한 아이디어와 원고 투고를 설레는 마음으로 기다리고 있습니다.

이메일 barunbooks21@naver.com | **원고투고** barunbooks21@naver.com
홈페이지 www.barunbooks.com | **공식 블로그** blog.naver.com/barunbooks7
공식 포스트 post.naver.com/barunbooks7 | **페이스북** facebook.com/barunbooks7

ⓒ 윤수진, 2024
ISBN 979-11-7263-124-6 03390